普通高等教育智能建筑系列教材

建筑消防与安防技术

主　编　魏立明　孙　萍

副主编　姚小春　王立光　刘　辉

参　编　贾　雪　邢文白　杨　坤　陈　莹

郑富豪　吕雪莹　冷　壮

机 械 工 业 出 版 社

本书以火灾自动报警系统设计规范（GB50116—2013）为依据，以有关专业书籍为借鉴，以相关产品手册为参考，结合编者自身的工程实践和教学经验，集体编写而成。全书共分两个部分，第1部分为建筑消防系统，从第1章至第8章，主要阐述火灾自动报警系统的组成和工作原理，火灾探测器的分类、型号、选择、布置以及线制，火灾自动报警系统设备设置，消防联动控制系统的设计与实现，火灾自动报警系统的设置原则、系统形式的选择和设计要求、消防控制室的设计要求，电气火灾监控系统的组成、分类及其设置规定，消防系统的供电与布线要求以及消防系统工程实例分析。第2部分为建筑安防系统，从第9章至第11章，主要阐述了建筑安防系统的组成、构建方式和发展趋势，公共安全系统分析，以及楼宇安全防范系统工程实例分析。

本书以住房与城乡建设部发布的最新规范为依据，理论联系实际，具有先进性、实用性和系统性的特点。本书根据作者们多年来的电气消防方面的实践及工程应用，将教学与工程设计融为一体。本书可作为高等院校建筑电气与智能化、电气工程及其自动化、自动化（楼宇方向）、建筑环境与能源应用工程等相关专业本科生的教材，也可作为从事建筑电气和楼宇自动化等工程设计、施工及管理人员的参考用书。

（编辑邮箱：jinacmp@163.com）

图书在版编目（CIP）数据

建筑消防与安防技术/魏立明，孙萍主编．—北京：机械工业出版社，2017.1（2024.6重印）
普通高等教育智能建筑系列教材
ISBN 978-7-111-55929-0

Ⅰ.①建…　Ⅱ.①魏…②孙…　Ⅲ.①建筑物—消防设备—工程设计—高等学校—教材②建筑物—消防设备—工程施工—高等学校—教材③建筑物—安全防护—工程设计—高等学校—教材④建筑物—安全防护—工程施工—高等学校—教材　Ⅳ.①TU89

中国版本图书馆CIP数据核字（2017）第008752号

机械工业出版社（北京市百万庄大街22号　邮政编码100037）
策划编辑：贡克勤　责任编辑：贡克勤　吉　玲
责任校对：王　欣　封面设计：张　静
责任印制：张　博
北京建宏印刷有限公司印刷
2024年6月第1版第8次印刷
184mm×260mm · 11.75印张 · 284千字
标准书号：ISBN 978-7-111-55929-0
定价：35.00元

电话服务
客服电话：010-88361066
010-88379833
010-68326294

网络服务
机　工　官　网：www.cmpbook.com
机　工　官　博：weibo.com/cmp1952
金　书　网：www.golden-book.com
机工教育服务网：www.cmpedu.com

序

20世纪，电子技术、计算机网络技术、自动控制技术和系统工程技术获得了空前的高速发展，并渗透到各个领域，深刻地影响着人类的生产方式和生活方式，给人类带来了前所未有的方便和利益。建筑领域也未能例外，智能化建筑便是在这一背景下走进人们的生活。智能化建筑充分应用各种电子技术、计算机网络技术、自动控制技术、系统工程技术，并加以研发和整合成智能装备，为人们提供安全、便捷、舒适的工作条件和生活环境，并日益成为主导现代建筑的主流。近年来，人们不难发现，凡是按现代化、信息化运作的机构与行业，如政府、金融、商业、医疗、文教、体育、交通枢纽、法院、工厂等，他们所建造的新建筑物，都已具有不同程度的智能化。

智能化建筑市场的拓展为建筑电气工程的发展提供了宽广的天地。特别是建筑电气工程中的弱电系统，更是借助电子技术、计算机网络技术、自动控制技术和系统工程技术在智能建筑中的综合利用，使其获得了日新月异的发展。智能化建筑也为设备制造、工程设计、工程施工、物业管理等行业创造了巨大的市场，促进了社会对智能建筑技术专业人才需求的急速增加。令人高兴的是，众多院校顺应时代发展的要求，调整教学计划、更新课程内容，致力于培养建筑电气与智能建筑应用方向的人才，以适应国民经济高速发展的需要。这正是这套智能建筑系列教材的出版背景。

我欣喜地发现，参加这套智能建筑系列教材编撰工作的有近20个姐妹学校，不论是主编者还是主审者，均是这个领域有突出成就的专家。因此，我深信这套系列教材将会反映各姐妹学校在为国民经济服务方面的最新研究成果。系列教材的出版还说明了一个问题，时代需要协作精神，时代需要集体智慧。我借此机会感谢所有作者，是你们的辛劳为读者提供了一套好的教材。

吴启迪

写于同济园

前　　言

随着我国建筑行业的蓬勃发展，高层建筑及建筑群体越来越多，电气消防在建筑电气工程中占有举足轻重的地位。同时电子技术、网络技术、自动化技术和通信技术等先进技术的发展，为楼宇安全防范技术提供了广阔的发展空间。为了满足高等院校建筑电气与智能化、电气工程及其自动化、自动化（楼宇方向）等相关专业教学的需要，我们在多年教学及工程实践的基础上编写了本书。

根据应用型本科院校的培养目标，本书编写的指导思想是着重于建筑消防与安防技术的基本概念和应用。在编写过程中，以完整地介绍建筑消防与安防技术所需的知识和能力为主线，在简明介绍建筑消防与安防技术的基本概念和设计方法的同时，还介绍了建筑消防与安防的工程实例。教材内容简明扼要，突出应用，删除了烦琐的理论推导，并且根据建筑消防与安防技术的现状及发展趋势添加了新的知识，如电气火灾监控系统等。内容通俗易懂、图文并茂。全书分为两个部分，第1部分建筑消防系统共分8章，第1章介绍了火灾自动报警系统的作用、组成和工作原理；第2章介绍了火灾探测器的分类、型号、选择、布置以及线制；第3章介绍了火灾自动报警系统设备设置，主要包括火灾报警控制器和消防联动控制器的设置、手动报警按钮设置、区域显示器的设置、火灾警报器的设置以及防火门监控器的设置；第4章主要阐述了消防联动控制系统的设计与实现，包括自动喷水灭火系统、消火栓系统、气体灭火系统、防火卷帘门系统、电梯系统、消防应急广播系统、消防应急照明和疏散指示系统、消防专用电话以及消防模块；第5章主要介绍了火灾自动报警系统的设置原则、系统形式的选择和设计要求、消防控制室的设置要求等；第6章主要分析了电气火灾监控系统的组成、分类以及其设置规定；第7章介绍了消防系统的供电与布线要求；第8章通过实际消防系统工程实例分析了建筑消防系统设计程序和方法。第2部分建筑安防系统共分3章，第9章阐述了建筑安防系统的组成、构建方式和发展趋势；第10章介绍了公共安全系统，包括入侵抱紧系统、视频安防监控系统、出入口控制系统、电子巡更系统、停车场管理系统；第11章通过楼宇安全防范系统工程实例分析了其设计方法、设计流程和设计步骤。

本书采用住房与城乡建设部火灾自动报警系统设计规范（GB50116—2013）等最新国家规范与标准，适合高等院校建筑电气与智能化、电气工程及其自动化、自动化（楼宇方向）、建筑环境与能源应用工程等相关专业用作教材，也可供有关工程技术人员参考。

本书作者具体分工如下：全书由吉林建筑大学魏立明教授统稿。第1、2、3章由吉林建筑大学魏立明和杨坤编写，第4、5章由吉林建筑大学孙萍和邢文白编写，第6、7章由吉林建筑大学城建学院刘辉和陈莹以及郑富豪编写，第8章由吉林建筑大学王立光编写，第9、10章由吉林建筑大学贾雪和吕雪莹编写，第11章由吉林建筑大学姚小春编写，本书中所有插图由杨坤和冷壮绘制。本书由吉林省教育厅“十三五”科学技术研究项目（项目编号：吉教科合字【2016】第143号）资助。

由于作者水平有限，书中难免存在不妥和错误之处，敬请广大读者和同行批评指正。

编　者

目　　录

第 2 部分　建筑安防系统

第 1 部分

建筑消防系统

第1章　建筑消防概论

1.1　火灾自动报警系统在建筑火灾防控中的作用

1.1.1　建筑火灾发生、发展的过程和阶段

火灾是指在时间或空间上失去控制的燃烧所造成的灾害。对于建筑火灾而言，最初发生在室内的某个房间或某个部位，然后由此蔓延到相邻的房间或区域，以及整个楼层，最后蔓延到整个建筑物。其发展过程大致可分为初期增长阶段、充分发展阶段和衰减阶段，如图1-1所示。

1. 初期增长阶段

室内火灾发生后，最初只局限于着火点处的可燃物燃烧。局部燃烧形成后，可能会出现以下3种情况：一是以最初着火的可燃物燃尽而终止；二是因通风不足，火灾可能自行熄灭，或受到较弱供氧条件的支持，以缓慢的速度维持燃烧；三是有足够的可燃物，且有良好的通风条件，火灾迅速发展至整个房间。

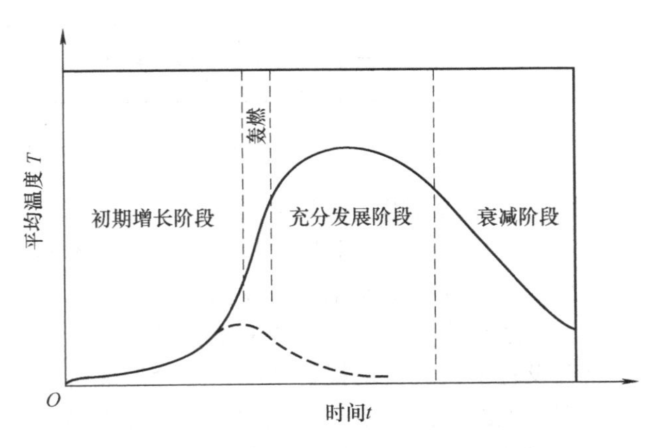

图1-1　建筑室内火灾温度—时间曲线

这一阶段着火点处局部温度较高，燃烧的面积不大，室内各点的温度不平衡。由于可燃物性能、分布和通风、散热等条件的影响，燃烧的发展大多比较缓慢，有可能形成火灾，也有可能中途自行熄灭，燃烧发展不稳定。火灾初期阶段持续时间的长短不定。

2. 充分发展阶段

在建筑室内火灾持续燃烧一定时间后，燃烧范围不断扩大，温度升高，室内的可燃物在高温的作用下，不断分解释放出可燃气体，当房间内温度达到400～600℃时，室内绝大部分可燃物起火燃烧，这种在一限定空间内可燃物的表面全部卷入燃烧的瞬变状态，称为轰燃。轰燃的出现是燃烧释放的热量在室内逐渐累积与对外散热共同作用、燃烧速率急剧增大的结果。通常，轰燃的发生标志着室内火灾进入充分发展阶段。

轰燃发生后，室内可燃物出现全面燃烧，可燃物热释放速率很大，室温急剧上升，并出现持续高温，温度可达800～1000℃。之后，火焰和高温烟气在火风压的作用下，会从房间的门窗、孔洞等处大量涌出，沿走廊、吊顶迅速向水平方向蔓延扩散。同时，由于烟囱效应的作用，火势会通过竖向管井、共享空间等向上蔓延。

3. 衰减阶段

在火灾全面发展阶段的后期，随着室内可燃物数量的减少，火灾燃烧速度减慢，燃烧强度减弱，温度逐渐下降，当降到其最大值的80%时，火灾则进入熄灭阶段。随后房间内温度下降显著，直到室内外温度达到平衡为止，火灾完全熄灭。

1.1.2　消防系统在建筑火灾防控中的作用

在“以人为本，生命第一”的今天，建筑物内设置消防系统的第一任务就是保障人身安全，这是消防系统设计最基本的理念。从这一基本理念出发，就会得出这样的结论：尽早发现火灾、及时报警、起动有关消防设施，引导人员疏散；如果火灾发展到需要起动自动灭火设施的程度，就应起动相应的自动灭火设施，扑灭初期火灾；起动防火分隔设施，防止火灾蔓延。自动灭火系统起动后，火灾现场中的幸存者就只能依靠消防救援人员帮助逃生了，因为火灾发展到这个阶段时，滞留人员由于毒气、高温等原因已经丧失了自我逃生的能力，如图1-2所示。

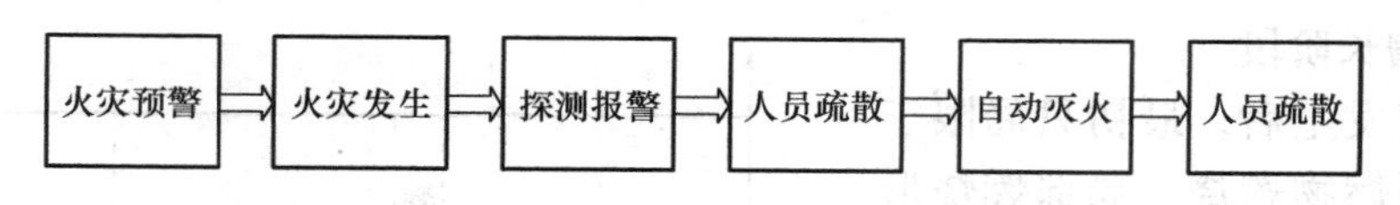

图1-2　与火灾相关的消防过程示意图

由图1-2可以看出，探测报警与自动灭火之间是至关重要的人员疏散阶段，这一阶段根据火灾发生的场所、火灾起因、燃烧物等因素不同，有几分钟到几十分钟不等的时间，可以说这是直接关系到人身安全最重要的阶段。因此，在任何需要保护人身安全的场所，设置火灾自动报警系统均具有不可替代的重要意义。

只有设置了火灾自动报警系统，才会形成科学有效的疏散，也才会有科学有效的应急预案。我们所说的疏散是指有组织的、按预订方案撤离危险场所的行为，确定火灾发生的部位是疏散预案的起点。没有组织的离开危险场所的行为只能叫逃生，不能称为疏散。而人员疏散之后，只有火灾发展到一定程度，才需要起动自动灭火系统。自动灭火系统的主要功能是扑灭初期火灾、防止火灾扩散和蔓延，但是它不能直接保护人们的生命财产安全，也不能替代火灾自动报警系统的作用。

在保护建筑物及建筑物内的财产方面，火灾自动报警系统有着不可替代的作用。现在功能复杂的高层建筑、超高层建筑及大体量建筑比比皆是，其火灾危险性很大，一旦发生火灾会造成重大财产损失；保护对象内存放重要物质、物质燃烧后会产生严重污染及施加灭火剂后导致物质价值丧失的这些场所均应在保护对象内设置火灾预警装置。在火灾发生前，探测可能引起火灾的征兆特征，防止火灾发生，或者在火势很小尚未形成火灾时就及时报警。电气火灾监控系统和可燃气体探测报警系统均属火灾预警系统。

1.1.3　消防设施在火灾不同发展阶段的作用

建筑火灾从初期增长、充分发展到最终衰减的全过程，是随着时间的推移而变化的。然而受火灾现场可燃物、通风条件及建筑结构等多种因素的影响，建筑火灾各个阶段的发展以及从一个阶段发展至下一个阶段并不是一个时间函数，即发展过程所需的时间具有很大的不确定性，但是火灾在发展到特定的阶段时具有一定共性的火灾特征，建筑内设置的消防设施的消防功能是针对火灾不同阶段的火灾特征而展开的，这也是指导火灾探测报警、联动控制设计的基本设计思想。

1. 火灾的早期探测和人员疏散

建筑火灾在初期增长阶段一般首先会释放大量的烟雾，设置在建筑内的感烟火灾探测器在监测到防护区域烟雾的变化时做出报警响应，并发出火灾警报警示建筑内的人员次灾事故的发生，起动消防应急广播系统指导建筑内的人员进行疏散，同时起动应急照明及疏散系统、防排烟系统为人员疏散提供必要的保障条件。

2. 初期火灾的扑救

随着火灾的进一步发展，可燃物从阴燃状态发展为明火燃烧并伴有大量的热辐射，温度的升高会起动设置在建筑中的自动喷水灭火系统；或导致火灾区域设置的感温火灾探测器等动作，火灾自动报警系统按照预设的控制逻辑起动其他自动灭火系统对火灾进行扑救。

3. 有效阻止火灾的蔓延

当火灾发展到充分发展阶段，火灾开始在建筑中蔓延，这时火灾自动报警系统将根据火灾探测器的动作情况按照预设的控制逻辑联动控制防火卷帘、防火门及水幕系统等防火分隔系统，以阻止火灾向其他区域蔓延。

综上所述，设计人员应首先根据保护对象的特点确定建筑的消防安全目标，系统设计的各个环节必须紧紧围绕设定的消防安全目标进行，同时设计人员应了解火灾不同阶段的火灾特征，清楚建筑各消防系统（设施）的消防功能，并掌握火灾自动报警系统和其他消防系统在火灾时动作的关联关系，以保证各系统在火灾发生时，各建筑消防系统（设施）能按照设计要求协同、有效地动作，从而确保实现设定的消防安全目标。

1.2　火灾自动报警系统的组成和工作原理

1.2.1　火灾自动报警系统的组成

火灾自动报警系统由火灾探测报警系统、消防联动控制系统、可燃气体探测报警系统及电气火灾监控系统组成，如图1-3所示。

1. 火灾探测报警系统

火灾探测报警系统是实现火灾早期探测并发出火灾报警信号的系统，一般由火灾触发器件（火灾探测器、手动火灾报警按钮）、声/光警报器、火灾报警控制器等组成，如图1-4及图1-5所示。

2. 触发器件

触发器件是在火灾自动报警系统中，自动或手动产生火灾报警信号的器件。火灾探测器、水流指示器、压力开关等是自动触发器件，手动报警按钮、起泵按钮等是手动发送信号、通报火警的触发器件。在设计火灾自动报警系统时，自动和手动两种触发装置应同时按照规范要求设置，尤其是手动报警可靠易行是系统必设功能。火灾报警装置是在火灾自动报警系统中，用以接收、显示和传递火灾报警信号，并能发出控制信号和具有其他辅助功能的控制指示设备。

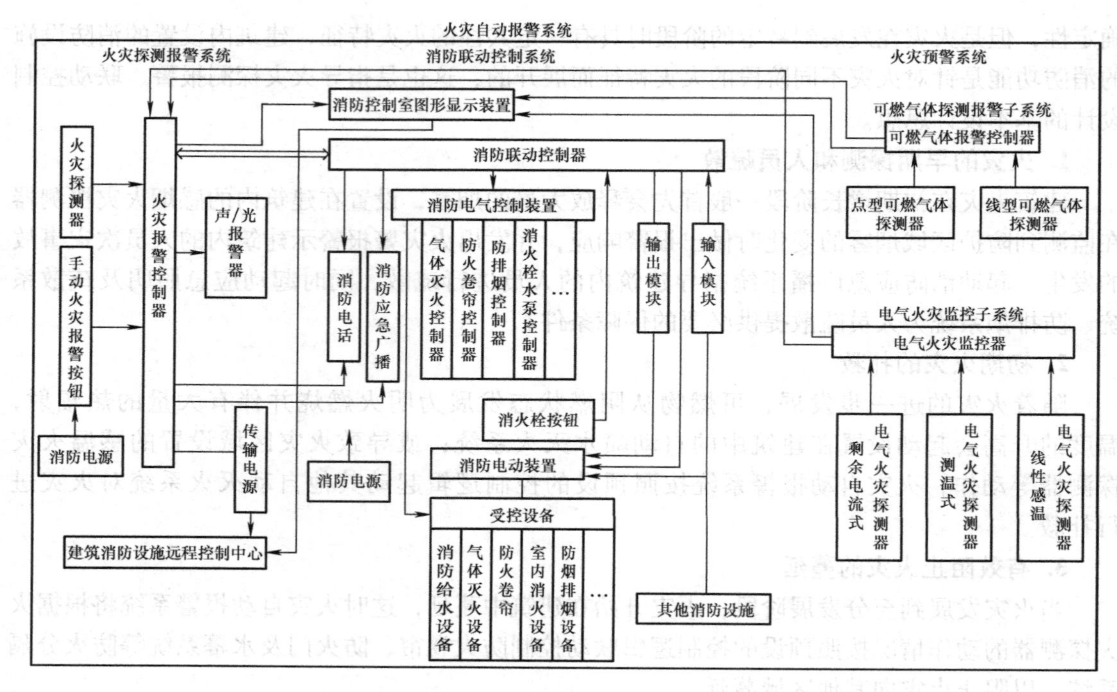

图 1-3　火灾自动报警系统的组成

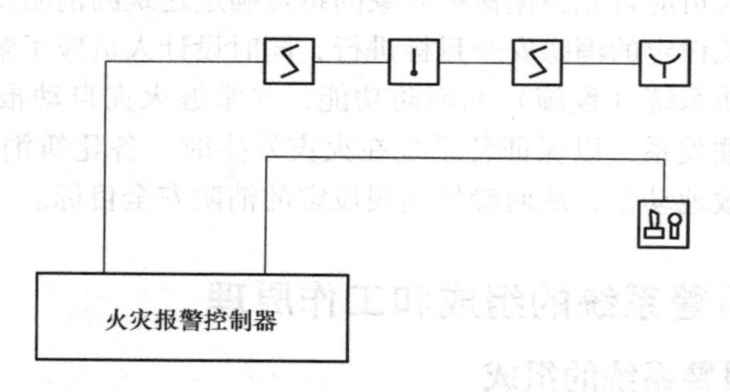

图 1-4　火灾探测器报警系统组成示意图

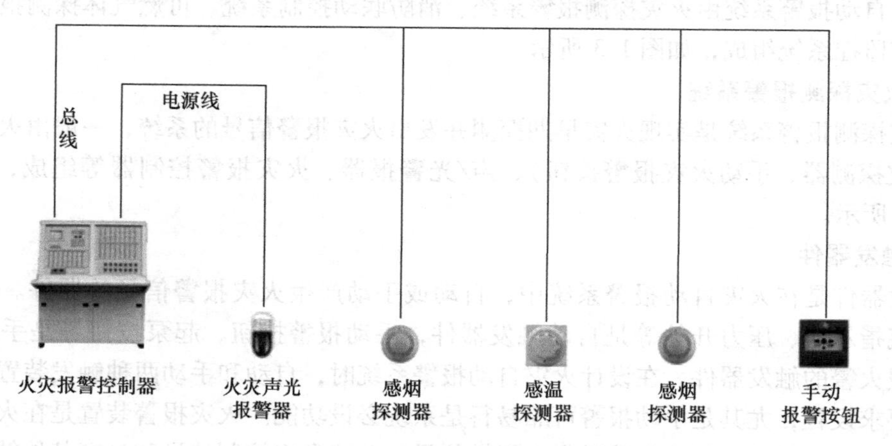

图 1-5　火灾探测报警系统构成实物图示

注：总线和电源线均为两根

火灾报警控制器是火灾报警设置中最基本的一种。火灾报警控制器向火灾探测器提供稳定的工作电源；监视探测器及系统自身的工作状态；接收、转换、处理火灾探测器输出的报警信号；发出声光报警；指示、储存报警的具体位置及时间；执行相应控制等诸多任务；是火灾报警系统中的核心组成部分。

火灾报警控制器功能的多少反映出火灾自动报警系统的技术构成、可靠性、稳定性和性价比等因素，是评价火灾自动报警系统是否先进的一项重要指标。

3. 火灾报警装置

火灾报警装置是在火灾自动报警系统中用以发出区别于环境声、光火灾报警信号的装置。它以声、光和音响等方式向报警区域发出火灾报警信号，以警示人们迅速采取安全疏散、灭火救灾措施。

4. 电源

火灾自动报警系统属于消防用电设备，其主电源应当采用消防电源，备用电源可采用蓄电池。电源除为火灾报警控制器供电外，还为与系统相关的消防控制设备等供电。

5. 消防联动控制系统

消防联动控制系统是火灾自动报警系统中，接收火灾报警控制器发出的火灾报警信号，按预设逻辑完成各项消防功能的控制系统。由消防联动控制器、消防控制室图形显示装置、消防电气控制（防火卷帘控制器、气体灭火控制器等）、消防电动装置、消防联动模块、消火栓按钮、消防应急广播设备、消防电话等设备和组件组成，如图1-6和图1-7所示。

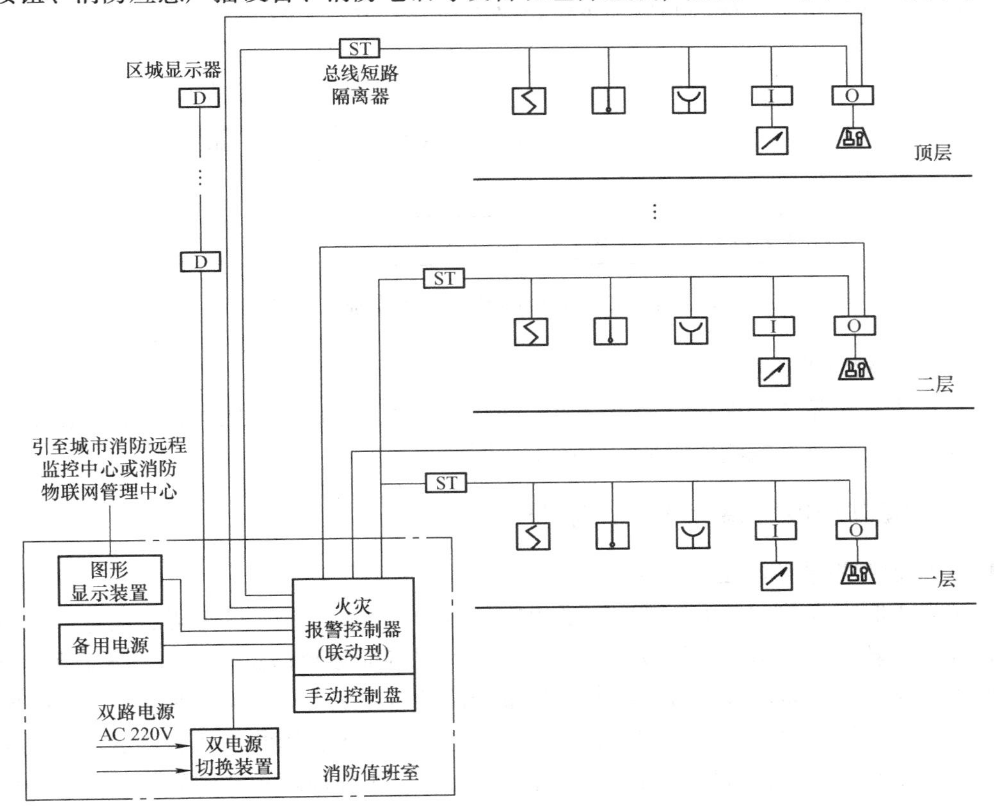

图1-6　消防联动控制系统组成示意图

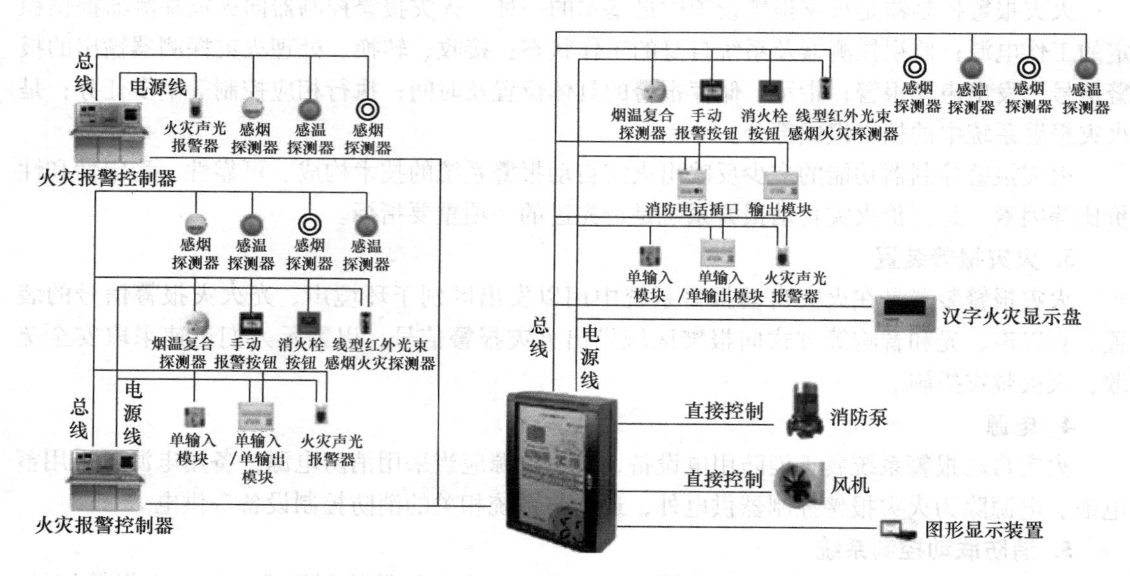

图 1-7　消防联动控制系统构成实物图示

6. 可燃气体探测器报警系统

可燃气体探测报警系统是火灾自动报警系统的独立子系统，属于火灾预警系统，由可燃气体报警控制器、可燃气体探测器和火灾声光报警器组成，如图 1-8 所示。

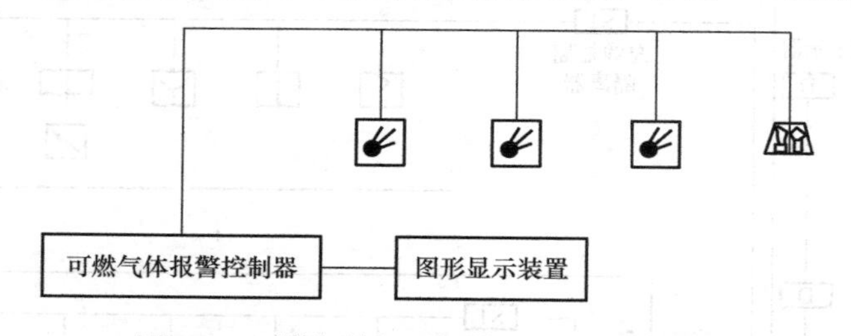

图 1-8　可燃气体探测报警系统组成示意图

7. 电气火灾监控系统

电气火灾监控系统是火灾自动报警系统的独立子系统，属于火灾预警系统，由电气火灾监控器和电气火灾监控探测器组成，如图 1-9 所示。

1.2.2　火灾自动报警系统的工作原理

1. 火灾探测报警系统工作原理

火灾发生时，安装在保护区域现场的火灾探测器，将火灾产生的烟雾、热量和光辐射等火灾特征参数转变为电信号，经数据处理后，将火灾特征参数信息传输至火灾报警控制器；或直接由火灾探测器做出火灾报警判断，将报警信息传输至火灾报警控制器。火灾报警控制器在接收到探测器的火灾特征参数信息或报警信息后，经报警判断确认、显示相应的探测器的位置，记录探测器火灾报警时间。火灾探测报警系统工作原理示意图如图 1-10 所示。

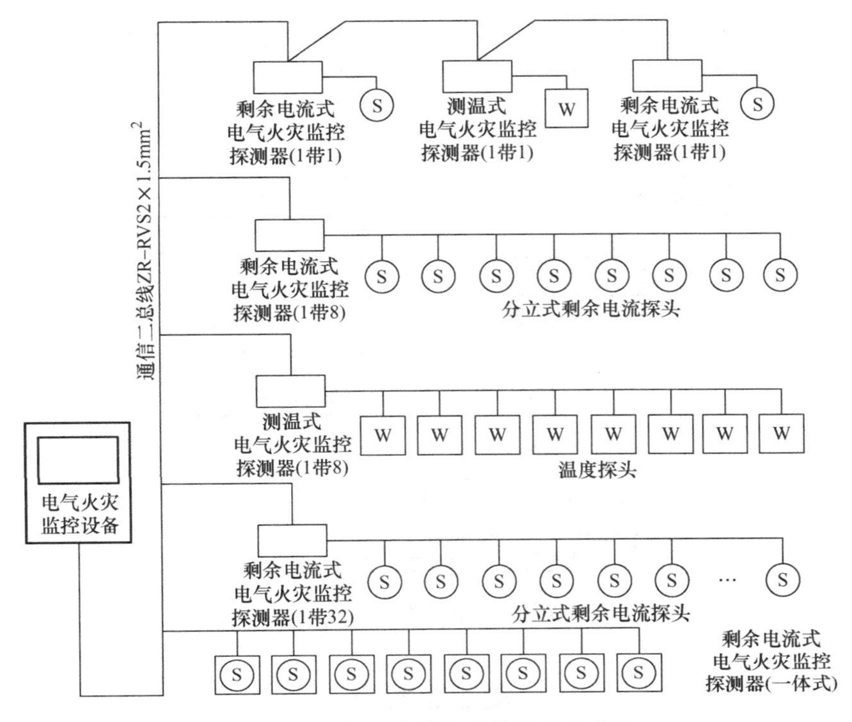

图1-9　电气火灾监控系统组成示意图

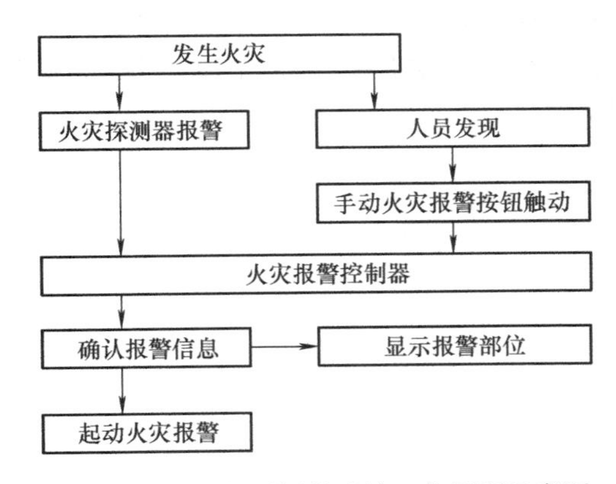

图1-10　火灾探测报警系统工作原理示意图

2. 消防联动控制系统工作原理

火灾发生时，火灾报警控制器将火灾探测器和手动报警按钮的报警信息传输至消防联动控制器。对于需要联动控制的自动消防系统（设施），消防联动控制器按照预设的逻辑关系对接收到的报警信息进行识别判断，若逻辑关系满足，消防联动控制器便按照预设的控制时序起动相应消防系统（设施防控室的消防管理人员也可以通过操作消防联动控制器的手动控制盘直接起动相应的消防系统/设施），从而实现相应消防系统/设施预设的消防功能。消防系统（设施）动作的反馈信号传输至消防联动控制器显示。消防联动控制系统工作原理框图如图1-11所示。

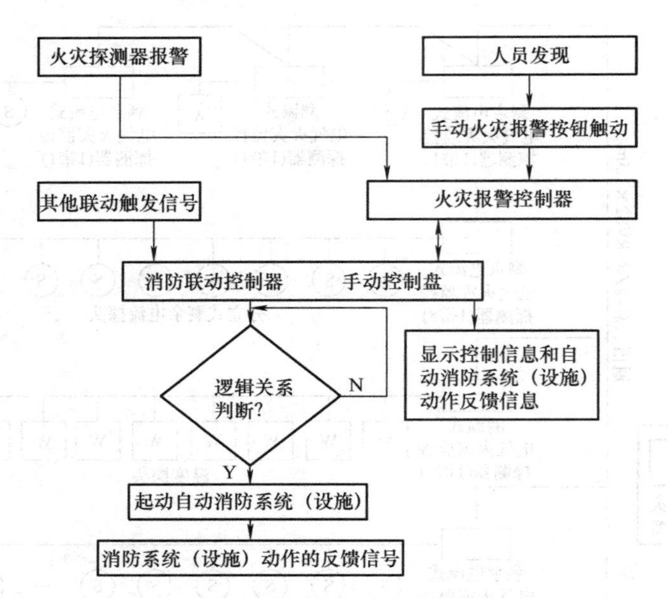

图 1-11　消防联动控制系统工作原理示意图

复习思考题

1. 消防系统是由哪几部分组成的，有几种形式?
2. 什么叫高层建筑？高层建筑有何特点?
3. 耐火等级有几级？如何划分？已知某办公楼，楼高为 30m，试问应属于几类防火?
4. 建筑物的分类依据是什么?

第 2 章　火灾探测器

20 世纪 40 年代末，瑞士的耶格（W C Jaeger）和梅利（E Meili）等人根据电离后的离子受烟雾粒子影响会使电离电流减小的原理，发明了离子感烟探测器，极大地推动了火灾探测技术的发展。20 世纪 70 年代末，人们根据烟雾颗粒对光产生散射效应和衰减效应发明了光电感烟探测技术。由于光电感烟探测器具有无放射性污染、受风流和环境湿度变化影响小、成本低等优点，光电感烟探测技术逐渐取代离子感烟探测技术。

2.1　火灾探测器的分类和型号

2.1.1　探测器的分类

火灾探测器因为其在火灾报警系统中用量最大，同时又是整个系统中最早发现火情的设备，因此地位非常重要，其种类多、科技含量高。因此根据对可燃固体、可燃液体、可燃气体及电气火灾等的燃烧试验，为了准确无误地对不同物体的火灾进行探测，目前研制出来的常用探测器有感烟、感温、复合及可燃气体探测器 4 种系列，如图 2-1 所示。另外，根据探测器警戒范围的不同又可分为点型和线型两种形式。

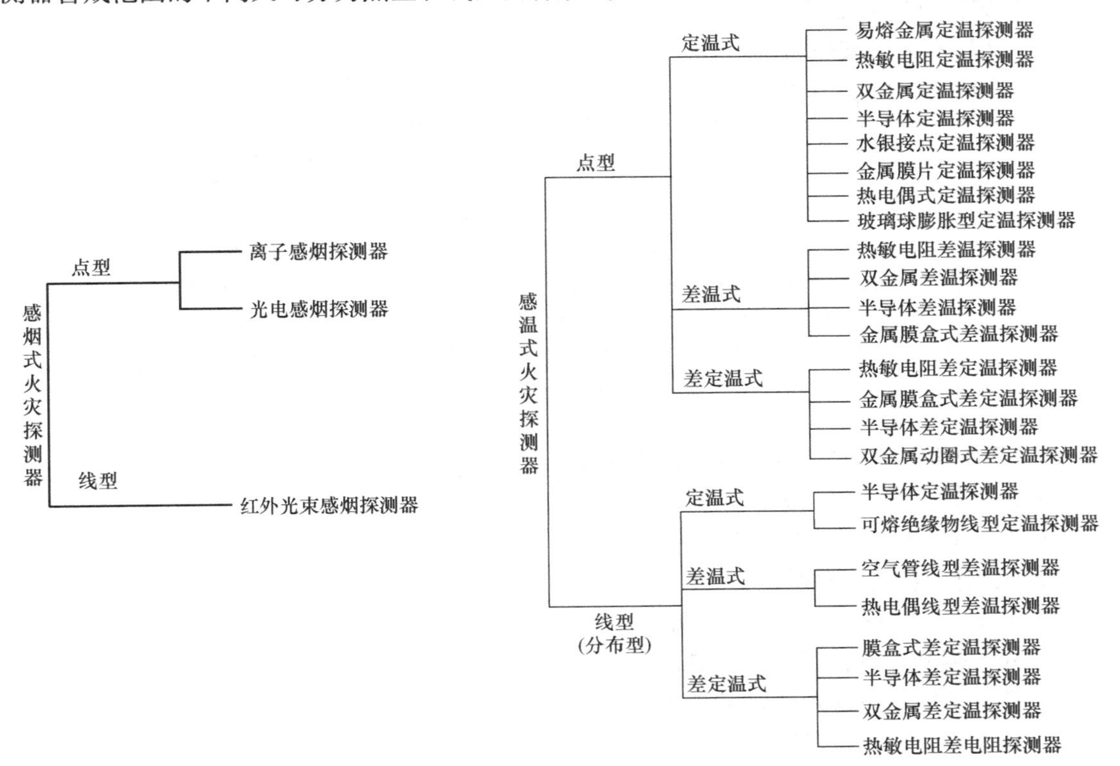

图 2-1　4 种系列探测器

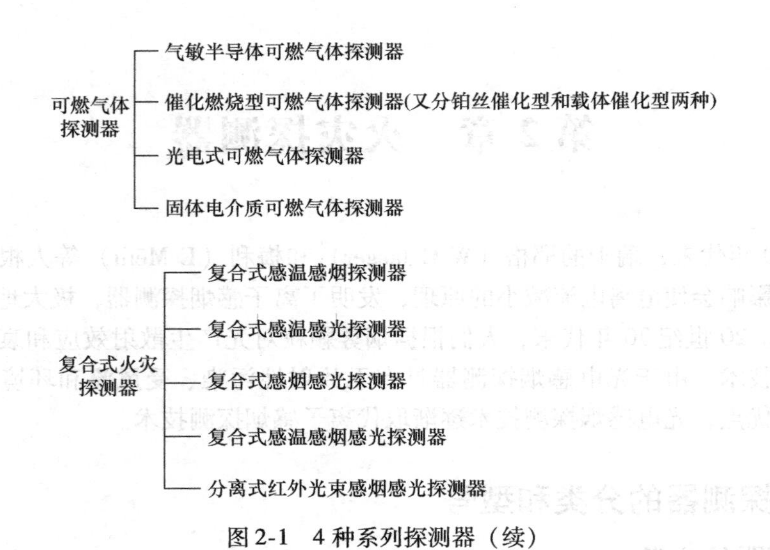

图 2-1　4 种系列探测器（续）

2.1.2　探测器的型号及图形符号

1. 探测器的型号

火灾报警产品种类虽多，但都是按照国家标准编制命名的。国标型号均按汉语拼音字头的大写字母组合而成，只要掌握规律，从名称就可以看出产品类型和特征。

2. 火灾探测器的型号

图 2-2 所示为火灾探测器的型号。

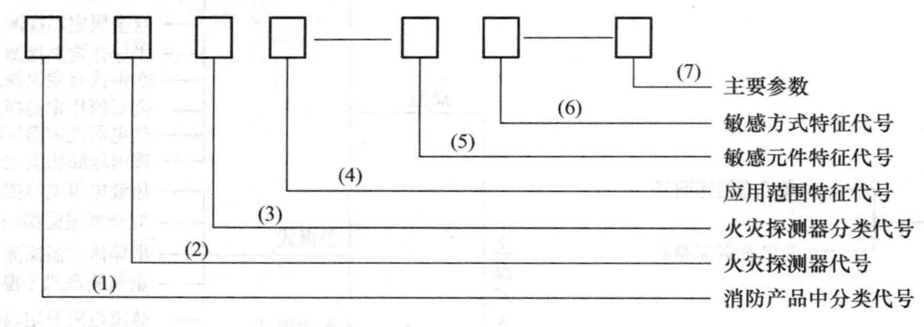

图 2-2　火灾探测器的型号

图 2-2 中所代表的含义及分类如下所示：

1）J（警）——火灾报警设备

2）T（探）——火灾探测器代号

3）火灾探测器分类代号

Y（烟）——感烟火灾探测器

W（温）——感温火灾探测器

G（光）——感光火灾探测器

Q（气）——可燃气体探测器

F（复）——复合式火灾探测器

4）应用范围特征代号表示方法：

B（爆）——防爆型（无“B”即为非防爆型，其名称亦无须指出“非防爆型”）

C（船）——船用型

非防爆或非船用型可省略，无须注明。

5）探测器特征表示法（敏感元件、敏感方式特征代号）：

LZ（离子）——离子

MD（膜、定）——膜盒定温

GD（光、电）——光电

MC（膜、差）——膜盒差温

SD（双、定）——双金属定温

MCD（膜、差、定）——膜盒差定温

SC（双、差）——双金属差温

GW（光、温）——感光感温

GY（光、烟）——感光感烟

YW（烟、温）——感烟感温

YW——HS（烟温—红束）——红外光束感烟感温

BD（半、定）——半导体定温

ZD（阻、定）——热敏电阻定温

BC（半、差）——半导体差温

ZC（阻、差）——热敏电阻差温

BCD（半、差、定）——半导体差定温

ZCD（阻、差、定）——热敏电阻差定温

HW（红、外）——红外感光

ZW（紫、外）——紫外感光

6）主要参数：表示灵敏度等级（1，2，3级），对感烟感温探测器标注（灵敏度：对被测参数的敏感程度）。具体指标参照厂家消防产品样本。

例：JTY—GD—G3　智能光电感烟探测器

JTY—HS—1401　红外光束感烟火灾探测器

JTW－ZD—2700/015　热敏电阻定温火灾探测器

JTY—LZ—651　离子感烟火灾探测器

3. 探测器的图形符号

国家标准中消防产品图形符号并不齐全，目前在设计中图形符号的绘制有两种选择：一种是按国家标准绘制；另一种是根据所选厂家产品样本绘制。这里仅给出几种常用探测器的国家标准画法供参考。图2-3所示为探测器的图形符号。

警卫信号探测器

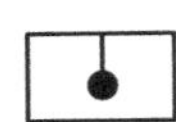

感温探测器

感烟探测器

感光探测器

图2-3　探测器的图形符号

2.2 火灾探测器的选择及布置

正确合理地选择探测器种类及数量是十分重要的，它关系到系统的可靠性。另外，探测器选择后的合理布置是保证探测质量的关键环节，为此应在符合国家规范的前提下选择和布置探测器。

2.2.1 报警区域、探测区域和防烟防火分区的划分

1. 报警区域（Alarm Zone）的划分

将火灾自动报警系统的警戒范围按防火分区或楼层划分的单元。

在系统设计中，在报警区域的划分中既可将一个防火分区划分为一个报警区域，也可将同层相邻的几个防火分区划为一个报警区域。但这种情况下，报警区域不得跨越楼层。

一般情况下，一个报警区域设一台区域报警控制器。当用一台区域报警控制器警戒数个楼层时，应在每层各主要楼梯口处明显部位装设识别楼层的声光显示器。

区域报警控制器的容量应不小于报警区域内探测部位的总数。采用总线制时，每只探测器都有自己独立的编址，有时区域内几只探测器可按探测器组编成同一个报警部位号。报警部位号的编号应做到有规律，便于操作人员识别，以达到迅速断定着火地点或范围的目的。对不同类别的信号，如感烟探测器、水流指示器、手动报警按钮等应以不同显示方式或不同的编码区段加以区别。

合理正确划分报警区域，能在火灾初期及早地发现火灾发生的部位，尽快扑灭火灾。

2. 探测区域（Detection Zone）的划分

探测区域是将报警区域按探测火灾的部位划分的单元。探测出被保护区内发生火灾的部位，需将被保护区按顺序划分成若干探测区域。

探测区域可以是一只探测器所保护的区域，也可以是几只探测器共同保护的区域。但一个探测区域在区控器上只能占有一个报警部位号。探测区域的划分应符合下列规定：

（1）探测区域应按独立房（套）间划分

一个探测区域的面积不宜超过500m^2。从主要出入口能看清其内部，且面积不超过1000m^2的房间，也可划为一个探测区域。

（2）符合下列条件之一的二级保护对象，可将几个房间划为一个探测区域

1）相邻房间不超过5个，总面积不超过400m^2的房间，并在每个门口设有灯光显示装置。

2）相邻房间不超过10个，总面积不超过1000m^2的房间，在每个房间门口均能看清其内部，并在每个门口设有灯光显示装置。

（3）下列场所应分别单独划分探测区域

1）敞开、封闭楼梯间；

2）防烟楼梯间前室、消防电梯前室、消防电梯与防烟楼梯间合用前室；

3）走道、坡道、管道井、电缆隧道；

4）建筑物闷顶、夹层。

3. 防火和防烟分区

高层建筑内应采用防火墙、防火门、防火卷帘以及宽度不小于6m的水幕带等划分防火分区，每个防火分区允许最大面积应不超过表2-1的规定。表2-1所示为每个防火分区的允许最大建筑面积。

表 2-1　每个防火分区的允许最大建筑面积

建筑分类	每个防火分区建筑面积/m^2
一类	1000
二类	1500
地下室	500

注：1. 地下室用途广泛，可燃物较多，人流较大。从安全角度来看，地下室一般是无窗房间，其出入口（楼梯）既是人流疏散，又是热流、烟气的排放口，同时又是消防队救火的进入口。一旦发生火灾，人员交叉混乱，不仅造成疏散扑救困难，而且威胁上部建筑的安全。因此，地下室防火分区面积为500m^2是合适的。

2. 当高层建筑与其裙房之间设有防火墙等防火分隔设施时，其裙房的防火分区允许最大建筑面积可按本表增加一倍；当设有自动喷水灭火时，防火分区允许最大建筑面积可增加一倍。

2.2.2　探测器种类的选择

应根据探测区域内的环境条件、火灾特点、房间高度、安装场所的气流状况等，选用其所适宜类型的探测器或几种探测器的组合。

1. 根据火灾特点、环境条件及安装场所确定探测器的类型

火灾受可燃物质的类别、着火的性质、可燃物质的分布、着火场所的条件、新鲜空气的供给程度以及环境温度等因素的影响。一般把火灾的发生与发展分为4个阶段：

前期：火灾尚未形成，只出现一定量的烟，基本上未造成物质损失。

早期：火灾开始形成，烟量大增，温度上升，已开始出现火，造成较小的损失。

中期：火灾已经形成，温度很高，燃烧加速，造成了较大的物质损失。

晚期：火灾已经扩散。

根据以上对火灾特点的分析，选择火灾探测器应符合下列原则：

1）火灾初期有阴燃阶段，产生大量的烟和少量的热，很少或没有火焰辐射，应选用感烟探测器；

不适于选用感烟探测器的场所：正常情况下有烟的场所；经常有粉尘及水蒸汽的场所；液体微粒出现的场所；火灾发展迅速、产生烟极少爆炸性强的场所。

离子感烟与光电感烟探测器的适用场合基本相同，但应注意它们各有不同的特点。离子感烟探测器对人眼看不到的微小颗粒同样敏感，例如人能嗅到的油漆味、烤焦味等都能引起探测器动作，甚至一些分子量大的气体分子，也会使探测器发生动作，在风速过大的场合（例如大于6m/s）将引起探测器不稳定，且其敏感元件的寿命较光电感烟探测器的短。

2）火灾发展迅速，产生大量的热、烟和火焰辐射，可选用感温探测器、感烟探测器、火焰探测器或其组合。

3）火灾发展迅速，有强烈的火焰辐射和少量烟、热，应选用火焰探测器。

4）在通风条件较好的车库内可采用感烟探测器，一般的车库内可采用感温探测器。

5）火灾形成特征不可预料，可进行模拟试验，根据试验结果选择探测器。

各种探测器都可配合使用，如感烟与感温探测器的组合，宜用于大中型机房、洁净厂房以及防火卷帘设施的部位等。

总之，感烟探测器具有稳定性好、误报率低、寿命长、结构紧凑、保护面积大等优点，得到广泛应用。其他类型的探测器，只在某些特殊场合作为补充才用到。为选用方便，归纳为表2-2所示的点型探测器的适用场所或情形一览表。

表2-2　点型探测器的适用场所或情形一览表

序号	场所或情形	探测器类型								说　明
		感烟		感温				火焰		
		离子	光电	定温	差温	差定温	缆式	红外	紫外	
1	饭店、宾馆、教学楼、办公楼的厅堂、卧室、办公室等	○	○							厅堂、办公室、会议室、值班室、娱乐室、接待室等，灵敏度档次为中、低，可延时；卧室、病房、休息厅、衣帽室、展览室等，灵敏度档次为高
2	计算机房、通信机房、电影电视放映室等	○	○							这些场所灵敏度要高或高、中档次联合使用
3	楼梯、走道、电梯、机房等	○	○							灵敏度档次为高、中
4	书库、档案库	○	○							灵敏度档次为高
5	有电器火灾危险	○	○							早期热解产物，气溶胶微粒小，可用离子型；气溶胶微粒大，可用光电型
6	气温速度大于5m/s	×	○							
7	相对湿度经常高于95%以上	×				○				根据不同要求也可选用定温或差温
8	有大量粉尘、水雾滞留	×	×	○	○	○				根据具体要求选用
9	有可能发生无烟火灾	×	×	○	○	○				
10	在正常情况下有烟和蒸汽滞留	×	×	○	○	○				
11	有可能产生蒸汽和油雾		×							

（续）

序号	场所或情形	探测器类型								说　明
		感烟		感温				火焰		
		离子	光电	定温	差温	差定温	缆式	红外	紫外	
12	厨房、锅炉房、发电机房、茶炉房、烘干车间等			○		○				在正常高温环境下，感温探测器的额定动作温度值可定得高些，或选用高温感温探测器
13	吸烟室、小会议室等				○	○				若选用感烟探测器则应选低灵敏度档次
14	汽车库				○	○				
15	其他不宜安装感烟探测器的厅堂和公共场所	×	×	○	○	○				
16	可能产生阴燃火或者发生火灾不及早报警将造成重大损失的场所	○	○	×	×	×				
17	温度在0℃以下			×						
18	正常情况下，温度变化较大的场所				×					
19	可能产生腐蚀性气体	×								
20	产生醇类、醚类、酮类等有机物质	×								
21	可能产生黑烟		×							
22	存在高频电磁干扰		×							
23	银行、百货店、商场、仓库	○	○							
24	火灾时有强烈的火焰辐射							○	○	含有易燃材料的房间、飞机库、油库、海上石油钻井和开采平台；炼油裂化厂
25	需要对火焰做出快速反应							○	○	镁和金属粉末的生产、大型仓库、码头
26	无阴燃阶段的火灾							○	○	
27	博物馆、美术馆、图书馆	○	○					○	○	

（续）

序号	场所或情形	探测器类型								说　明
		感烟		感温				火焰		
		离子	光电	定温	差温	差定温	缆式	红外	紫外	
28	电站、变压器间、配电室	○	○					○	○	
29	可能发生无焰火灾							×	×	
30	在火焰出现前有浓烟扩散							×	×	
31	探测器的镜头易被污染							×	×	
32	探测器的“视线”易被遮挡							×	×	
33	探测器易受阳光或其他光源直接或间接照射							×	×	
34	在正常情况下有明火作业以及X射线、弧光等影响							×	×	
35	电缆隧道、电缆竖井、电缆夹层								○	发电厂、发电站、化工厂、钢铁厂
36	原料堆垛								○	纸浆厂、造纸厂、卷烟厂及工业易燃堆垛
37	仓库堆垛								○	粮食、棉花仓库及易燃仓库堆垛
38	配电装置、开关设备、变压器、电控中心							○		
39	地铁、名胜古迹、市政设施						○			
40	耐碱、防潮、耐低温等恶劣环境						○			
41	带运输机生产流水线和滑道的易燃部位						○			

（续）

序号	场所或情形	探测器类型								说明
		感烟		感温				火焰		
		离子	光电	定温	差温	差定温	缆式	红外	紫外	
42	控制室、计算机室的闷顶内、地板下及重要设备隐蔽处等						○			
43	其他恶劣不适合点型感烟探测器安装场所						○			

表注：

1. 符号说明：在表中“○”适合的探测器，应优先选用；“×”不适合的探测器，不应选用；空白，无符号表示，须谨慎使用。
2. 在散发可燃气体的场所宜选用可燃气体探测器，实现早期报警。
3. 对可靠性要求高，需要有自动联动装置或安装自动灭火系统时，采用感烟、感温、火焰探测器（同类型或不同类型）的组合。这些场所通常都是重要性很高，火灾危险性很大的。
4. 在实际使用中，如果在所列项目中找不到时，可以参照类似场所，如果没有把握或很难判定是否合适时，最好做燃烧模拟试验最终确定。
5. 下列场所可不设火灾探测器
   (1) 厕所、浴室等；
   (2) 不能有效探测火灾者；
   (3) 不便维修、使用（重点部位除外）的场所。
6. 在工程实际中，在危险性大又很重要的场所即需设置自动灭火系统或设有联动装置的场所，均应采用感烟、感温、火焰探测器的组合。
   (1) 线型探测器的适用场所
   1) 下列场所宜选用缆式线型定温探测器：
   ① 计算机室、控制室的闷顶内、地板下及重要设施隐蔽处等；
   ② 开关设备、发电厂、变电站及配电装置等；
   ③ 各种带运输装置；
   ④ 电缆夹层、电缆竖井、电缆隧道等；
   ⑤ 其他环境恶劣不适合点型探测器安装的危险场所。
   2) 下列场所宜选用空气管线型差温探测器：
   ① 不易安装点型探测器的夹层、闷顶；
   ② 公路隧道工程；
   ③ 古建筑；
   ④ 可能产生油类火灾且环境恶劣的场所；
   ⑤ 大型室内停车场。
   3) 下列场所宜选用红外光束感烟探测器：
   ① 隧道工程；
   ② 古建筑、文物保护的厅堂馆所等；
   ③ 档案馆、博物馆、飞机库、无遮挡大空间的库房等；
   ④ 发电厂、变电站等。
   (2) 可燃气体探测器的选择（下列场所宜选用可燃气体探测器）
   1) 煤气表房、煤气站以及大量存放液化石油气罐的场所；
   2) 使用管道煤气或燃气的房屋；
   3) 其他散发或积聚可燃气体和可燃液体蒸气的场所；
   4) 有可能产生大量一氧化碳气体的场所，宜选用一氧化碳气体探测器。

2. 根据房间高度选择探测器

由于各种探测器特点各异，其适于房间高度也不一致，为了使选择的探测器能更有效地达到保护目的，表2-3列举了几种常用的探测器对房间高度的要求，供学习及设计参考。

表2-3 根据房间高度选择探测器

房间高度 h/m	感烟探测器	感温探测器			火焰探测器
		一 级	二 级	三 级	适合
$12<h\leqslant20$	不适合	不适合	不适合	不适合	适合
$8<h\leqslant12$	适合	不适合	不适合	不适合	适合
$6<h\leqslant8$	适合	适合	不适合	不适合	适合
$4<h\leqslant6$	适合	适合	适合	不适合	适合
$h\leqslant4$	适合	适合	适合	适合	适合

当同一房间内高度不同时，且较高部分的顶棚面积小于整个房间顶棚面积的10%，只要这一顶棚部分的面积不大于1只探测器的保护面积，则该较高的顶棚部分同整个顶棚面积一样看待。否则，较高的顶棚部分应按分隔开的房间处理。

在按房间高度选用探测器时，应注意这仅仅是按房间高度对探测器选用的大致划分，具体选用时尚需结合火灾的危险度和探测器本身的灵敏度档次来进行。如判断不准时，需做模拟试验后最后确定。

在符合表2-2和表2-3的情况下便确定了探测器。若同时有两种以上探测器符合，应选保护面积大的探测器。

2.2.3 探测器数量的确定

在实际工程中房间功能及探测区域大小不一，房间高度、棚顶坡度也各异，那么怎样确定探测器的数量呢？规范规定：每个探测区域内至少设置一只火灾探测器。一个探测区域内所设置探测器的数量应按下式计算：

$$N\geqslant\frac{S}{kA}$$

式中 N——探测器数量（只），应取整数；

S——该探测区域面积（m^2）；

A——探测器的保护面积（m^2）；

k——修正系数，容纳人数超过10000人的公共场所宜取0.7~0.8，容纳人数为2000~10 000人的公共场所宜取0.8~0.9，容纳人数为500~2000人的公共场所宜取0.9~1.0，其他场所可取1.0。

选取时根据设计者的实际经验，并考虑发生火灾对人和财产的损失程度、火灾危险性大小、疏散及扑救火灾的难易程度及对社会的影响大小等多种因素。

对于一个探测器而言，其保护面积和保护半径的大小与其探测器的类型、探测区域的面积、房间高度及屋顶坡度都有一定的联系。表2-4说明了两种常用的探测器保护面积、保护半径与其他参量的相互关系。

表2-4　感烟、感温探测器的保护面积和保护半径

火灾探测器的种类	地面面积 S/m^2	房间高度 h/m	探测器的保护面积 A 和保护半径 R					
			房顶坡度					
			$\theta\leqslant15°$		$15°<\theta\leqslant30°$		$\theta>30°$	
			A/m^2	R/m	A/m^2	R/m	A/m^2	R/m
感烟探测器	$S\leqslant80$	$h\leqslant12$	80	6.7	80	7.2	80	8.0
	$S>80$	$6<h\leqslant12$	80	6.7	100	8.0	120	9.9
		$h\leqslant6$	60	5.8	80	7.2	100	9.0
感温探测器	$S\leqslant30$	$h\leqslant8$	30	4.4	30	4.9	30	5.5
	$S>30$	$h\leqslant8$	20	3.6	30	4.9	40	6.3

另外，通风换气对感烟探测器的面积有影响，在通风换气房间，烟的自然蔓延方式受到破坏。换气越频繁，燃烧产物（烟气体）的浓度越低，部分烟被空气带走，导致探测器接收烟量的减少，或者说探测器感烟灵敏度相对降低。常用的补偿方法有两种：一是压缩每只探测器的保护面积；二是增大探测器的灵敏度，但要注意误报。感烟探测器的换气系数见表2-5所列。可根据房间每小时换气次数（N）将探测器的保护面积乘以一个压缩系数。

表2-5　感烟探测器的换气系数表

每小时换气次数 N	保护面积的压缩系数	每小时换气次数 N	保护面积的压缩系数
$10<N\leqslant20$	0.9	$40<N\leqslant50$	0.6
$20<N\leqslant30$	0.8	$50<N$	0.5
$30<N\leqslant40$	0.7		

例如，设房间换气次数为50/h，感烟探测器的保护面积为 $80\mathrm{m}^2$，考虑换气影响后，探测器的保护面积为：$A=80\mathrm{m}^2\times0.6=48\mathrm{m}^2$。

【例1】 某高层教学楼的其中一个被划为一个探测区域的阶梯教室，其地面面积为 $30\mathrm{m}\times40\mathrm{m}$，房顶坡度为13°，房间高度为8m。试求：①应选用何种类型的探测器？②探测器的数量为多少只？

【解】 ①根据使用场所从表2-4知，选感烟或感温探测器均可，但按房间高度表2-5中可知，仅能选感烟探测器。

②根据修正系数选取原则取1.0，地面面积 $S=30\mathrm{m}\times40\mathrm{m}=1200\mathrm{m}^2>80\mathrm{m}^2$，房间高度 $h=8\mathrm{m}$，即 $6\mathrm{m}<h\leqslant12\mathrm{m}$，房顶坡度 θ 为13°，即 $\theta\leqslant15°$，于是根据 S、h、θ 查表2-4，保护面积 $A=80\mathrm{m}^2$，保护半径 $R=6.7\mathrm{m}$。可得探测器的数量为

$$N=\frac{1200}{1\times80}=15$$

由上例可知：对探测器类型的确定必须全面考虑，确定了类型，数量也就确定了。数量确定之后如何布置及安装，以及在有梁等特殊情况下探测区域如何划分，是下面要解决的问题。

2.2.4　探测器的布置

探测器布置及安装合理与否，直接影响保护效果。一般火灾探测器应安装在屋内顶棚表

面或顶棚内部（没有顶棚的场合，安装在室内吊顶板表面上）。考虑到维护管理的方便，其安装面的高度不宜超过20m。

在布置探测器时，首先考虑安装间距如何确定，再考虑梁的影响及特殊场所探测器安装要求，下面分别叙述。

1. 安装间距的确定

相关规范：探测器周围0.5m内，不应有遮挡物（以确保探测效果）。探测器至墙壁、梁边的水平距离不应小于0.5m。图2-4所示为探测器在顶棚上安装时与墙或梁的距离。

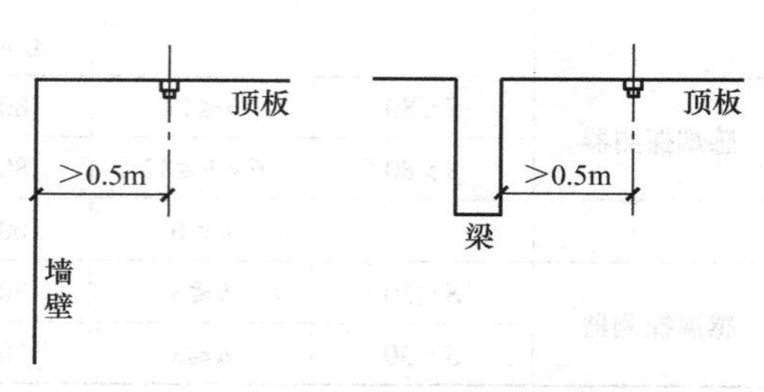

图2-4　探测器在顶棚上安装时与墙或梁的距离

安装间距的确定：探测器在房间中布置时，如果是多只探测器，其两探测器间的水平距离和垂直距离称安装间距，分别用以 a 和 b 表示。

安装间距 a、b 的确定方法有如下5种：

（1）计算法

根据从表2-4中查得保护面积 A 和保护半径 R，计算直径 $D=2R$，根据所算 D 值大小对应保护面积 A 在图2-5曲线粗实线（即由 D 值所包围的部分）上取一点，此点所对应的数

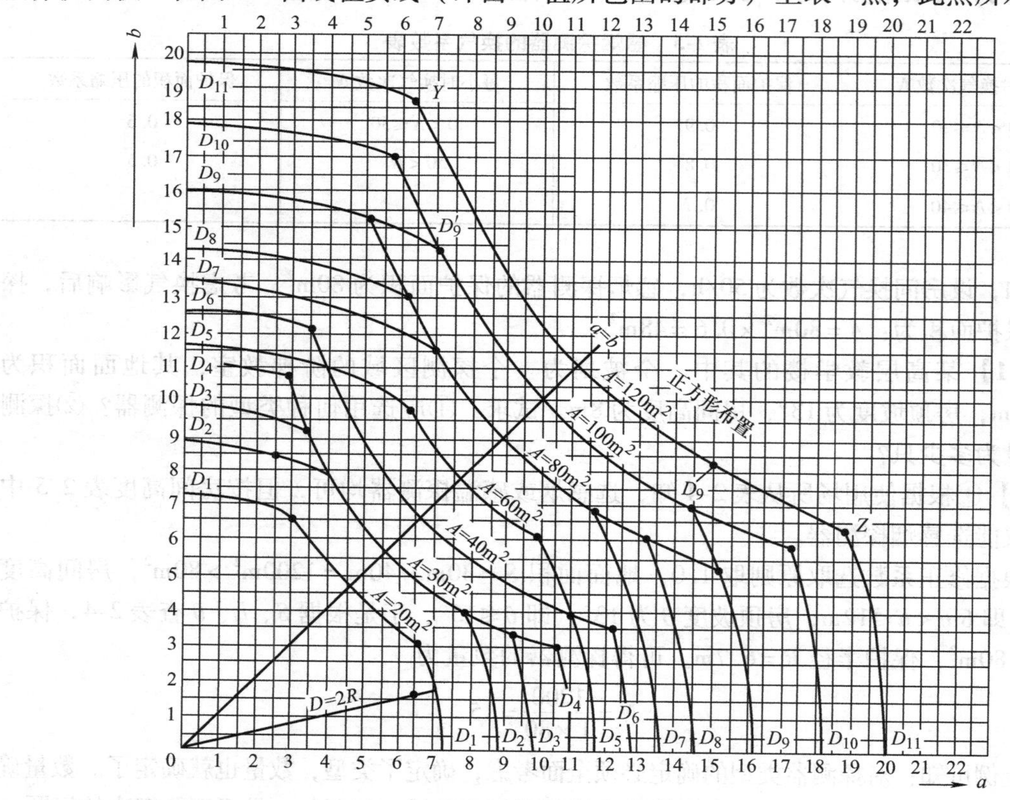

图2-5　探测器安装间距的极限曲线

A—探测器的保护面积（m^2）　a、b—探测器的安装间距（m）

D_1 ~ D_{11}（含 D_9'）—在不同保护面积 A 和保护半径 R 下确定探测器安装间距 a、b 的极限曲线

Y、Z—极限曲线的端点（在 Y 和 Z 两点间的曲线范围内，保护面积可得到充分利用）

即为安装间距 a、b 值。注意实际应不大于查得的 a、b 值。具体布置后，再检验探测器到最远点水平距离是否超过了探测器的保护半径，如超过时，应重新布置或增加探测器的数量。

图2-5曲线中的安装间距是以二维坐标的极限曲线的形式给出的，即给出感温探测器的3种保护面积（$20m^2$、$30m^2$ 和 $40m^2$）及其5种保护半径（3.6m、4.4m、4.9m、5.5m 和 6.3m）所适宜的安装间距极限曲线 D_1 ~ D_5，给出感烟探测器的4种保护面积（$60m^2$、$80m^2$、$100m^2$ 和 $120m^2$）及其6种保护半径（5.8m、6.7m、7.2m、8.0m、9.0m 和 9.9m）所适宜的安装间距极限曲线 D_6 ~ D_{11}（含 D_9'）。图2-5所示为探测器安装间距的极限曲线。

【例2】 对例1中确定的15只感烟探测器的布置如下：

由已查得的 $A=80m^2$ 和 $R=6.7m$，计算得：$D=2R=2\times6.7m=13.4m$

根据 $D=13.4m$，由图2-5曲线中 D_7 上查得的 Y、Z 线段上选取探测器安装间距 a、b 的数值，并根据现场实际情况选取 $a=8m$，$b=10m$。图2-6所示为探测器的布置示例。

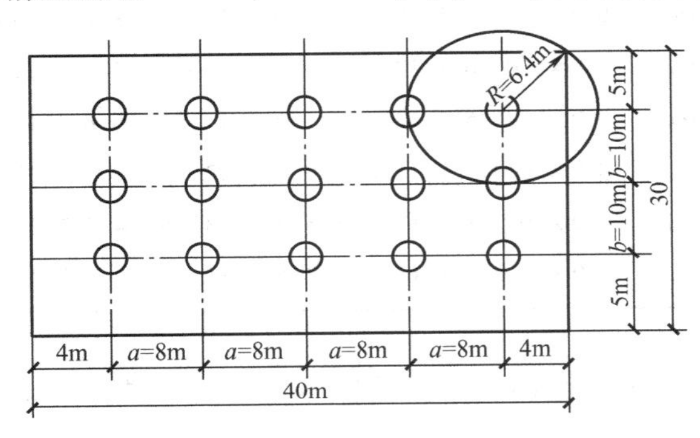

图2-6　探测器的布置示例

这种布置是否合理呢？回答是肯定的，因为只要是在极限曲线内取值一定是合理的。验证如下：

本例中所采用的探测器 $R=6.7m$，只要每个探测器之间的半径都小于或等于6.7m即可有效地进行保护。图2-6中，探测器间距最远的半径 $R=\sqrt{4^2+5^2}m=6.4m$，小于6.7m，距墙的最大值为5m，不大于安装间距10m的一半，显然布置合理。

（2）经验法

一般点型探测器的布置为均匀布置法，根据工程实际总结计算法如下：

$$横向间距\ a=\frac{该房间（该探测区域）的长度}{横向安装间距个数+1}=\frac{该房间的长度}{横向探测器个数}$$

$$纵向间距\ b=\frac{该房间（该探测区域）的宽度}{纵向安装间距个数+1}=\frac{该房间的宽度}{纵向探测器个数}$$

因为距墙的最大距离为安装间距的一半，两侧墙为1个安装间距。例2中按经验法布置如下：

$$a=\frac{40}{4+1}m=8m,\ b=\frac{30}{2+1}m=10m$$

由此可见，这种方法不需要查表可非常方便地求出 a、b 值。

另外，根据人们的实际工作经验，这里推荐由保护面积和保护半径决定最佳安装间距的选择表，供设计使用。表2-6所示为由保护面积和保护半径决定最佳安装间距选择表。

表 2-6 由保护面积和保护半径决定最佳安装间距选择表

探测器种类	保护面积 A/m^2	保护半径 R 的极限值/m	参照的极限曲线	最佳安装间距 a、b 及保护半径 R 值/m									
				$a \times b$	R	$a \times b$	R	$a \times b$	R	$a \times b$	R	$a \times b$	R
感温探测器	20	3.6	D_1	4.5×4.5	3.2	5.0×4.0	3.2	5.5×3.6	3.3	6.0×3.3	3.4	6.5×3.1	3.6
	30	4.4	D_2	5.5×5.5	3.9	6.1×4.9	3.9	6.7×4.8	4.1	7.3×4.1	4.2	7.9×3.8	4.4
	30	4.9	D_3	5.5×5.5	3.9	6.5×4.6	4.0	7.4×4.1	4.2	8.4×3.6	4.6	9.2×3.2	4.9
	30	5.5	D_4	5.5×5.5	3.9	6.8×4.4	4.0	8.1×3.7	4.5	9.4×3.2	5.0	10.6×2.8	5.5
	40	6.3	D_6	6.5×6.5	4.6	8.0×5.0	4.7	9.4×4.3	5.2	10.9×3.7	5.8	12.2×3.3	6.3
感烟探测器	60	5.8	D_5	7.7×7.7	5.4	8.3×7.2	5.5	8.8×6.8	5.6	9.4×6.4	5.7	9.9×6.1	5.8
	80	6.7	D_7	9.0×9.0	6.4	9.6×8.3	6.3	10.2×7.8	6.4	10.8×7.4	6.5	11.4×7.0	6.7
	80	7.2	D_8	9.0×9.0	6.4	10.0×8.0	6.4	11.0×7.3	6.6	12.0×6.7	6.9	13.0×6.1	7.2
	80	8.0	D_9	9.0×9.0	6.4	10.6×7.5	6.5	12.1×6.6	6.9	13.7×5.8	7.4	15.4×5.3	8.0
	100	8.0	D_9	10.0×10.0	7.1	11.1×9.0	7.1	12.2×8.2	7.3	13.3×7.5	7.6	14.4×6.9	8.0
	100	9.0	D_{10}	10.0×10.0	7.1	11.8×8.5	7.3	13.5×7.4	7.7	15.3×6.5	8.3	17.0×5.9	9.0
	120	9.9	D_{11}	11.0×11.0	7.8	13.0×9.2	8.0	14.9×8.1	8.5	16.9×7.1	9.2	18.7×6.4	9.9

较小面积的场所（$S \leqslant 80m^2$）时，探测器应尽量居中布置，使保护半径较小，探测效果较好。

【例 3】 某锅炉房地面长为 20m，宽为 10m，房间高度为 3.5m，房顶坡度为 12°，①选探测器类型；②确定探测器数量；③进行探测器的布置。

【解】 ① 由表 2-2 查得应选用感温探测器。

② $$N \geqslant \frac{S}{kA} = \frac{20 \times 10}{1 \times 20} \geqslant 10$$

由表 2-6 查得 $A = 20m^2$，$R = 3.6m$。

③ 布置

采用经验法布置：

横向间距 $a = \frac{20}{5}m = 4m$，$a_1 = 2m$

纵向间距 $b = \frac{10}{2}m = 5m$，$b_1 = 2.5m$

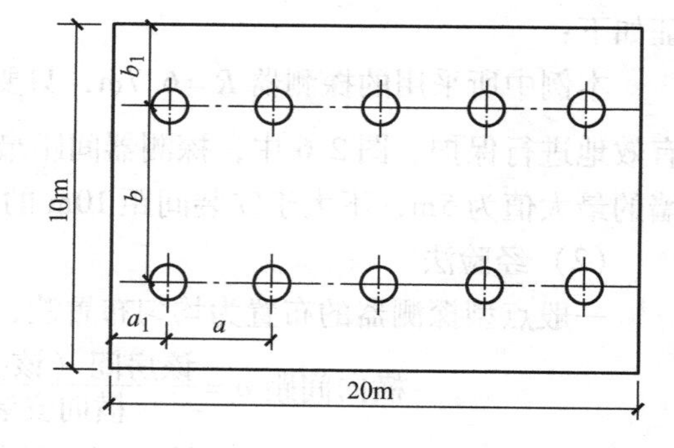

图 2-7 探测器的布置示例

探测器的布置示例如图 2-7 所示，可见满足要求，布置合理。

(3) 查表法

所谓查表法是根据探测器种类和数量直接从表 2-6 中查得适当的安装间距 a 和 b 值，按其布置即可。

(4) 正方形组合布置法

这种方法的安装间距 $a = b$，且完全无“死角”，但使用时受到房间尺寸及探测器数量多少的约束，很难合适。

【例4】某学院吸烟室地面面积为9m×13.5m，房间高度为3m，平顶棚。①确定探测器类型；②求探测器数量；③进行探测器布置。

【解】① 由表2-6查得应选感温探测器。

② k 取1，由表2-6查得 $A=20\text{m}^2$，$R=3.6\text{m}$

$$N=\frac{9\times13.5}{1\times20}=6.075$$

取6只（因有些厂家产品 k 可取1～1.2，为布置方便取6只）

③ 布置：采用正方形组合布置法，从表2-6中查得 $a=b=4.5\text{m}$（基本符合本题材各方面要求），图2-8所示为正方形组合布置法。

校检：$R=\sqrt{a^2+b^2}/2=3.18\text{m}$，小于3.6m，合理。其布置法如图2-8所示。

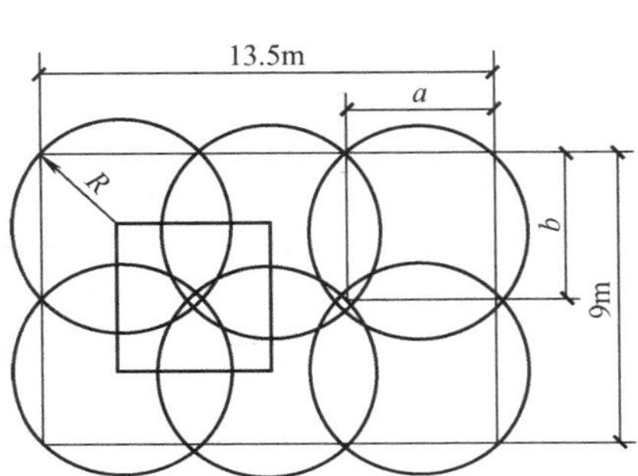

图2-8　正方形组合布置法

本题是将查表法和正方形组合布置法混合使用的。如果不采用查表法怎样得到以 a 和 b 呢？

a 和 b 可用下式计算：

$$横向安装间距\ a=\frac{房间长度}{横向探测器个数}$$

$$纵向安装间距\ b=\frac{房间宽度}{纵向探测器个数}$$

如果恰好以 $a=b$ 则可采用正方形组合布置法。

（5）矩形组合布置法

具体做法是：当求得探测器的数量后，用正方形组合布置法的 a、b 求法公式计算，如 $a\neq b$ 时可采用矩形组合布置法。

【例5】某开水间地面面积为4m×8m，平顶棚，房间高度为2.8m。①确定探测器类型；②求探测器数量；③布置探测器。

【解】① 由表2-4查得应选感温探测器。

② 由表2-4查得 $A=20\text{m}^2$，$R=3.6\text{m}$。取 $k=1.0$，$N=\dfrac{8\times4}{1\times20}=1.6$，取2只。

③ 采用矩形组合布置如下：

$$a=\frac{8}{2}\text{m}=4\text{m},\quad b=\frac{4}{1}\text{m}=4\text{m}$$

其布置法如图2-9所示。

图2-9　矩形组合布置法

校检：$R=\sqrt{a^2+b^2}/2=2.83\text{m}$，小于3.6m，满足要求。

综上可知，正方形和矩形组合布置法的优点是：可将保护区的各点完全保护起来，保护区内不存在得不到保护的“死角”，且布置均匀美观。上述5种布置法可根据实际情况选取。

2. 梁对探测器的影响

在顶棚有梁时，由于烟的蔓延受到梁的阻碍，探测器的保护面积会受梁的影响。如果梁间区域的面积较小，梁对热气流（或烟气流）形成障碍，并吸收一部分热量，因而探测器的保护面积必然下降。梁对探测器的影响如图2-10所示及见表2-7。查表可以决定一只探测器能够保护的梁间区域的个数，减少了计算工作量，按图2-10规定房间高度在5m以下，感烟探测器在梁高小于200mm时，无须考虑其梁的影响；房间高度在5m以上，梁高大于200mm时，探测器的保护面积受房高的影响，可按房间高度与梁高的线性关系考虑。图2-10所示为不同高度的房间梁对探测器设置的影响。表2-7所示为按梁间区域面积确定一只探测器能够保护的梁间区域的个数。

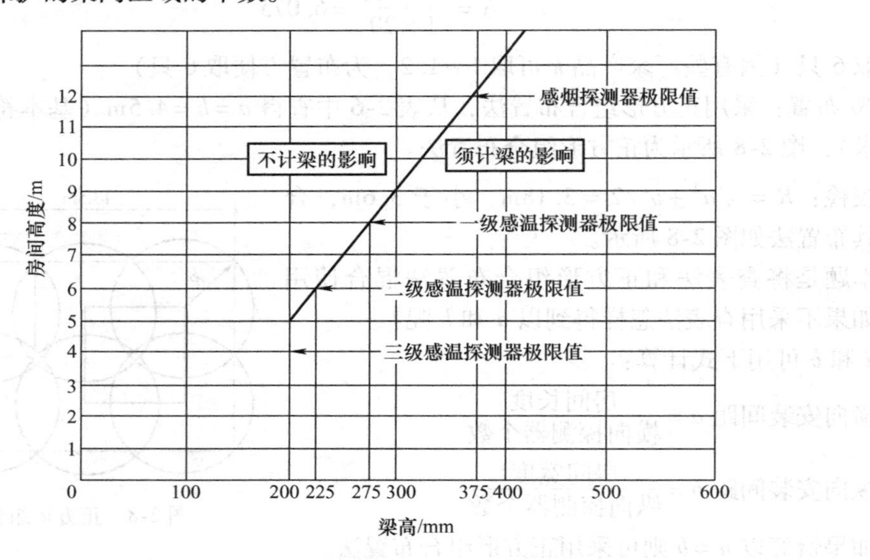

图2-10　不同高度的房间梁对探测器设置的影响

表2-7　按梁间区域面积确定一只探测器能够保护的梁间区域的个数

探测器的保护面积 A/m^2		梁隔断的梁间区域面积 Q/m^2	一只探测器保护的梁间区域的个数
感温探测器	20	$Q>12$	1
		$8<Q\leqslant12$	2
		$4<Q\leqslant6$	4
		$Q\leqslant4$	5
感温探测器	30	$Q>18$	1
		$12<Q\leqslant18$	2
		$9<Q\leqslant12$	3
		$6<Q\leqslant9$	4
		$Q\leqslant6$	5
感烟探测器	60	$Q>36$	1
		$24<Q\leqslant36$	2
		$18<Q\leqslant24$	3
		$Q\leqslant12$	5
	80	$Q>48$	1
		$32<Q\leqslant48$	2
		$24<Q\leqslant32$	3
		$16<Q\leqslant24$	4
		$Q\leqslant10$	5

由图2-10可查得三级感温探测器房间高度极限值为4m，梁高限度200mm，二级感温探测器房间高度极限值为6m，梁高限度为225mm，一级感温探测器房间极限值为8m，梁高限度为275m；感烟探测器房间高度极限值为12m，梁高限度为375mm。线性曲线左边部分均无须考虑梁的影响。

可见当梁突出顶棚的高度在200~600mm时，应按图2-12和表2-7确定梁的影响和一只探测器能够保护的梁间区域的数目。

当梁突出顶棚的高度超过600mm时，被梁阻断的部分需单独划为一个探测区域，即每个梁间区域应至少设置一只探测器。

当被梁阻断的区域面积超过一只探测器的保护面积时，则应将被阻断的区域视为一个探测区域，并应按规范中有关规定计算探测器的设置数量。探测区域的划分。图2-11所示为探测区域的划分。

当梁间净距小于1m时，可视为平顶棚。

如果探测区域内有过梁，定温型感温探测器安装在梁上时，其探测器下端到安装面必须在0.3m以内，感烟型探测器安装在梁上时，其探测器下端到安装面必须在0.6m以内。图2-12所示为探测器在梁下端安装时至顶棚的尺寸。

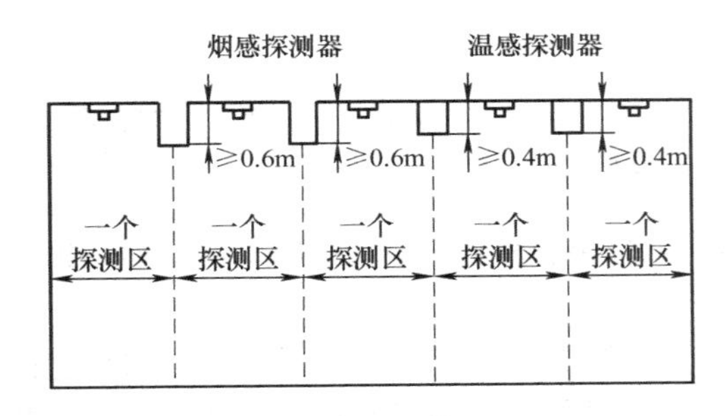

图2-11　探测区域的划分

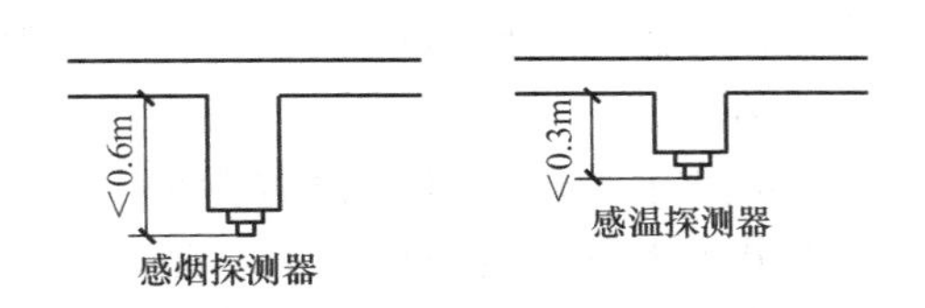

图2-12　探测器在梁下端安装时至顶棚的尺寸

3. 探测器在一些特殊场合安装时注意事项

1）在宽度小于3m的内走道的顶棚设置探测器时应居中布置，感温探测器的安装间距不应超过10m，感烟探测器安装间距不应超过15m，探测器至端墙的距离，不应大于安装间距的一半，在内走道的交叉和汇合区域上，必须安装1只探测器。图2-13所示为探测器布置在内走道的顶棚上。

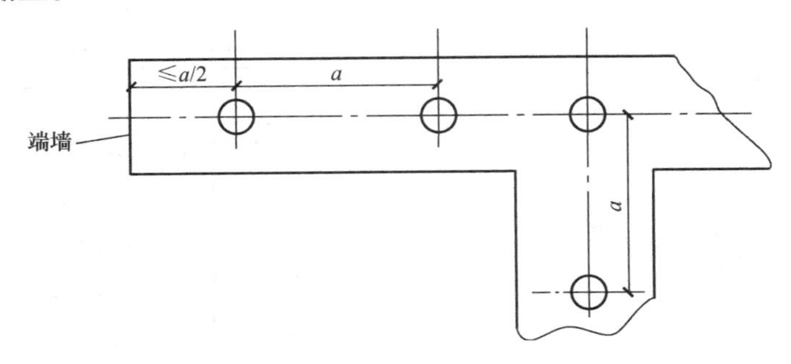

图2-13　探测器布置在内走道的顶棚上

2）房间被书架、贮藏架或设备等阻断分隔，其顶部至顶棚或梁的距离小于房间净高5%时，则每个被隔开的部分至少安装一只探测器。图2-14所示为房间有书架、设备分时、探测器设置（$h_1 \geqslant 5\% h$ 或 $h_2 \geqslant 5\% h$）。

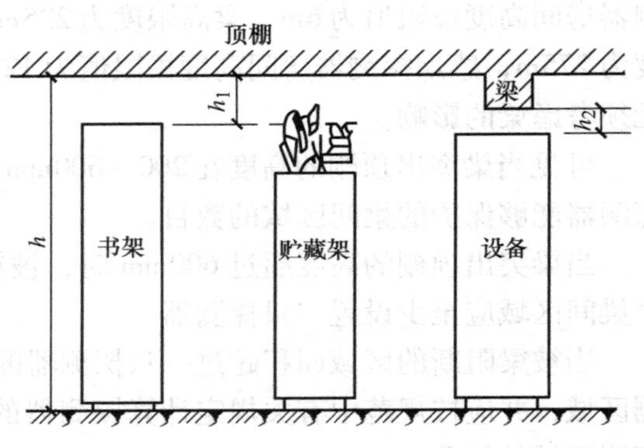

图2-14　房间有书架、设备分时、探测器设置（$h_1 \geqslant 5\% h$ 或 $h_2 \geqslant 5\% h$）

【例6】如果书库地面面积为40m²，房间高度为3m，内有两书架分别安在房间，书架高度为2.9m，问选用感烟探测器应几只？

房间高度减去架高度等于0.1m，为净高的3.3%，可见书架顶部至顶棚的距离小于房间净高5%，所以应选用3只探测器，即每个被隔开的部分均应安一只探测器。

3）在空调机房内，探测器应安装在离送风口1.5m以上的地方，离多孔送风顶棚孔口的距离不应小于0.5m。图2-15所示为探测器装于有空调房间时的位置示意图。

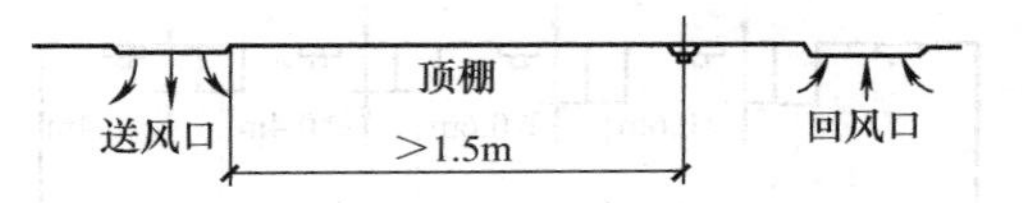

图2-15　探测器装于有空调房间时的位置示意图

4）楼梯或斜坡道至少垂直距离每15m（Ⅲ级灵敏度的火灾探测器为10m）应安装一只探测器。

5）探测器宜水平安装，如需倾斜安装时，角度不应大于45°。当屋顶坡度大于45°时，应加木台或类似方法安装探测器。图2-16所示为探测器安装角度。

6）在电梯井、升降机井设置探测器时，其位置宜在井道上方的机房顶棚上。图2-17所示为探测器在井道上方机房顶棚上的设置。这种设置既有利于井道中火灾的探测，又便于日常检验维修。因为通常在电梯井、升降机井的提升井绳索的井道盖上有一定的开口，烟会顺着井绳冲到机房内部，为尽早探测火灾，规定用感烟探测器保护，且在顶棚上安装。

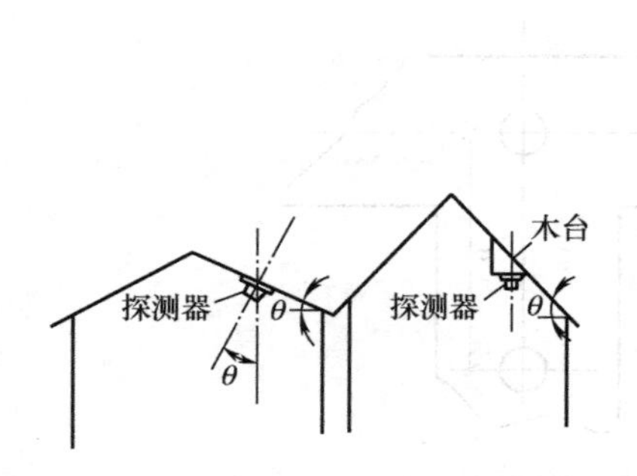

图2-16　探测器安装角度

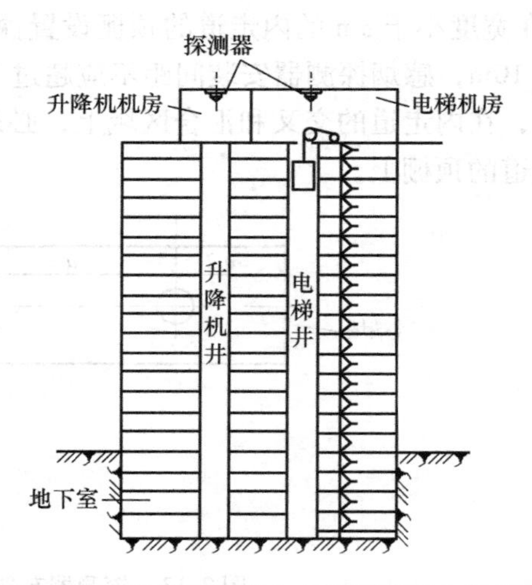

图2-17　探测器在井道上方机房顶棚上的设置

7）当房屋顶部有热屏障时，感烟探测器下表面距顶棚的距离应符合表2-8所列。表2-8

为感烟探测器下表面距顶棚（或屋顶）的距离。

表2-8 感烟探测器下表面距顶棚（或屋顶）的距离

探测器的安装高度 h/m	感烟探测器下表面距顶棚（或屋顶）的距离 d/mm					
	$\theta \leqslant 15°$		$15° < \theta \leqslant 30°$		$\theta > 30°$	
	最小	最大	最小	最大	最小	最大
$h \leqslant 6$	30	200	200	300	300	500
$6 < h \leqslant 8$	70	250	250	400	400	600
$8 < h \leqslant 10$	100	300	300	500	500	700
$10 < h \leqslant 12$	150	350	350	600	600	800

8）顶棚较低（小于2.2m）、面积较小（不大于10m^2）的房间，安装感烟探测器时，宜设置在入口附近。

9）在楼梯间、走廊等处安装感烟探测器时，宜安装在不直接受外部风吹入的位置处。安装光电感烟探测器时，应避开日光或强光直射的位置。

10）在浴室、厨房、开水房等房间连接的走廊安装探测器时，应避开其入口边缘1.5m。

11）安装在顶棚上的探测器边缘与下列设施的边缘水平间距宜保持：

与不突出的扬声器，不小于0.1m；

与照明灯具，不小于0.2m；

与自动喷水灭火喷头，不小于0.3m；

与多孔送风顶棚孔口，不小于0.5m；

与高温光源灯具（如碘钨灯、容量大于100W的白炽灯等），不小于0.5m；

与电风扇，不小于1.5m；

与防火卷帘、防火门，一般在1～2m的适当位置。

12）对于煤气探测器，在墙上安装时，应距煤气灶4m以上，距地面0.3m；在顶棚上安装时，应距煤气灶8m以上；当屋内有排气口时，允许装在排气口附近，但应距煤气灶8m以上，当梁高大于0.8m时，应装在煤气灶一侧；在梁上安装时，与顶棚的距离小于0.3m。

13）探测器在厨房中的设置：饭店的厨房常有大的煮锅、油炸锅等，具有很大的火灾危险性，如果过热或遇到高的火灾荷载更易引起火灾。定温式探测器适宜厨房使用，但是应预防煮锅喷出的一团团蒸汽，即在顶棚上使用隔板防止热气流冲击探测器，以减少或根除误报。而当发生火灾时所产生的热量足以透过隔板使探测器发生报警信号。图2-18所示为感温探测器在厨房中布置。

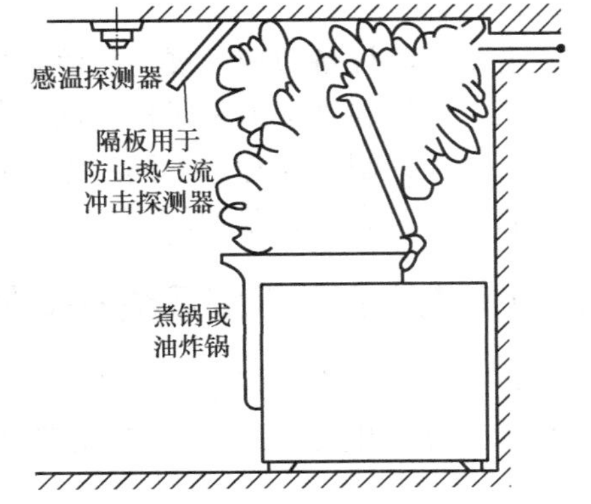

图2-18 感温探测器在厨房中布置

14）在带有网格结构的吊装顶棚结构，或在宾馆等较大空间场所，或在带有网格或格条结构的轻质吊装顶棚等场所设置探测器时，起到装饰或屏蔽作用。这种吊装顶棚允许烟进入网格内部，并影响烟的蔓延，在此情况下设置探测器应谨慎处理。

① 如果至少有一半以上网格面积是通风的，可把烟的进入看成是开放式的。如果烟可以充分地进入顶棚内部，则只在吊装顶棚内部设置感烟探测器，探测器的保护面积除考虑火灾危险性外，仍按保护面与房间高度的关系考虑。图 2-19 所示为探测器在吊装顶棚中定位。

② 如果网格结构的吊装顶棚开孔面积相当小（一半以上顶棚面积被覆盖），则可看成是封闭式顶棚，在顶棚上方和下方空间需单独监视。尤其是当阴燃火发生时，产生热量极少，不能提供充足的热气流推动烟的蔓延，烟达不到顶棚中的探测器，此时可采取二级探测方式，如图 2-19 所示。在吊装顶棚下方光电感烟探测器对阴燃火响应较好，在吊装顶棚上方，采用离子感烟探测器，对明火响应较好。每只探测器的保护面积仍按火灾危险度及地板和顶棚之间的距离确定。图 2-20 所示为吊装顶棚探测阴燃火的改进方法。

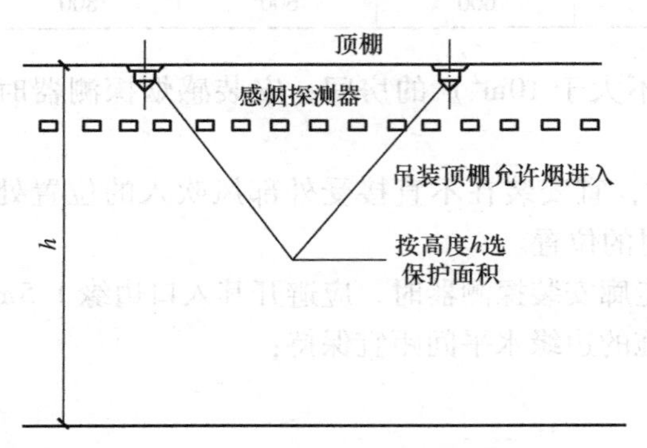

图 2-19 探测器在吊装顶棚中定位

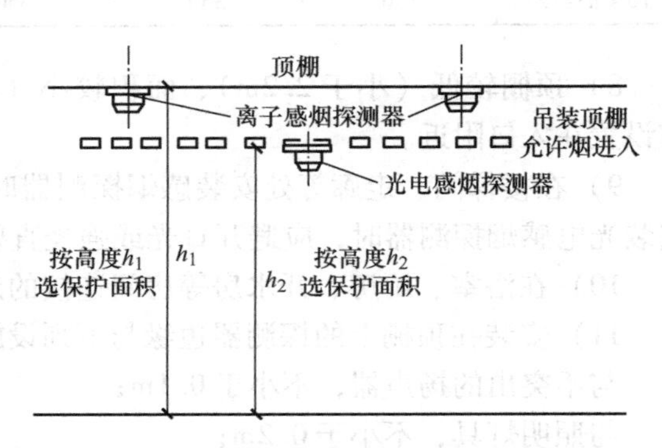

图 2-20 吊装顶棚探测阴燃火的改进方法

15）下列场所可不设置探测器：

厕所、浴室及其类似场所；

不能有效探测火灾的场所；

不便维修、使用（重点部位除外）的场所。

2.3 火灾探测器的线制

由于消防设备快速发展，探测器的接线形式变化也很快，即从多线向少线到总线发展，给施工、调试和维护带来了极大的方便。我国采用的线制有四线制、三线制、两线制及四总线制、二总线制等几种。不同厂家生产的不同型号的探测器其线制各异，从探测器到区域报警器的线数也有很大差别。

2.3.1 火灾自动报警系统的技术特点

火灾自动报警系统包括 4 部分：火灾探测器、配套设备（中继器、显示器、模块总线隔离器、报警开关等）、报警控制器（又叫报警主机）及导线，这就形成了系统本身的技术特点。

1）系统必须保证长期不间断地运行，在运行期间不但发生火情能报出着火点，而且应具备自动判断系统设备传输线的断路、短路、电源失电等情况的能力，并给出相应的声光报警，以确保系统的高可靠性。

2）探测部位之间的距离可以从几米至几十米。控制器到探测部位间可以从几十米到几百米、上千米。一台区域报警控制器可带几十或上百只探测器，有的通用报警控制器做到了可带上千个点，甚至上万个点。无论什么情况，都要求将探测点的信号准确无误地传输到报警控制器。

3）系统应具有低功耗运行性能。探测器对系统而言是无源的，它只是从控制器上获取正常运行的电源。探测器的有效空间是狭小有限的，要求设计时电子部分必须是简练的。探测器必须低功耗，否则给控制器供电带来问题，也给控制探测点的容量带来限制。主电源失电时，应有备用电源可连续供电8h，并在火警发生后，声光报警能长达50min，这就要求控制器亦应低功耗运行。

2.3.2　火灾自动报警系统的线制

由技术特点可知，线制对系统是相当重要的。线制是指探测器和控制器间的导线数量。更确切地说，线制是火灾自动报警系统运行机制的体现。按线制分，火灾自动报警系统有多线制和总线制之分，总线制又有有极性和无极性之分。多线制目前基本不用，但已运行的工程大部分为多线制系统，因此下面分别叙述。

1. 多线制系统

（1）四线制

即 $n+4$ 线制，n 为探测器数，4 指公用线为电源线（+24V）、地线（G）、信号线（S）、自诊断线（T），另外每个探测器设一根选通线（ST）。仅当某选通线处于有效电平时，在信号线上传送的信息才是该探测部位的状态信号，如图2-21所示。这种方式的优点是探测器的电路比较简单，供电和调取信息直观，缺点是线多，配管直径大，穿线复杂，线路故障多，故已不用。图2-21所示为多线制（四线制）接线方式。

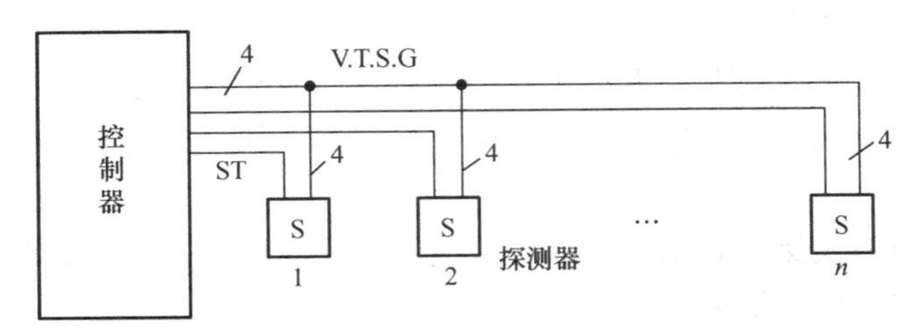

图2-21　多线制（四线制）接线方式

（2）两线制

也称 $n+1$ 线制，即一条公用地线，另一条则承担供电、信息通信与自检功能，这种线制比四线制简化得多，但仍为多线制系统。

探测器采用两线制时，可完成电源供电故障检查、火灾报警、断线报警（包括接触不良，探测器被取走）等功能。

火灾探测器与区域报警器的最少接线是 $n+n/10$，其中 n 为占用部位号的线数，即探测器信号线的数量，$n/10$（小数进位取整数）为正电源线数（采用红线导线），也就是每10个部位合用一根正电源线。

另外也可以用另一种算法，即 $n+1$，其中 n 为探测器数目（准确地说是房号数），如探测器数 $n=50$，则总线为51根。

前一种计算方法是 50 + 50/10 = 55 根，这是已进行了巡检分组的根数，与后一种分组后是一致的。

每个探测器各占一个部位时底座的接线方法：

例如有 10 只探测器，占 10 个部位，无论采用哪种计算方法其接线及线数均相同。图 2-22所示为探测器各占一个部位时的接线方法，其中 T 代表探测器底座并联的二极管与电阻组合电路。

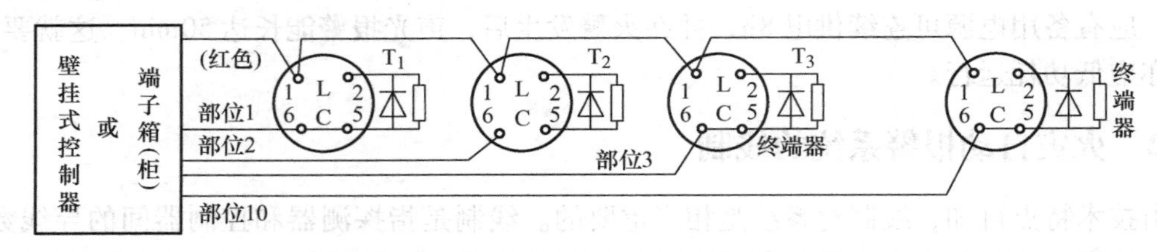

图 2-22 探测器各占一个部位时的接线方法

在施工中应注意：

为保证区域控制器的自检功能，布线时每根连接底座 L 的正电源红色导线不能超过 10 个部位数的底座（并联底座时作为一个处理）。

每台区域报警器允许引出的正电源线数为 $n/10$（小数进位取整数），n 为区域控制器的部位数。当管道较多时，要特别注意这一情况，以每 10 个部位分成一组，有时某些管道要多放一根正电源线，以便分组。

探测器底座安装好并确定接线无误后，将终端器接上，然后用小塑料袋罩紧，防止损坏和污染，待装上探测器时才除去塑料罩。

终端器为一个半导体硅二极管（2CK 或 2CZ 型）和一个电阻并联，安装时注意二极管负极接 +24V 端子，其终端电阻值大小不一，一般在 5 ~ 36kΩ 之间。凡是没有接探测器的区域控制器的空位，应在其相应接线端子上接上终端器，如设计时有特殊要求可与厂家联系解决。

同一部位上，为增大保护面积，可以将探测器并联使用，这些并联在一起的探测器仅占用一个部位号，不同部位的探测器不宜并联使用。

如比较大的会议室，使用一个探测器保护面积不够，假如使用 3 个探测器并联才能满足时，则这 3 个探测器中的任何一个发出火灾信号时，区域报警器的相应部位信号灯亮，但无法知道哪一个探测器报警，需要现场确认。

某些同一部位但情况特殊时，探测器不应并联使用。如大仓库，由于货物堆放较高，当探测器发生火灾信号后，到现场确认困难。所以从使用方便、准确角度看，应尽量不使用并联探测器。不同的报警控制器所允许探测器并联的只数也不一样，如 JB－QB（T）－10～50－101 报警控制器只允许并联 3 只感烟探测器和 7 只感温探测器；JB－QB（T）－10～50－101A 允许并联感烟、感温探测器分别为 10 只。

探测器并联时，其底座配线是串联式配线连接，这样可以保证取走任何一只探测器时，火灾报警控制器均能报出故障。当装上探测器后，L 的 1 端和 2 端通过探测器连接起来，这时对探测器来说就是并联使用了。

探测器并联时，其底座应依次接线，如图 2-23 所示，不应有分支线路，这样才能保证终端器接在最后一只底座的 L 的 2 端和 5 端，以保证火灾报警控制器的自检功能。

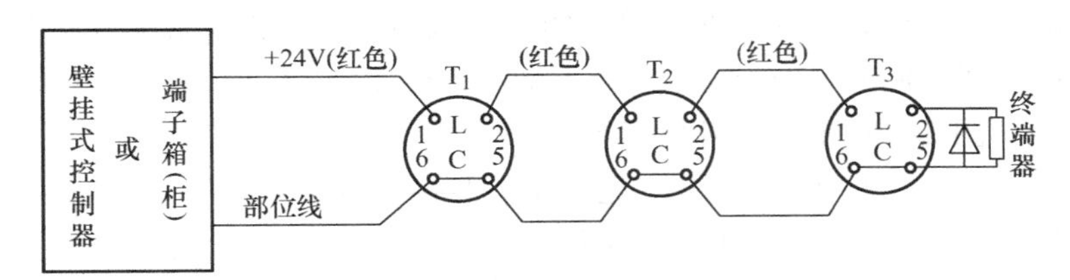

图 2-23　探测器并联时的接线图

探测器的混联：

在实际工程仅用并联和仅单个连接的情况很少，大多是混联，如图 2-24 所示。

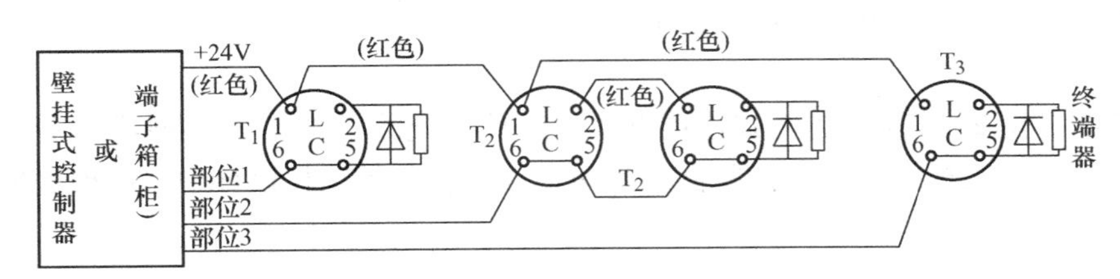

图 2-24　探测器混合连接

2. 总线制系统

采用地址编码技术，整个系统只用几根总线，建筑物内布线极其简单，给设计、施工及维护带来了极大的方便，因此被广泛采用。

（1）四总线制

4 条总线为：P 线给出探测器的电源、编码、选址信号；T 线给出自检信号以判断探测部位传输线是否有故障；控制器从 S 线上获得探测部位的信息；G 为公共地线。P、T、S、G 均为并联方式连接，S 线上的信号对探测部位而言是分时的。由图 2-25 可见，从探测器到区域报警器只用 4 根全总线，另外一根 V 线为 DC 24V，也以总线形式由区域报警控制器接出来，其他现场设备也可使用。这样控制器与区域报警器的布线为 5 线，大大简化了系统，尤其是在大系统中，这种线制的优点尤为突出。图 2-23 所示为探测器并联时的接线图，图 2-24 所示为探测器混合连接，图 2-25 所示为四总线制连接方式。

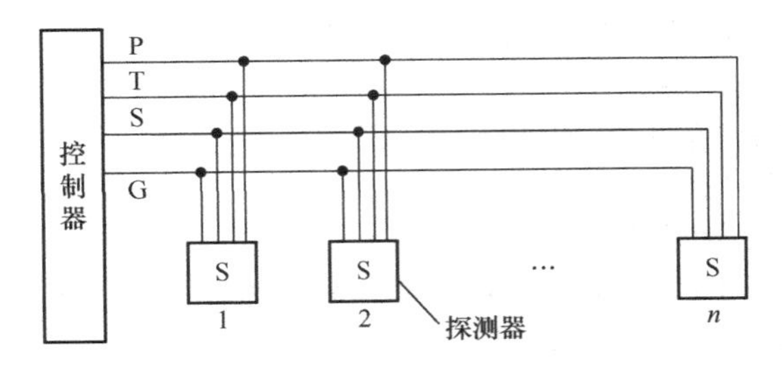

图 2-25　四总线制连接方式

（2）二总线制

二总线是一种最简单的接线方法，用线量少，但技术的复杂性和难度也提高了。二总线中的G线为公共地线，P线完成供电、选址、自检、获取信息等功能。目前，二总线制应用最多，新型智能火灾报警系统建立在二总线的运行机制上。二总线系统有树枝形和环形、链式及混合型几种方式，同时又有有极性和无极性之分，相比之下无极性二总线技术最先进。

树枝形接线：图2-26所示为树枝形接线方式（二总线制），这种方式应用广泛，这种接线如果发生断线，可以报出断线故障点，但断点之后的探测器不能工作。

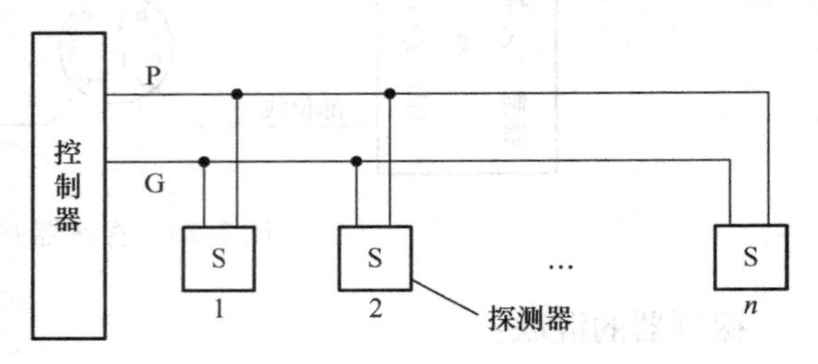

图2-26 树枝形接线（二总线制）

环形接线：图2-27所示为环形接线方式（二总线制）。这种系统要求输出的两根总线再返回控制器另两个输出端子，构成环形。这种接线方式如中间发生断线不影响系统正常工作。

链式接线：图2-28所示为链式连接方式，这种系统的P线对各探测器是串联的，对探测器而言，变成了三根线，而对控制器还是两根线。在实际工程设计中，应根据情况选用适当的线制。

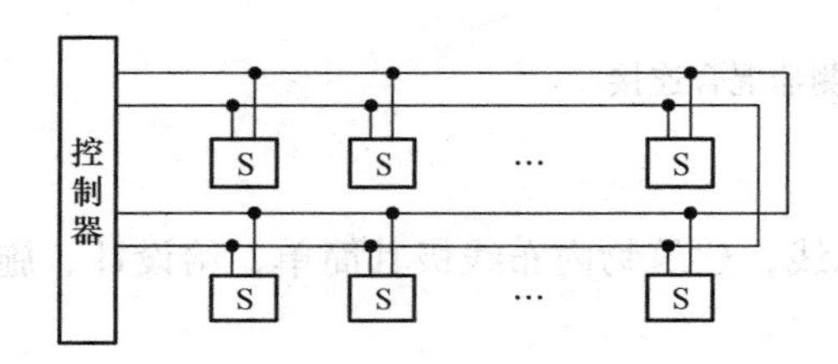

图2-27 环形接线（二总线制）

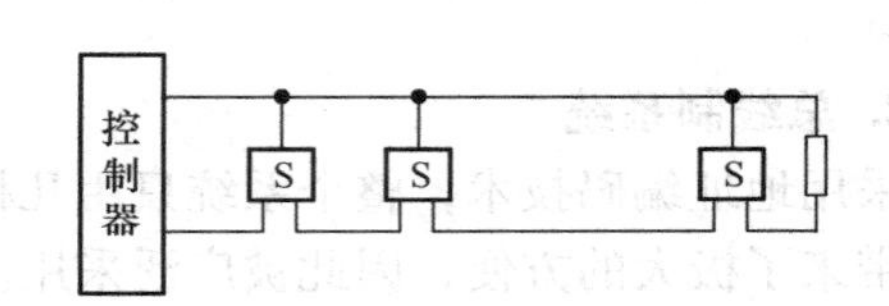

图2-28 链式连接方式

复习思考题

1. 探测器分为几种？

2. 下列型号代表的意义如何：

（1）JTY—LZ—101；

（2）JTW—DZ—262/062；

（3）JTW—BD—C—KA—Ⅱ。

3. 什么叫灵敏度？什么叫感烟（温）探测器的灵敏度？

4. 感烟、温、光探测器有何区别？

5. 选择探测器主要应考虑哪些方面的因素？

6. 智能探测器的特点是什么？

7. 布置探测器时应考虑哪些方面的问题？

8. 已知某计算机房，房间高度为8m，地面面积为15m×20m，房顶坡度为14°。（1）确定探测器种类；（2）确定探测器的数量；（3）布置探测器。

9. 已知某高层建筑规模为40层，每层为一个探测区域，每层有45只探测器，手动报警开关等有20个，系统中设有一台集中报警控制器，试问该系统中还应有什么其他设备？为什么？

10. 已知某锅炉房，房间高度为4m，地面面积为10m×20m，房顶坡度为10°。（1）确定探测器种类；（2）确定探测器的数量；（3）布置探测器。

第3章　火灾自动报警系统设备设置

3.1　火灾报警控制器和消防联动控制器的设置

3.1.1　基本概念

1. 火灾报警控制器

火灾报警控制器担负着为火灾探测器提供稳定的工作电源；监视探测器及系统自身的工作状态；接收、转换、处理火灾探测器输出的报警信号；进行声光报警；指示报警的具体部位及时间；同时执行相应辅助控制等诸多任务，是火灾报警系统的核心组成部分。火灾报警控制器功能的多少反映出火灾自动报警系统的技术构成、可靠性、稳定性和性价比等。

2. 消防联动控制器

消防联动控制器：它是消防联动控制系统的核心组件，通过接收火灾报警控制器发出的火灾报警信息，按预设逻辑对建筑中设置的自动消防系统（设施）进行联动控制。消防联动控制器可直接发出控制信号，通过驱动装置控制现场的受控设备；对于控制逻辑复杂且在消防联动控制器上不便实现直接控制的情况，可通过消防电气控制装置（如防火卷帘控制器、气体灭火控制器等）间接控制受控设备，同时接收自动消防系统（设施）动作的反馈信号。

（1）基本功能

1）消防联动控制器应能为其连接的部件供电，直流工作电压应符合相关标准电压的规定，可优先采用直流24V。

2）消防联动控制器主电源应采用220V、50Hz交流电源，电源线输入端应设接线端子。

3）消防联动控制器应具有中文功能标注，用文字显示信息时应采用中文。

（2）控制功能

1）消防联动控制器应能按设定的逻辑直接或间接控制其连接的各类受控消防设备（以下称受控设备）。

2）消防联动控制器在接收到火灾报警信号后，应在3s内发出起动信号。

3）消防联动控制器应能显示所有受控设备的工作状态。

4）消防联动控制器应能接收来自相关火灾报警控制器的火灾报警信号。

5）消防联动控制器应能接收连接的消火栓按钮、水流指示器、报警阀、气体灭火系统起动按钮等触发器件发出的报警（动作）信号，并显示其所在的部位。

6）消防联动控制器应能以手动和自动两种方式完成控制功能。

7）消防联动控制器应具有对每个受控设备进行手动控制的功能。

8）消防联动控制器应能通过手动或通过程序的编写输入起动的逻辑关系。

9）消防联动控制器在自动方式下，手动插入操作优先。

10）消防联动控制器可以对特定的控制输出功能设置延时。

11）消防联动控制器应具有对管网气体灭火系统的控制和显示功能。

12）消防联动控制器复位后，仍保持原工作状态的受控设备的相关信息应保持或在20s内重新建立。

13）具有信息记录功能的消防联动控制器应能至少记录999条相关信息，且在消防联动控制器断电后能保持14天。

14）消防联动控制器应对控制输出有相应的输入“或”逻辑和/或“与”逻辑编程功能。

除控制功能外，消防联动控制器还应具有故障报警功能、屏蔽功能（仅适于具有此项功能的消防联动控制器）、自检功能、信息显示与查询功能及电源功能。

3.1.2　设置要求

1. 设置场所

火灾报警控制器和消防联动控制器是火灾自动报警系统的核心组件，是系统中火灾报警的监控管理枢纽和人机交互平台，根据《火灾自动报警系统设计规范》（GB50116—2013），简称新《火规》，应设置在消防控制室内或有人值班的房间和场所。

区域报警系统的保护对象，若受建筑用房面积的限制，可以不设置消防值班室，火灾报警控制器可设置在有人值班的房间（如保卫部门值班室、配电室、传达室等），但该值班室应昼夜有人值班，并且应由消防、保卫部门直接领导管理。

由于区域火灾报警控制器各类信息均在集中火灾报警控制器上集中显示，发生火灾时也不需要人工操作，因此可以不需要专人看管。考虑到我国的实际情况，新《火规》规定了集中报警系统和控制中心报警系统中的区域火灾报警控制器可以有条件地设置在无人值班的场所：

1）本区域内无须手动控制的消防联动设备。

2）本火灾报警控制器的所有信息在集中火灾报警控制器上均有显示，且能接收集中火灾报警控制器的联动控制信号，并自动起动相应的消防设备。

3）设置的场所只有值班人员可以进入。

集中报警系统和控制中心报警系统、火灾报警控制器和消防联动控制器（设备）应设在专用的消防控制室或消防值班室内以保证系统可靠运行和有效管理。

2. 设计要求

（1）火灾报警控制器和消防联动控制器等在消防控制室内的布置

新《火规》从使用的角度，对消防控制室的设备布置做出了原则性规定。根据对重点城市、重点工程消防控制室设置情况的调查，不同地区、不同工程消防控制室的规模差别很大，控制室面积有的大到60～80m^2，有的小到10m^2。面积大了造成一定的浪费，面积小了又影响消防值班人员的工作。为满足消防控制室值班、维修人员工作的需要，便于设计部门各专业协调工作，参照建筑电气设计的有关规程，对建筑内消防控制设备的布置及操作、维修所必需的空间作了原则性规定，以便使建设、设计、规划等有关部门有章可循，使消防控制室的设计既满足工作的需要又避免浪费。

火灾报警控制器和消防联动控制器等在消防控制室内的布置，应符合以下规定：

1）设备面盘前的操作距离，单列布置时不应小于1.5m，双列布置时不应小于2m。

2）在值班人员经常工作的一面，设备面盘至墙的距离不应小于3m。

3）设备面盘后的维修距离不宜小于1m。

4）设备面盘的排列长度大于4m时，其两端应设置宽度不小于1m的通道。

5）与其他弱电系统合用的消防控制室内，设置消防设备时应集中设置，并应与其他设备有明显间隔。

（2）火灾报警控制器和消防联动控制器（设备）壁挂式安装

新《火规》对火灾报警控制器和消防联动控制器（设备）采用壁挂式安装时的安装要求做出了规定：火灾报警控制器和消防联动控制器采用壁挂方式安装时，其主显示屏高度宜为1.5~1.8m，其靠近门轴的侧面距墙不应小于0.5m，正面操作距离不应小于1.2m。

3.2　手动火灾报警按钮的设置

3.2.1　基本概念

手动火灾报警按钮是用手动方式产生火灾报警信号、起动火灾自动报警系统的器件，也是火灾自动报警系统中不可缺少的组成部分之一。

3.2.2　设计要求

每个防火分区应至少设置一只手动火灾报警按钮。从一个防火分区内的任何位置到最邻近的手动火灾报警按钮的步行距离不应大于30m。手动火灾报警按钮宜设置在疏散通道或出入口处。

新《火规》6.3.1条规定："手动报警按钮的位置，应使场所内任何人去报警均不需走30m以上距离。"手动火灾报警按钮设置在出入口处有利于人们在发现火灾时及时按下。

列车上设置的手动火灾报警按钮，应设置在每节车厢的出入口和中间部位。在列车车厢中部设置，是考虑到列车上人员可能较多，在中间部位的人员发现火灾后，可以直接按下手动火灾报警按钮。

手动火灾报警按钮应设置在明显和便于操作的部位。当采用壁挂方式安装时，其底边距地高度宜为1.3~1.5m，且应有明显的标志以便于识别。

3.3　区域显示器的设置

3.3.1　基本概念

区域显示器是用单片机设计开发的汉字式火灾显示盘，用来显示火灾探测器部位编号及其汉字信息并同时发出声光报警信号，显示内容清晰直观，便于人员确认。它通过总线与火灾报警控制器相连，处理并显示控制器传送过来的数据。

由于目前区域显示器、楼层显示器均为火灾显示盘，产品都属于一类，但是叫法不统一，从目前市场及工程实际的习惯上称为区域显示器，但是产品的国家标准为火灾显示盘，因此在新《火规》内将该名称改为区域显示器（火灾显示盘），以便于规范地执行。

区域显示器基本功能：火灾报警显示功能、故障显示功能、监管报警显示功能、自检功能、信息显示与查询功能及电源功能。

区域显示器整机性能：

1）可采用主电源220V、50Hz的交流电源供电，也可直接采用火灾报警控制器或消防设备输出的直流电源供电，电源线输入端应设接线端子。

2）采用主电源为220V、50Hz的交流电源供电时，应设有备用电源。

3）直接采用火灾报警控制器或消防设备电源输出的直流电源供电时，直流电压应符合GB 156的规定，优先采用直流24V。

4）不应为其他部件供电。

5）不应对其他部件有控制功能。

6）按键和指示灯应具有中文功能标注。

7）在使用文字显示信息时，应采用中文显示。

3.3.2　设置场所

每个报警区域宜设置一台区域显示器；宾馆、饭店等场所应在每个报警区域设置一台区域显示器。当一个报警区域包括多个楼层时，宜在每个楼层设置一台仅显示本楼层的区域显示器。

3.3.3　设计要求

区域显示器应设置在出入口等明显和便于操作的部位。当采用壁挂方式安装时，其底边距地高度宜为1.3~1.5m。

3.4　火灾警报器的设置

3.4.1　基本概念

火灾警报器：在火灾自动报警系统中，用以发出区别于环境声、光的火灾警报信号的装置。它以声、光和音响等方式向报警区域发出火灾警报信号，以警示人们迅速采取安全疏散及灭火救灾措施。

火灾警报器按用途分为：火灾声警报器、火灾光警报器、火灾声光警报器；按使用场所分为室内型和室外型。

3.4.2　设计要求

1）建筑中的火灾光警报器，应设置在每个楼层的楼梯口、消防电梯前室、建筑内部拐角等处的明显部位；考虑光警报器不能影响疏散设施的有效性，故不宜与安全出口指示标志灯具设置在同一面墙上。

2）考虑便于在各个报警区域内都能听到警报信号声，以满足告知所有人员发生火灾的要求，每个报警区域内应均匀设置火灾警报器，声压等级要求：声压级不应小于60dB；在环境噪声大于60dB的场所，其声压级应高于背景噪声15dB。火灾警报器设置在墙上时，其底边距地面高度应大于2.2m。

3.5　火灾报警传输设备或用户信息传输装置的设置

3.5.1　基本概念

1. 传输设备

（1）定义

传输设备：用于将火灾报警控制器（以下简称控制器）的火警、故障、监管报警、屏蔽等信息传送至报警接收站的设备是消防联动控制系统的组成部分。

（2）基本功能

火灾报警信息的接收与传输功能：

1）传输设备应能接收来自火灾报警控制器的火灾报警信息并发出火灾报警光信号。

2）传输设备应在10s内将来自火灾报警控制器的火灾报警信息传送给“建筑消防设施远程监控中心”（以下简称监控中心）。

3）传输设备在处理和传输火灾报警信息时，火灾报警状态指示灯应闪亮，在得到监控中心的正确接收确认后，该指示灯应常亮并保持该状态直至警报信息被确认或接收并处理新的火灾报警信息。当信息传送失败时应发出声、光信号。

4）传输设备在传输监管、故障、屏蔽或自检信息期间，如火灾报警控制器发出火灾报警信息，传输设备应能优先接收并传输火灾报警信息。

5）对传输设备进行的操作（手动报警操作除外）不应影响传输设备接收和传输来自火灾报警控制器的火灾报警信息。

（3）监管报警信息的接收与传输功能

1）传输设备应能接收来自火灾报警控制器的监管报警信息，并发出指示监管报警的光信号。

2）传输设备应能在10s内将来自火灾报警控制器的监管报警信息传送给监控中心。

3）传输设备在处理和传输监管报警信息时，监管报警状态指示灯应闪亮，在得到监控中心的正确接收确认后，该指示灯应常亮并保持直至该状态被确认或接收并处理新的监管报警信息。当信息传送失败时应发出声、光信号。

（4）故障报警信息的接收与传输功能

1）传输设备应能接收来自火灾报警控制器的故障报警信息，并发出指示故障报警状态的光信号。

2）传输设备应在10s内将来自火灾报警控制器的故障报警信息传送给监控中心。

3）传输设备在处理和传输故障报警信息时，故障报警状态指示灯应闪亮，在得到监控中心的正确接收确认后，该指示灯应常亮并保持直至该状态被确认或接收并处理新的故障报警信息。当信息传送失败时应发出声、光信号。

（5）屏蔽信息的接收与传输功能

1）传输设备应能接收来自火灾报警控制器的屏蔽信息，并发出指示屏蔽状态的光信号。

2）传输设备应在10s内将来自火灾报警控制器的屏蔽信息传送给监控中心。

3）传输设备在处理和传输屏蔽信息时，屏蔽状态指示灯应闪亮，在得到监控中心的正确接收确认后，该指示灯应常亮并保持直至该状态被确认或接收并处理新的屏蔽信息。当信息传送失败时应发出声、光信号。

（6）手动报警功能

1）传输设备应设手动报警按键（钮），当手动报警按键（钮）动作时，应发出指示手动报警状态的光信号。

2）传输设备应在10s内将手动报警信息传送给监控中心。

3）传输设备在手动报警操作并传输信息时，手动报警指示灯应闪亮，在得到监控中心的正确接收确认后，该指示灯应常亮并保持60s。当信息传送失败时应发出声、光信号。

4）传输设备在传输火灾报警、监管、故障、屏蔽或自检信息期间，应能优先进行手动报警操作和手动报警信息传输。

（7）本机故障报警功能

1）传输设备应设本机故障指示灯，只要传输设备存在本机故障信号，该故障指示灯（器）均应点亮。

2）当发生下列故障时，传输设备应100s内发出与火灾报警和手动报警有明显区别的本机故障声、光信号，并指示出类型，本机故障声信号应能手动消除，再有故障发生时，应能再起动；本机故障光信号应保持至故障排除。以下是3种故障情况：

① 传输设备与监控中心间的通信线路（或信道）不能进行正常通信；

② 给备用电源充电的充电器与备用电源间连接线的断路、短路；

③ 备用电源与其负载间连接线的断路、短路。

3）采用字母（符）—数字显示器时，当显示区域不足以显示全部故障信息时，应有手动查询功能。

4）传输设备的本机故障信号在故障排除后，可以自动或手动复位。手动复位后，传输设备应在100s内重新显示存在的故障。

（8）自检功能

传输设备应具有手动检查本机面板所有指示灯、显示器和音响器件的功能。

（9）电源性能

1）传输设备应有主、备电源的工作状态指示，主电源应有过电流保护措施。当交流电网供电电压变动幅度在额定电压（220V）的110%和85%范围内，频率偏差不超过标准频率（50Hz）的±1%时，传输设备应能正常工作。

2）传输设备应有主电源与备用电源之间的自动转换装置。当主电源断电时，能自动转换到备用电源；主电源恢复时，能自动转换到主电源。主、备电源的转换不应使传输设备产生误动作。备用电源的电池容量应能提供传输设备在正常监视状态下至少工作8h。

2. 用户信息传输装置

（1）定义

用户信息传输装置是设置在联网用户端，通过报警传输网络与监控中心进行信息传输的装置。

用户信息传输装置是在《城市消防远程监控系统技术规范》中出现的名词，是城市消防远程监控系统的核心设备。城市消防远程监控系统是对联网用户的火灾报警信息、建筑消防设施运行状态信息、消防安全管理信息进行接收、处理和管理，向城市消防通信指挥中心或其他接处警中心发送经确认的火灾报警信息，为公安消防部门提供查询，并为联网用户提供信息服务的系统。远程监控系统由用户信息传输装置、报警传输网络、报警受理系统、信息查询系统、用户服务系统及相关终端和接口构成。

（2）功能

1）接收联网用户的火灾报警信息，并将信息通过报警传输网络发送给监控中心。

2）接收建筑消防设施运行状态信息，并将信息通过报警传输网络发送给监控中心。

3）优先传送火灾报警信息和手动报警信息。

4）具有设备自检和故障报警功能。

5）具有主、备用电源自动转换功能，备用电源的容量应能保证用户信息传输装置连续正常工作时间不少于8h。

3.5.2 设置场所

火灾报警传输设备或用户信息传输装置，应设置在消防控制室内；未设置消防控制室时，应设置在火灾报警控制器附近的明显部位。

3.5.3 设计要求

1）火灾报警传输设备或用户信息传输装置与火灾报警控制器、消防联动控制器等设备之间应采用专用线路连接。

2）火灾报警传输设备或用户信息传输装置的设置，应保证有足够的操作和检修间距。

3）火灾报警传输设备或用户信息传输装置的手动报警装置，应设置在便于操作的明显部位。

3.6 防火门监控器的设置

3.6.1 基本概念

（1）防火门监控器

防火门监控器是用于显示并控制防火门打开、关闭状态的控制装置。

（2）常开防火门电磁释放器

常开防火门电磁释放器是保持常开防火门的打开状态，并能将其状态信息反馈至防火门监控器的电动装置（以下称释放器）。

（3）常闭防火门门磁开关

常闭防火门门磁开关（以下称门磁开关）是用于监视常闭防火门的开关状态，并能将其状态信息反馈至防火门监控器的装置。

（4）常闭防火门电动闭门器

常闭防火门电动闭门器是保持常闭防火门的关闭状态，并能将其状态信息反馈至防火门监控器的电动装置（以下简称闭门器）。

（5）防火门的故障状态

释放器处于非正常打开的状态或闭门器处于非正常关闭的状态。

3.6.2　基本功能和设计要求

1. 防火门监控器基本功能

（1）一般要求

监控器主电源应采用220V、50Hz交流电源，电源线输入端应设接线端子；监控器应设有保护接地端子；监控器若能为其连接的释放器和门磁开关供电，工作电压应采用直流24V；监控器应具有中文功能标注和信息显示。

（2）监控器基本功能

1）监控器应能显示与其连接的闭门器和释放器的开、闭或故障状态，并应有专用状态指示灯。

2）监控器应能直接控制与其连接的每个释放器的工作状态，并设总指示灯，只要起动信号发出，该指示灯即点亮。

3）监控器应能接收来自火灾自动报警系统的火灾报警信号，并在30s内向释放器发出起动信号，点亮起动总指示灯，执行释放动作，接收释放器反馈信号。

4）监控器在发出起动信号后10s内未收到要求的反馈信号，应使起动光信号闪亮，并显示相应的释放器的部位，保持至监控器收到反馈信号为止。

5）防火门处于故障状态时，监控器应发出声光报警信号，声信号的声压级（正前方1m处）应在65～85dB之间，故障声信号每分钟至少提示一次，每次持续时间为1～3s。

（3）释放器的基本功能

1）释放器在正常工作状态下应能使常开防火门保持常开状态。

2）释放器接收监控器发出的起动信号后应能使常开防火门自动关闭，并能使双开防火门按照左右顺序自动关闭；关闭后将反馈信号发送至监控器。

3）释放器在额定工作电压不小于90%的条件下，吸合力不应小于200N。

（4）门磁开关的基本功能

门磁开关应能将防火门开起、关闭的信息反馈至控制器，其性能应符合产品生产企业的要求。

（5）故障报警功能

1）监控器应设专用故障总指示灯，无论监控器处于何种状态，只要有故障信号存在，该故障总指示灯应点亮。

2）当监控器发生下述故障时，监控器应在100s内发出与火灾报警信号有明显区别的声、光故障信号，故障声信号应能手动消除，在有故障信号再次输入时，应能再起动；故障光信号应保持至故障排除。以下是4种故障情况：

① 监控器的主电源掉电；

② 监控器与释放器、门磁开关间连接线断路、短路；

③ 备用电源与充电器之间的连接线断路、短路；

④ 备用电源故障。

（6）自检功能

监控器应能对音响部件及其状态指示灯、显示器进行功能检查。监控器执行自检时，应不造成与其相连的外部设备动作。

（7）电源功能

监控器应配有备用电源，并满足下述要求：

1）备用电源宜采用密封、免维护充电电池。

2）电池容量应保证控制器在下述情况下正常可靠工作1h：

① 监控器处于通电工作状态；

② 提供防火门开起以及关闭所需的电源。

3）有防止电池过充电、过放电的功能；在不超过生产厂规定的电池极限放电情况下，应能在24h内对电池进行充电并使其恢复到正常状态。

监控器应有主、备电源转换功能；主、备电源的工作状态应有指示，主、备电源的转换应不使监控器发生误动作。

2. 设置场所和设计要求

防火门的起闭在人员疏散中起至关重要的作用，因此防火门监控器应设置在消防控制室内，未设置消防控制室时，应设置在有人值班的场所。电动开门器的手动控制按钮应设置在防火门附近的内侧墙面上，距门不宜超过0.5m，方便疏散人员逃离火灾现场时使用；底边距地面高度宜为0.9～1.3m，便于疏散人员触摸。

复习思考题

1. 火灾报警控制器有哪些种类？
2. 火灾报警控制器功能有哪些？
3. 区域报警系统和集中报警系统的设计有哪些要求？

第4章　消防联动控制系统

4.1　自动喷水灭火系统

自动喷水灭火系统是一种利用固定管网、喷头能自动喷水灭火，并同时发出火警信号的灭火系统。它利用火灾时产生的光、热，可见或不可见的燃烧生成物及压力等信号传感器而自动起动（在某些类型中，当火灾被扑灭后，能自动停止喷水），将水和以水为主的灭火剂洒向着火区域，用来扑灭火灾或控制火势蔓延。它既有探测火灾并报警的功能，又有喷水灭火、控制火灾发展的功能。是随时监视火灾、安全可靠的自动灭火装置。效率高，用水量小，水渍损失少，能把水直接喷向最需要的地方。

自动喷水灭火系统两个基本功能：

1）能在火灾发生后，自动地进行喷水灭火。

2）能在喷水灭火的同时发出警报。

我国《高层民用建筑设计防火规范》规定，在高层建筑或建筑群体中，除了设置重要的消火栓灭火系统以外，还要求设置自动喷水灭火系统。

自动喷水灭火系统具有安全可靠、灭火效率高，结构简单、使用、维护方便，成本低且使用期长等特点。在灭火初期，灭火效果尤为显著。

自动喷水灭火系统根据使用环境和技术要求，分为湿式、干式、雨淋式、预作用式、喷雾式及水幕式等。本节重点介绍湿式灭火系统。

4.1.1　湿式自动喷水灭火系统

1. 系统简介

湿式自动喷水灭火系统属于固定式灭火系统。它随时监视火灾，是最安全可靠的灭火装置，适用于室内温度不低于4℃（低于4℃受冻）和不高于70℃（高于70℃失控造成误动作）的场所。

2. 系统组成

湿式自动喷水灭火系统由闭式洒水喷头、湿式报警阀、压力开关、延迟器、水流指示器、管道系统、供水设施、报警装置及控制盘等组成。图4-1所示为湿式自动喷水灭火系统示意图。表4-1为湿式自动喷水灭火系统示意图主要部件表。

湿式自动喷水灭火系统的原理是当发生火灾时，由于着火现场温度急剧升高，当温度上升到一定值时，使闭式喷头中玻璃球体内的热敏液体受热膨胀而导致玻璃球炸裂，喷头打开，喷出压力水灭火。喷水后管网压力下降，湿式报警阀自动打开，接通管网和水源以供水灭火。管网中设置的水流指示器感应到水流动时，发出电信号。管网中压力开关在管网压力下降到一定值时，也发出电信号，起动喷淋泵，当水压超过某一规定值时，停止喷淋泵。消防控制室同时接到信号。

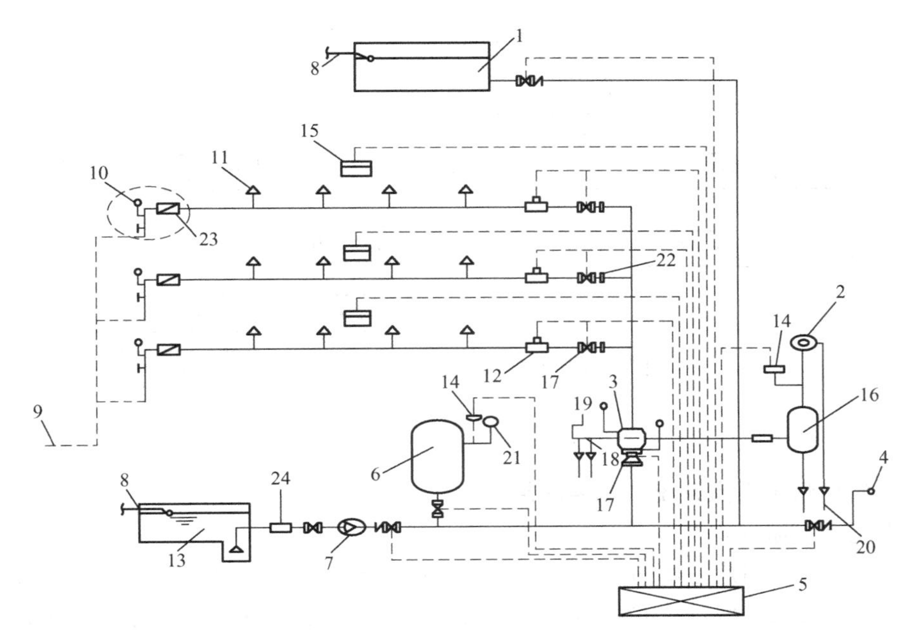

图4-1　湿式自动喷水灭火系统示意图

表4-1　湿式自动喷水灭火系统示意图主要部件表

编号	名　称	用　途	编号	名　称	用　途
1	高位水箱	贮存初期火灾用水	13	水池	贮存1h火灾用水
2	水力警铃	发出音响报警信号	14	压力开关	自动报警或自动控制
3	湿式报警阀	系统控制阀，输出报警水流	15	感烟探测器	感知火灾，自动报警
4	消防水泵接合器	消防车供水口	16	延迟器	克服水压液动引起的误报警
5	控制箱	接收电信号并发出指令	17	消防安全指示阀	显示阀门启闭状态
6	压力罐	自动起闭消防水泵	18	放水阀	试警铃阀
7	消防水泵	专用消防增压泵	19	放水阀	检修系统时，放空用
8	进水管	水源管	20	排水漏斗（或管）	排走系统的出水
9	排水管	末端试水装置排水	21	压力表	指示系统压力
10	末端试水装置	试验系统功能	22	节流孔板	减压
11	闭式喷头	感知火灾，出水灭火	23	水表	计量末端试验装置出水量
12	水流指示器	输出电信号，指示火灾区域	24	过滤器	过滤水中杂质

压力继电器的动作及消防控制室主机在收到水流开关信号后发出的指令均可起动喷淋泵。从喷淋泵控制过程看，它是一个闭环控制过程。平时无火灾时，管网压力水由高位水箱提供，使管网内充满压力水。图4-2所示为控制框图。

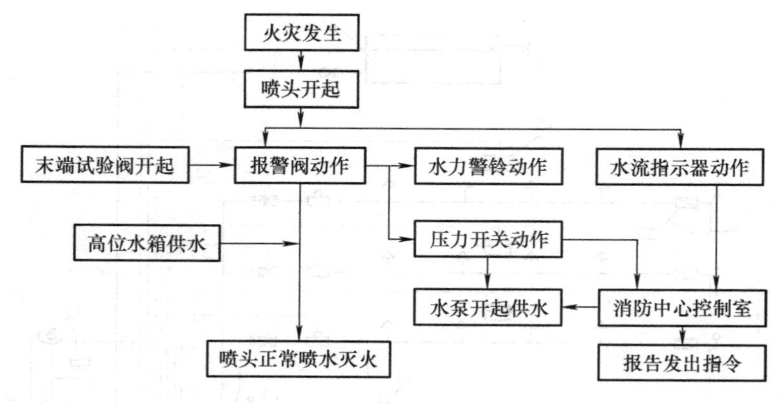

图 4-2　控制框图

3. 湿式自动喷水灭火系统中主要器件

（1）水流指示器（水流开关）

水流指示器的作用是把水的流动转换成电信号报警。可直接起动消防水泵，也可接通电警铃报警。在多层或大型建筑的自动喷水系统中，在每一层或每一分区的干管或支管的始端必须安装一个水流指示器。当发生火灾时，喷头喷水，水流指示器将水流信号转换成电信号传送到消防控制室，即发送报警信号，但不能作起泵信号。这是因为，水流指示器主要用以显示喷水管中有无水流通过，它的动作可使自动喷水灭火系统管网中有水流动压力突变，或是受水压影响，或是影响管网末端放水试验和管网检修等，显然这些不都是发生火灾的情况，因此不能用来起动消防水泵。水流指示器用在湿式自动喷水灭火系统中，需经输入模块与报警总线连接。图 4-3 所示为水流指示器接线。

（2）压力开关

根据《自动喷水系统设计规范》（GB 50084—2001）的规定，压力开关直接起泵。

压力开关（压力继电器）装在延迟器后，当湿式报警阀阀瓣开起后，延迟器充满水后才能动作。其触点动作，发出电信号至报警控制箱，从而起动消防泵。个别喷头动作，由于水流较小，压力开关也不会动作，避免误起动。它作为起泵指令的唯一发出者，可靠性高。

压力开关用在系统中，需经输入模块与报警总线连接。图 4-4 所示为输入模块与报警总线连接。

（3）闭式洒水喷头

闭式喷头可以分为易熔合金式、双金属片式和玻璃球式三种。应用最多的是玻璃球式喷头。图 4-5 所示为玻璃球式喷头。

喷头布置在房间顶棚下边，与支管相连。在正常情况下，喷头处于封闭状态。火灾时，开起喷水由感温部件（充液玻璃球）控制，当装有热敏液体的玻璃球达到动作温度（57℃、68℃、79℃、93℃、141℃、182℃）时，球内液体膨胀，使内压力增大，玻璃球炸裂，密封垫脱开，喷出压力水，喷水后，由于压力降低，压力开关动作，将水压信号变为电信号向喷淋泵控制装置发出起动喷淋泵信号，保证喷头有水喷出。同时，流动的消防水使主管道分支处的水流指示器触点动作，接通延时电路（20 ~ 30s），通过继电器触点，发出声光信号给控制室，以识别火灾区域。所以，喷头具有探测火情、起动水流指示器及扑灭早期火灾的重要作用。

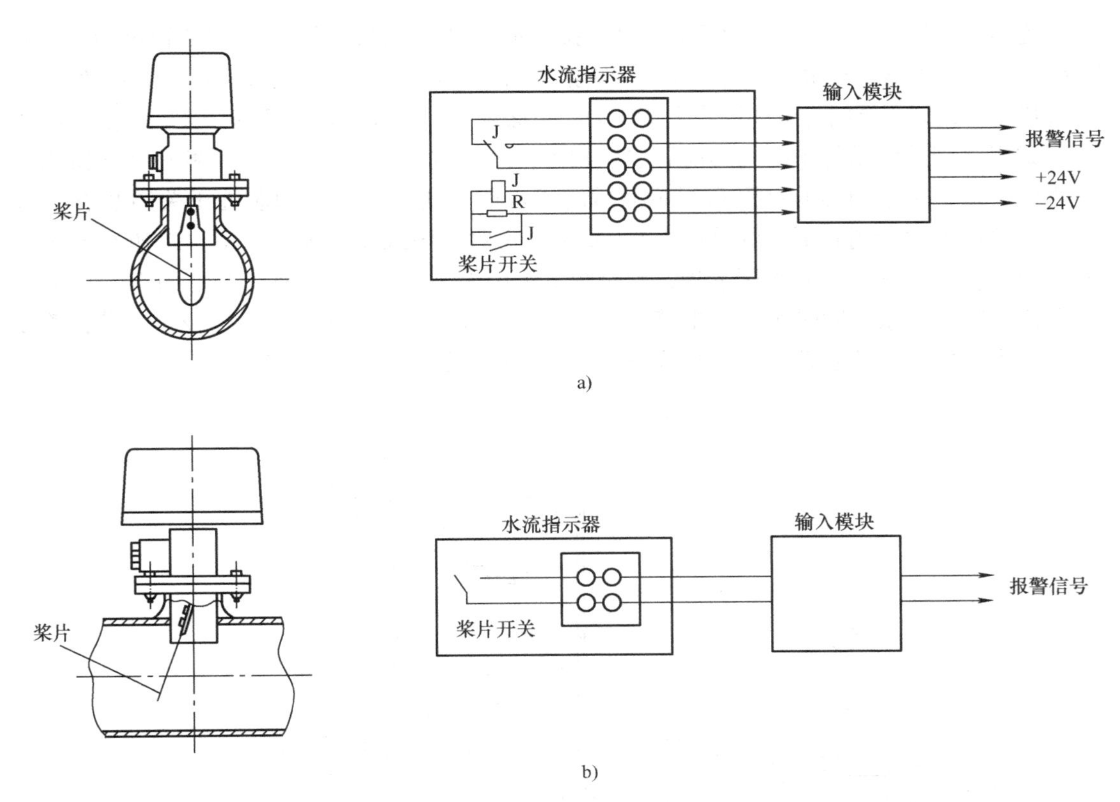

图 4-3　水流指示器接线
a）电子接点方式　b）机械接点方式

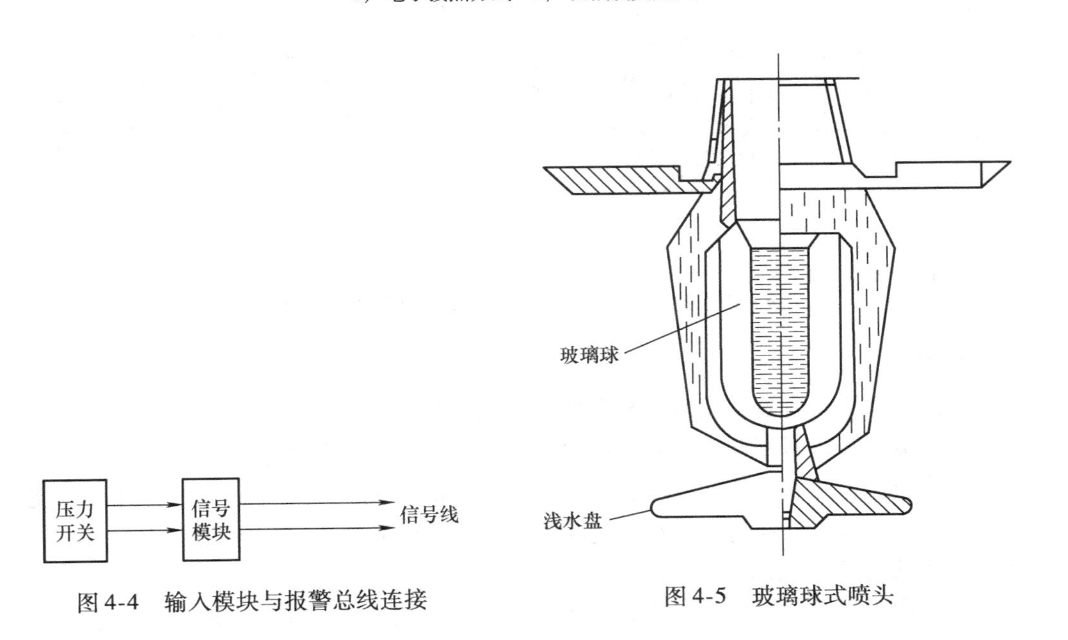

图 4-4　输入模块与报警总线连接

图 4-5　玻璃球式喷头

(4) 湿式报警阀

湿式报警阀是湿式喷水灭火系统中的重要部件，安装在总供水干管上，是一种直立式单向阀，连接供水设备和配水管网。报警阀打开，接通水源和配水管；同时部分水流通过阀座上的环形槽，经信号管道送至水力警铃，发出音响报警信号。它必须十分灵敏，当管网中即使有一个喷头喷水，破坏了阀门上下的静止平衡压力，也必须立即开起。任何延迟都会耽误报警。

湿式报警阀的作用是平时阀芯前后水压相等，水通过导向杆中的水压平衡小孔保持阀板前后水压平衡，由于阀芯的自重和阀芯前后所受水的总压力不同，阀芯处于关闭状态（阀芯上面的总压力大于阀芯下面的总压力）。发生火灾时，闭式喷头喷水，由于水压平衡小孔来不及补水，报警阀上面的水压下降，此时阀下水压大于阀上水压，于是阀板开起，向洒水管网及洒水喷头供水，同时水沿着报警阀的环形槽进入延迟器、压力继电器及水力警铃等设施，发出火警信号，并起动消防水泵等设施。图 4-6 所示为湿式报警阀。

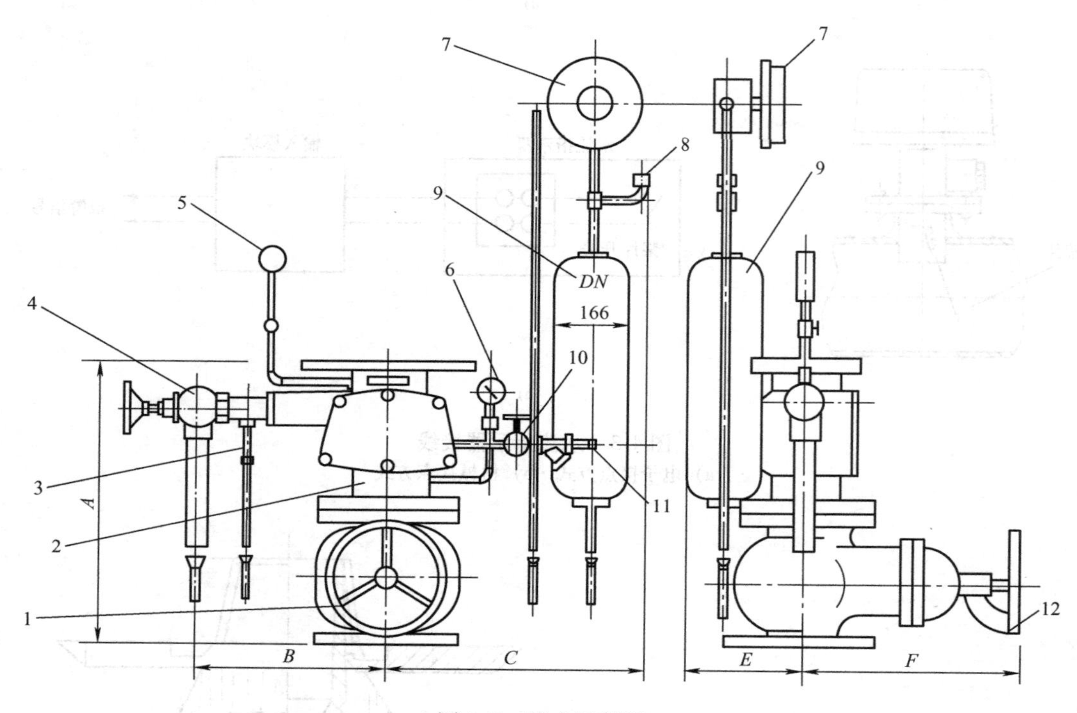

图 4-6　湿式报警阀

1—控制阀　2—报警阀　3—试警铃阀　4—放水阀　5、6—压力表　7—水力警铃　8—压力开关　9—延时开关　10—警铃管阀门　11—滤网　12—软锁

（5）延迟器

延迟器是一个罐式容器，安装在报警阀与水力警铃之间，用以防止由于水源压力突然发生变化而引起报警阀短暂开起，或对因报警阀局部渗漏而进入警铃管道的水流起一个暂时容纳的作用，从而避免虚假报警。只有在火灾真正发生时，喷头和报警阀相继打开，水流源源不断地大量流入延迟器，经过 30s 左右充满整个容器，然后冲入水力警铃。

（6）压力罐与稳压泵结合

压力罐与稳压泵结合，用来稳定管网内水的压力。通过装设在压力罐上的电接点压力表的上、下限接点，使稳压泵自动在高压力时停止和低压力时起动，以确保水的压力在设计规定的范围内，保证消防用水正常供应。

4. 设计要求

1）设置在系统中的水流指示器虽然也能反映水流信号，但一般不宜用作起/停消防水泵。

2）消防水泵的起/停应采用能准确反应管网水压变化的压力开关，让其直接作用于喷淋泵起/停回路，而无须与火灾报警控制器联动控制。尽管如此，在消防控制室内仍要设置喷淋泵的起/停控制按钮。

3）系统中的水流指示器、压力开关将水流转换成火灾报警信号，控制报警控制箱发出声、光报警并显示灭火地址。

4）水泵接合器的设置是考虑到系统自备水源有限时，可以利用消防车水泵或机动消防泵取别处水源向系统加压供水。

4.1.2　干式自动喷水灭火系统

1. 系统简介

干式自动喷水灭火系统适用于室内温度低于4℃或年采暖期超过240天的不采暖房间，或高于70m的建筑物、构筑物内。它是除湿式系统以外使用历史最长的一种闭式自动喷水灭火系统。

2. 系统组成

系统主要由喷头、水流指示器、低气压报警开关、气压开关、止向阀、加速器、压力表、报警控制器、水泵启动箱及供水设备等组成。平时报警阀后管网充以有压气体，水源至报警阀管段内充以有压水。空气压缩机把压缩空气通过单向阀压入干式阀至整个管网之中，把水阻止在管网以外（即干式阀以下）。图4-7所示为干式喷洒水灭火系统组成示意图。

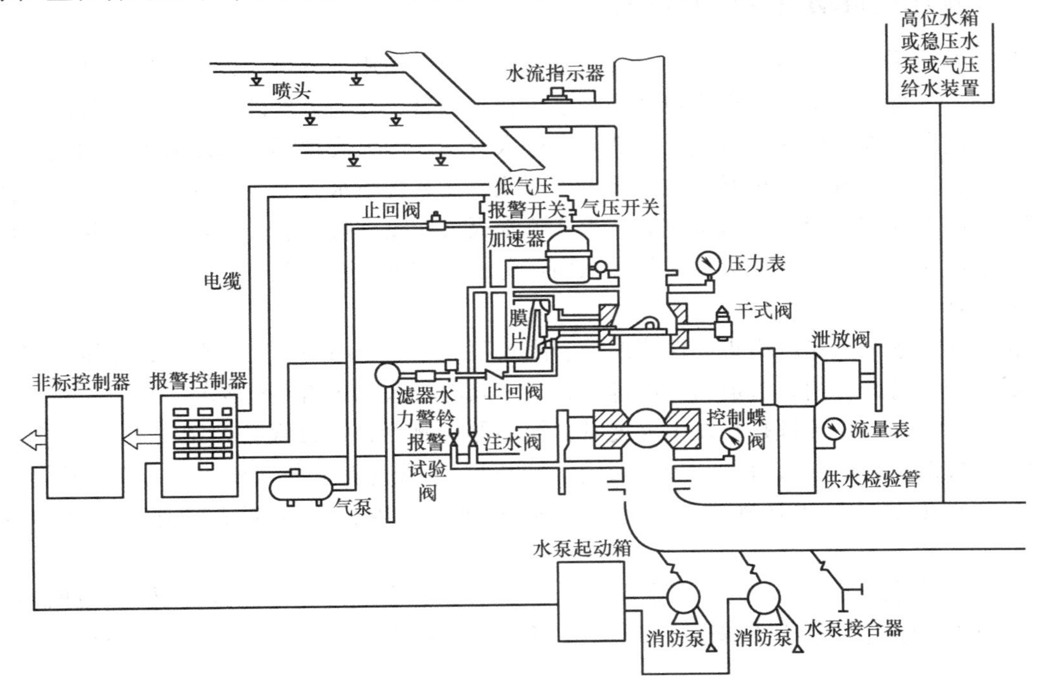

图4-7　干式喷洒水灭火系统组成示意图

系统工作原理是当发生火灾时，闭式喷头周围的温度升高，在达到其动作温度时，闭式喷头的玻璃球爆裂，喷水口开放。首先喷射出来的是空气，随着管网压力下降，水即顶开干式阀门流入管网，并由闭式喷头喷水灭火。图 4-8 所示为干式喷洒水灭火系统动作程序图。

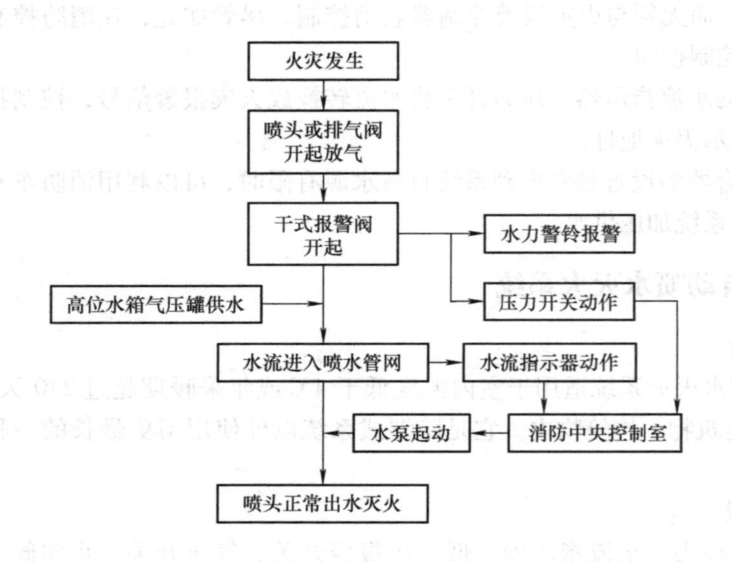

图 4-8　干式喷洒水灭火系统动作程序图

4.1.3　预作用自动喷水灭火系统

该系统中采用了一套火灾自动报警装置，即系统中使用了感烟火灾探测器，使火灾报警更为及时。当发生火灾时，火灾自动报警系统首先报警，并通过外部触点打开排气阀，迅速排出管网内预先充好的压缩空气，使消防水进入管网。当火灾现场的温度升高到闭式喷头动作温度时，喷头打开，系统开始喷水灭火。因此，在系统喷水灭火之前的预作用，不但使系统有更及时的火灾报警，同时也克服了干式喷水灭火在喷头打开后，必须先放走管网内压缩空气才能喷水灭火而耽误的灭火时间，从而避免了湿式灭火系统存在消防水渗漏而污染室内装修的弊病。

预作用喷水灭火系统由火灾探测系统、闭式喷头、预作用阀及充以有压或无压气体的管网组成。喷头打开之前，管道内气体排出，并充以消防水，如图 4-9 所示。

预作用系统工作原理是当发生火灾时，探测器探测后，通过报警控制器发出火警信号，并由其外控触点使电磁阀得电开起（或由手动开起），预先开起排气阀，排出管网内的压缩空气，起动预作用阀使管网内充满水。当火灾现场温度使闭式喷头动作时，即刻喷淋灭火。

预作用喷水灭火系统集中了湿式与干式灭火系统的优点，同时可以做到及时报警，因此，在智能楼宇中得到越来越广泛的应用。图 4-9 所示为预作用自动喷水灭火系统示意图。

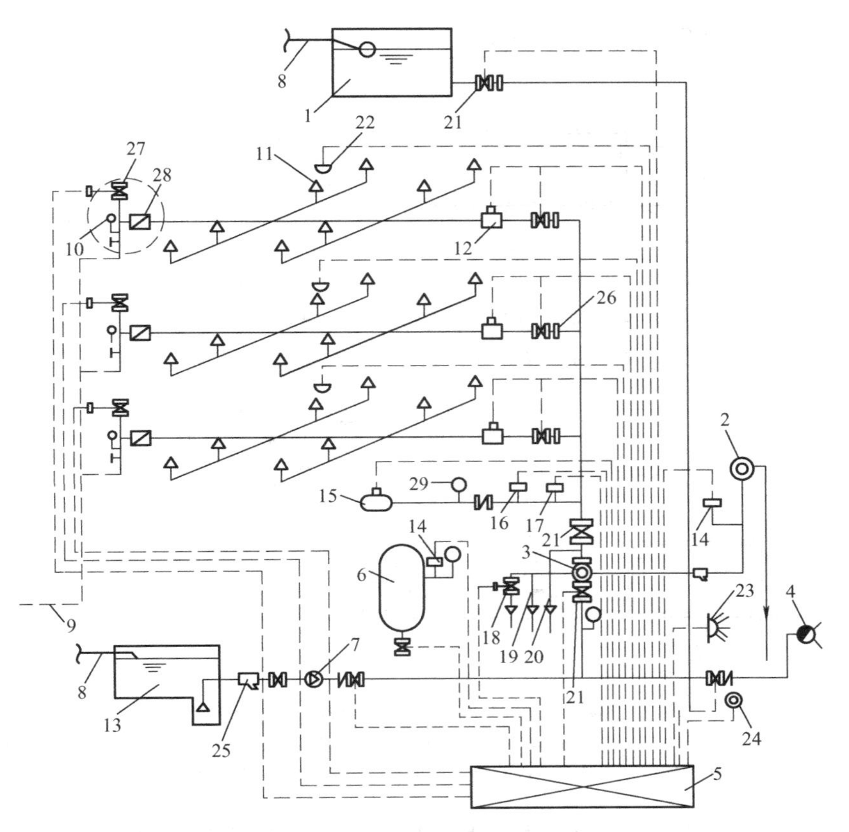

图 4-9　预作用自动喷水灭火系统示意图

1—高位水箱　2—水力警铃　3—预作用阀　4—消防水泵接合器　5—控制箱　6—压力罐　7—消防水泵　8—进水管　9—排水管　10—末端试水装置　11—闭式喷头　12—水流指示器　13—水池　14、16、17—压力开关　15—空压机　18—电磁阀　19、20—截止阀　21—消防安全指示阀　22—探测器　23—电铃　24—紧急按钮　25—过滤器　26—节流孔板　27—排气阀　28—水表　29—压力表

4.1.4　雨淋自动喷水灭火系统

雨淋喷水灭火系统采用开式喷头，开式喷头无感温释放元件，按结构有双壁下垂型、单壁下垂型、双壁直立型和单壁直立型等四种。当雨淋阀动作后，保护区上所有开式喷头一起自动喷水，形似下雨降水，大面积均匀灭火，效果十分显著。但这种系统对电气控制要求较高，不允许有误动作或不动作现象。此系统适用于需要大面积喷水灭火并需要快速制止火灾蔓延的危险场所，如剧院舞台、大型演播厅等。图 4-10 所示为雨淋喷水灭火系统示意图。

该系统在结构上与湿式喷水灭火系统类似，只是该系统采用了雨淋阀而不是湿式报警阀。如前所述，在湿式喷水灭火系统中，湿式报警阀在喷头喷水后便自动打开，而雨淋阀则是由火灾探测器起动、打开，使喷淋泵向灭火管网供水。因此，雨淋阀的控制要求自动化程度较高，且安全、准确、可靠。

当发生火灾时，被保护现场的火灾探测器动作，起动电磁阀，从而打开雨淋阀，由高位水箱供水，经开式喷头喷水灭火。当供水管网水压不足，经压力开关检测并起动消防喷淋泵，补充消防用水，以保证管网水流的流量及压力。为充分保证灭火系统用水，通常在开通雨淋阀的同时，就应当尽快起动消防水泵。

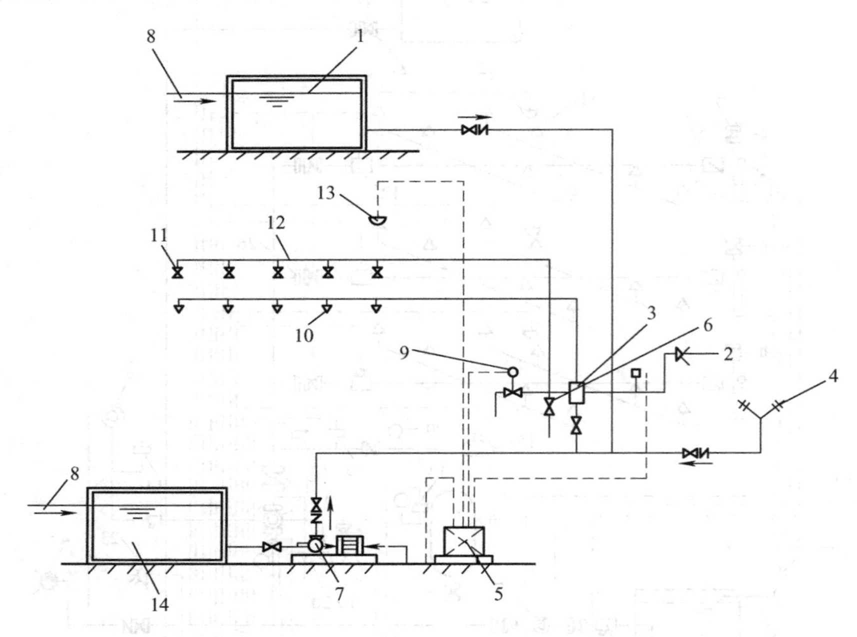

图 4-10 雨淋喷水灭火系统示意图

1—高位水箱 2—水力警铃 3—雨淋阀 4—水泵接合器 5—电控箱 6—手动阀 7—消防水泵 8—进水管 9—电磁阀 10—开式喷头 11—闭式喷头 12—传动管 13—探测器 14—水池

雨淋喷水灭火系统中设置的火灾探测器，除能起动雨淋阀外，还能将火灾信号及时输送至报警控制柜（箱），发出声、光报警，并显示灭火地址。雨淋喷水灭火系统还能及早地实现火灾报警，灭火时，压力开关、水力警铃（系统中未画出）也能实现火灾报警。

4.1.5 水幕系统

该系统的开式喷头沿线状布置，将水喷洒成水帘幕状，发生火灾时主要起阻火、冷却、隔离作用，是不以灭火为主要直接目的的一种系统。该系统适用于需防火隔离的开口部位，如舞台与观众之间的隔离水幕、消防防火卷帘的冷却等。

水幕系统由火灾探测器、报警装置、雨淋阀（或手动快开阀）、水幕喷头、管道等组成。图 4-11 所示为水幕系统结构图。控制阀后的管网，平时管网内不蓄水，当发生火灾时，探测器或人发现后，自动或手动开起控制阀（可以是雨淋阀、电磁阀、手动阀门），管网中有水后，通过水幕喷头喷水，进行阻火、隔火、冷却防火隔断物等。

4.1.6 水喷雾灭火系统

水喷雾灭火系统属于固定式灭火系统，根据需要可设计成固定式和移动式两种装置。移动式喷头可作为固定装置的辅助喷头。固定式灭火系统的起动方式可设计成自动和手动控制系统，但自动控制系统必须同时设置手动操作装置。手动操作装置应设在火灾时容易接近便于操作的地方。

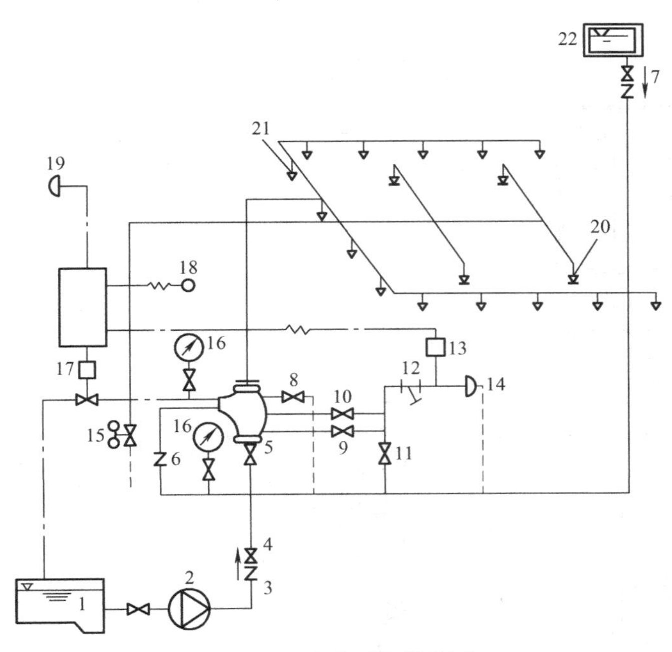

图4-11 水幕系统结构图

1—水池 2—水泵 3、6—止回阀 4—阀门 5—供水闸阀 7—雨淋阀 8、11—放水阀 9—试警铃阀 10—警铃管阀 12—滤网 13—压力开关 14—水力警铃 15—手动快开阀 16—压力表 17—电磁阀 18—紧急按钮 19—电铃 20—感温玻璃球喷头 21—开式水幕喷头 22—水箱

水喷雾灭火系统由开式喷头、高压给水加压设备、雨淋阀、探测器、报警控制器等组成。图4-12所示为水喷雾灭火系统示意图。

水的雾化质量的好坏与喷头的性能及加工精度有关。如供水压力增高，水雾中的水粒变细，有效射程也增大，考虑到水带强度、功率消耗及实际需要，中速水雾喷头前的水压一般为0.35～0.8MPa。

该系统用喷雾喷头把水粉碎成细小的水雾滴之后喷射到正在燃烧的物质表面，通过表面冷却、窒息以及乳化、稀释的同时作用实现灭火。由于水喷雾具有多种灭火机理，使其具有适用范围广的优点，不仅可以提高扑灭固体火灾的灭火效率，同时由于水雾具有不会造成液体火飞溅、电气绝缘性好的特点，故在扑灭可燃液体火灾、电气火灾中均得到了广泛的应用。

4.1.7 住宅快速反应喷水灭火系统

目前，防火灭火已经普遍应用于建筑物中，包括低层住宅也同样设置消防系统，于是也就形成了住宅快速反应喷水灭火系统。

住宅快速反应喷水灭火系统由快速反应喷头和标准的住宅用管道及配件组成，与民用自来水供水系统相连接。这种系统供水来源接自市政供水管，图4-13所示为住宅快速反应喷水灭火系统示意图。

当住宅内发生火灾时，如果火灾现场的温度达到喷头的设定温度（57℃或68℃）时，喷头炸裂喷水灭火，水流指示器动作，同时报警电铃响。因为喷头喷水快，系统灭火也迅速，所以称之为快速反应喷水灭火系统。

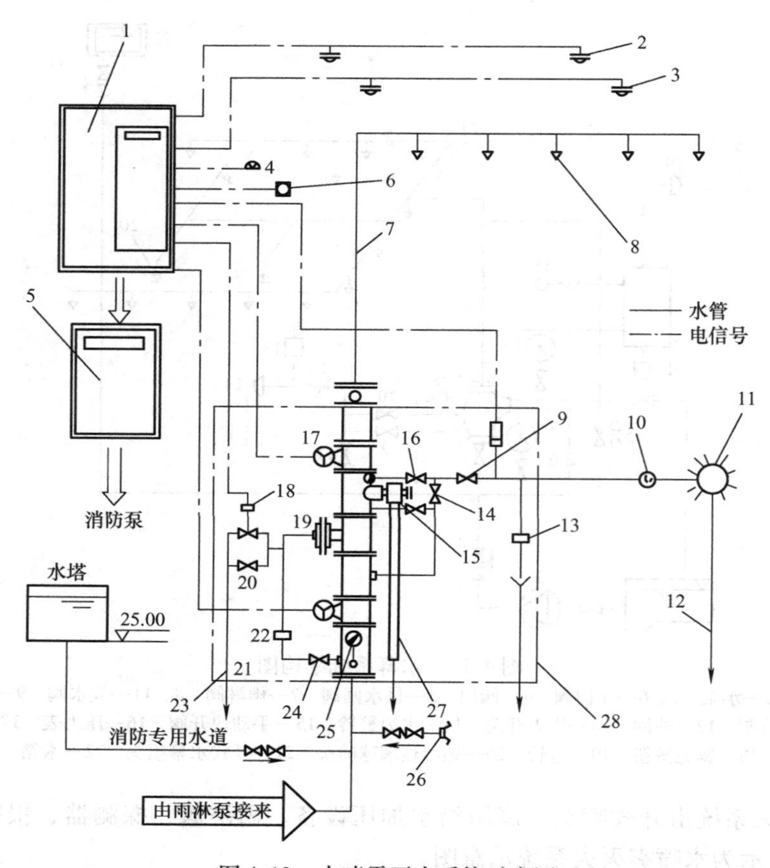

图 4-12　水喷雾灭火系统示意图

1—报警控制器　2—定温探测器　3—差温探测器　4—现场声报器　5—联动箱　6—防爆遥控现场电起动　7—配水干管（平时通大气）　8—中速水雾喷头或高速喷射器　9—报警截止阀　10—ZSPL20 型过滤器　11—ZSJn 型内外水力警铃　12—水力警铃排水　13—节流阀　14—报警试验阀　15—泄放试验阀　16—止回阀　17—蝶阀　18—电磁阀　19—雨淋阀　20—应急球阀　21—节流孔　22—节流阀　23—ZSY 雨淋阀装置　24—截止阀　25—供水压力表　26—水泵结合器　27—泄放检验管排水　28—漏斗排水

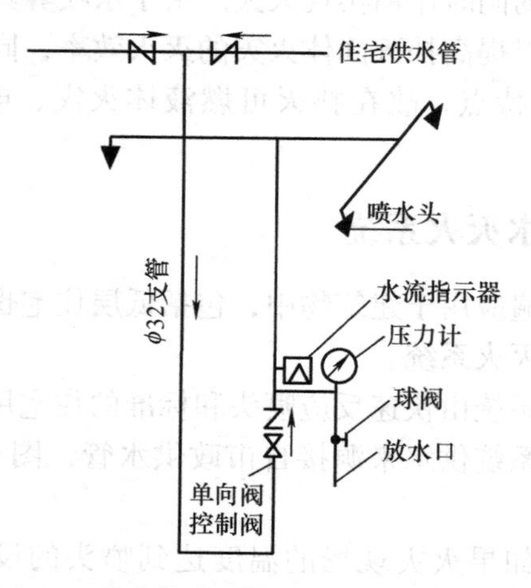

图 4-13　住宅快速反应喷水灭火系统示意图

4.2　消火栓系统的联动控制设计

消火栓系统是建筑物内应用最广泛的一种消防设施。

4.2.1　室内消火栓系统的组成

室内消火栓给水系统是由消防给水基础设施、消防给水管网、室内消火栓设备、报警控制设备及系统附件等组成。图 4-14 所示为室内消火栓系统的组成。

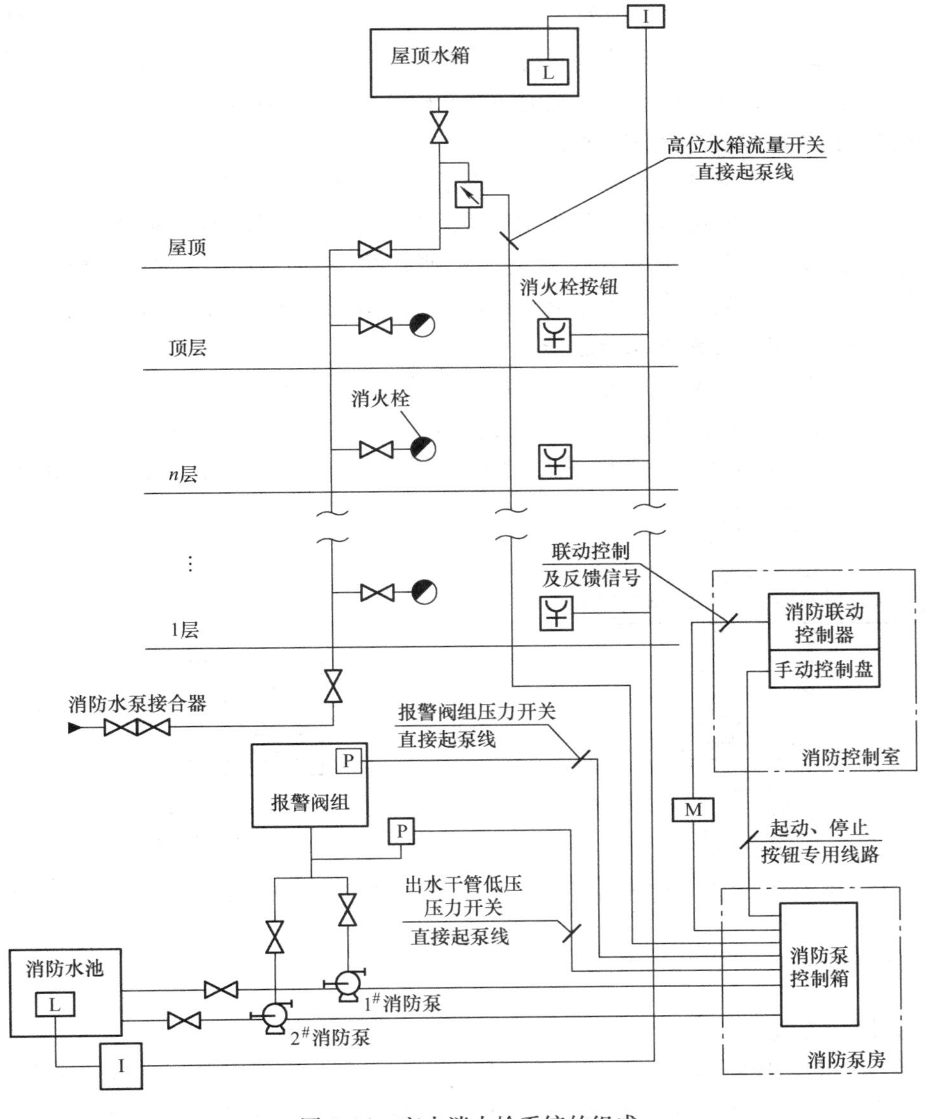

图 4-14　室内消火栓系统的组成

消防给水基础设施包括市政管网、室外消防给水管网及室外消火栓、消防水池、消防水泵、消防水箱、增压稳压设备、水泵接合器等。该设施的主要任务是为系统储存并提供灭火用水。给水管网包括进水管、水平干管、消防竖管等，其任务是向室内消火栓设备输送灭火用水。室内消火栓包括水带、水枪、水喉等，是供人员灭火使用的主要工具。系统附件包括各种阀门、屋顶消火栓等。报警控制设备用于起动消防水泵。

4.2.2 室内消火栓系统的工作原理

临时高压消防给水系统是建筑中最为普遍的消防给水方式，在临时高压消防给水系统中，系统设有消防泵和高位消防水箱。火灾发生后，现场的人员可打开消火栓箱，将水带与消火栓栓口连接，打开消火栓的阀门，消火栓即可投入使用。消火栓使用时，系统内出水干管上的低压压力开关、高位消防水箱出水管上设置的流量开关，或报警阀压力开关等的动作信号直接联锁起动消火栓泵为消防管网持续供水。在供水的初期，由于消火栓泵的起动有一定的时间延迟，所以其初期供水由高位消防水箱供水（储存 10min 的消防水量）。

1. 室内消火栓联动控制的工作原理

当建筑物内设有火灾自动报警系统时，现场人员打开消火栓的阀门后按下消火栓按钮，消火栓按钮的动作信号发送至消防联动控制器，消防联动控制器确认按钮的动作信息后，联动控制消防泵起动，消防泵的动作信号反馈至消防控制室，并在消防联动控制器上显示。图 4-15所示为建筑中设置火灾自动报警系统时室内消火栓联动控制的工作原理。

2. 室内消火栓联动控制的工作原理

当建筑物内未设置火灾自动报警系统时，现场的人员打开消火栓的阀门后按下消火栓按钮，消火栓按钮直接起动消防泵，消防泵的动作信号通过消防联动控制器反馈至消火栓按钮上显示。图 4-16 所示为建筑中未设置火灾自动报警系统时室内消火栓联动控制的工作原理。

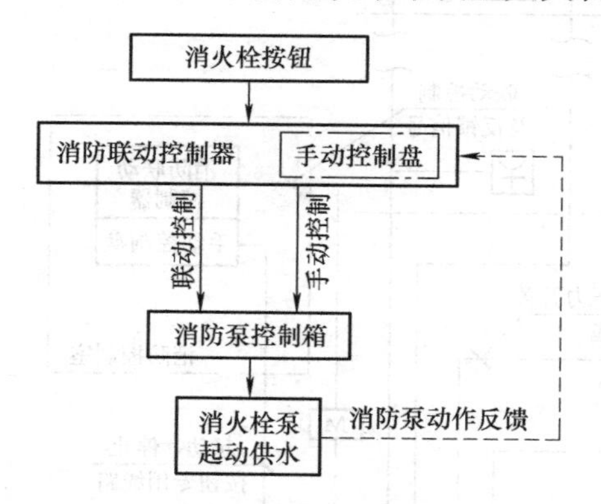

图 4-15 室内消火栓联动控制的工作原理

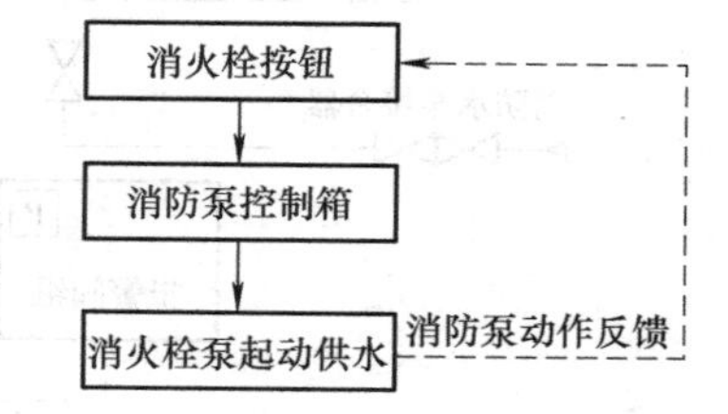

图4-16 室内消火栓联动控制的工作原理

4.2.3 设计要求

1. 联锁控制方式

消火栓使用时，应将消火栓系统出水干管上设置的低压压力开关、高位消防水箱出水管上设置的流量开关或报警阀压力开关等信号作为触发信号，直接控制起动消火栓泵，联动控制不应受消防联动控制器处于自动或手动状态的影响。

2. 联动控制方式

当设置火灾自动报警系统时，消火栓按钮的动作信号应作为起动消火栓泵的联动触发信号，由消防联动控制器联动控制消火栓泵的起动。

3. 手动控制方式

当设置火灾自动报警系统时，应将消火栓泵控制箱（柜）的起动、停止按钮用专用线路直接连接至设置在消防控制室内的消防联动控制器的手动控制盘，通过手动控制盘直接手动控制消火栓泵的起动、停止。

4. 反馈信号

消火栓泵应将其动作的反馈信号发送至消防联动控制器进行显示。

4.2.4 设计提示

1. 消火栓按钮的设置要求

1）在设置消火栓的场所必须设置消火栓按钮。

2）设置火灾自动报警系统时，消火栓按钮可采用二总线制，即引至消防联动控制器总线回路，用于传输按钮的动作信号，同时消防联动控制器接收到消防泵动作的反馈信号后，通过总线回路点亮消火栓按钮的起泵反馈指示灯。

3）未设置火灾自动报警系统时，消火栓按钮采用四线制，即二线引至消防泵控制柜（箱）用于起动消防泵；二线引至消防泵动作反馈触点，接收消防泵起动的反馈信号，在消防泵起动后点亮消火栓按钮的起泵反馈指示灯。

4）稳高压系统中设置的消火栓按钮，其起动信号不作为起动消防泵的联动触发信号只用来确认被使用消防栓的位置信息，因此稳高压系统中，消火栓按钮也是不能省略的。

2. 手动火灾报警按钮与消火栓按钮的区别

1）手动火灾报警按钮是人工报警装置，消火栓按钮是起动消防泵的触发装置，虽然两者信号都传输至消防控制室，但两者的作用不同。

2）手动火灾报警按钮按防火分区设置，一般设在出入口附近；而消火栓按钮是按消火栓的布点设置，两者的设置位置和标准不同。

3）手动火灾报警按钮的起动信号是接到火灾报警控制器上，消火栓按钮的起动信号是接到消防联动控制器上，火灾报警时，不一定要起泵，所以，手动报警按钮不能替代消火栓按钮从而作为起泵的联动触发装置。

3. 消防联动控制器联动起动消防泵的优点

消防联动控制器联动起动消防泵的优点是减少布线量和线缆使用量，提高整个消火栓系统的可靠性。

4. 与给水排水专业的配合

电气设计人员应了解消火栓系统的组成、工作原理及工艺要求，确定消火栓、消火栓泵、低压压力开关、高位消防水箱出水管流量开关、信号阀、阀组等设备的位置和数量以及消火栓泵的控制要求、功率大小等。

4.3 气体（泡沫）灭火系统的联动控制设计

气体（泡沫）灭火系统主要由灭火剂储瓶和瓶头阀、驱动钢瓶和瓶头阀、选择阀（组合分配系统）、自锁压力开关、喷嘴及气体（泡沫）灭火控制器、感烟火灾探测器、感温火灾探测器、指示发生火灾的火灾声光报警器、指示灭火剂喷放的火灾声光报警器（带有声警报的气体释放灯）、紧急起/停按钮及电动装置等组成。通常气体（泡沫）灭火系统的上述设备自成系统。由于气体灭火过程中系统应该执行一系列的动作，因此只有专用气体（泡沫）灭火控制器才具有这一系列的逻辑编程和执行功能。

4.3.1 气体灭火系统

气体灭火系统适用于不能用水喷洒且保护对象又较重要的场所。气体灭火系统按种类可分为七氟丙烷、IG541 混合气体（氮气、氩气和二氧化碳三种气体以 52%、40%、8% 的比例混合而成）和热气溶胶全淹没灭火系统（全淹没灭火系统是指在规定的时间内，向防护区喷放设计规定用量的灭火剂，并使其均匀地充满整个防护区的灭火系统）。图 4-17 所示为气体灭火系统示意图。

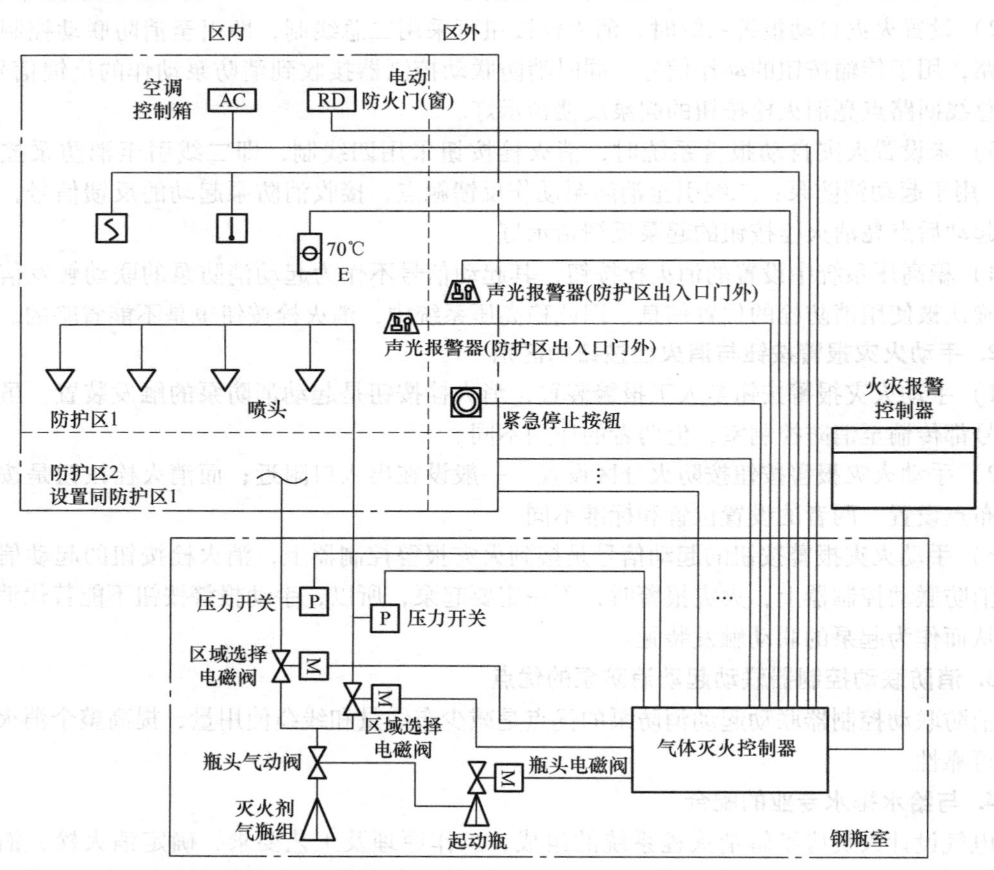

图 4-17 气体灭火系统示意图

4.3.2 泡沫灭火系统

根据 GB 20031—2005《泡沫灭火系统及部件通用技术条件》，泡沫灭火系统按照发泡倍数不同可分为：低倍数泡沫灭火系统、中倍数泡沫灭火系统和高倍数泡沫灭火系统；按照固定方式不同分为：固定式、半固定式和移动式泡沫灭火系统。

泡沫灭火系统主要由比例混合装置（器）、泡沫产生器（泡沫枪、泡沫炮、低中高倍数泡沫产生器、泡沫喷头等）、泡沫消防水泵、泡沫混合液泵和泡沫液泵等组成。

4.3.3　设计要求

气体（泡沫）灭火系统应由专用的气体（泡沫）灭火控制器控制，即气体（泡沫）灭火系统在实施灭火各阶段的全部联动控制信号均应由气体（泡沫）灭火控制器发出。

1. 气体（泡沫）灭火控制器的联动控制要求

1）气体（泡沫）灭火控制器直接连接火灾探测器时应由同一防护区域内两只独立的火灾探测器的报警信号或一只火灾探测器与一只手动火灾报警按钮的报警信号或防护区外的紧急起动信号，作为系统的联动触发信号。探测器的组合宜采用感烟火灾探测器和感温火灾探测器，各类探测器应按新《火规》第6.2节的规定分别计算保护面积。

2）气体（泡沫）灭火系统防护区域内设置的火灾探测器报警的可靠性非常重要。因此，计算机机房和电子信息系统机房等场所通常设置两种火灾探测器，即感烟火灾探测器和感温火灾探测器，二者组成“与”逻辑作为系统的联动触发信号。这样设置的目的是提高系统动作的可靠性，将误触发率降低至最小。当感烟火灾探测器报警时，表示有火灾发生；当感温火灾探测器报警时，表示火灾已经发展到一定程度了，应该起动气体（泡沫）灭火装置灭火。对于有人确认火灾的场所，也可采用同一区域内的一只火灾探测器及一只手动报警按钮的报警信号组成“与”逻辑，作为联动触发信号。

3）气体（泡沫）灭火控制器在接收到首个联动触发信号后，应起动该区域的火灾声光警报器，且联动触发信号应为任一防护区域内设置的感烟火灾探测器或其他类型火灾探测器或手动火灾报警按钮的首次报警信号，并警示处于防护区域内的人员撤离；在接收到第二个联动触发信号后，应发出联动控制信号（同一防护区域内与首次报警的火灾探测器或手动火灾报警按钮相邻的感温火灾探测器、火焰探测器或手动火灾报警按钮的报警信号）。联动信号会关闭排风机、防火阀、空气调节系统，起动防护区域开口封闭装置，并根据人员安全撤离防护区的需要，在30s内开起选择阀（组合分配系统：用一套气体灭火剂储存装置通过管网的选择分配，保护两个或两个以上防护区的灭火系统）和起动阀，驱动瓶内的气体开起灭火剂储罐瓶头阀，最后，灭火剂喷出进行灭火，同时起动安装在防护区门外的指示灭火剂喷放的火灾声、光报警器（带有声警报的气体释放灯）；管道上的自锁压力开关动作，动作信号反馈给气体（泡沫）灭火控制器。

4）联动控制信号应包括下列内容：①关闭防护区域的送、排风机及送排风阀门；②停止通风和空气调节系统及关闭设置在该防护区域的电动防火阀；③联动控制防护区域开口封闭装置的起动，包括关闭防护区域的门、窗；④起动气体（泡沫）灭火装置，气体（泡沫）灭火控制器可设定不大于30s的延迟喷射时间。设计人员应注意，上述联动控制信号应由气体（泡沫）灭火控制器发出。

设定不大于30s的延时是为了防止火灾发展迅速。如果防护区内的人员尚未疏散，感温火灾探测器已经动作，气体（泡沫）灭火控制器按控制逻辑起动了气体灭火装置，会影响人员疏散，危及人员生命安全。

5）平时无人工作的防护区，可设置为无延迟的喷射，且应在接收到首个联动触发信号后按新《火规》规定的联动控制执行；在接收到第二个联动触发信号后，应起动气体（泡沫）灭火装置。

6）气体灭火防护区出口外上方应设置表示气体喷洒的火灾声、光报警器，指示气体释放的声信号应与该保护对象的火灾声警报器的声信号有明显区别。起动气体（泡沫）灭火装置的同时，应起动设置在防护区入口处的火灾声、光报警器。组合分配系统应首先开起相应防护区域的选择阀，然后起动气体（泡沫）灭火装置。

起动安装在防护区门外指示灭火剂喷放的火灾声光报警器（带有声警报的气体释放灯）是防止气体灭火防护区在气体释放后出现人员误入现象，根据国家标准 GB 50370—2005《气体灭火系统设计规范》规定，防护区内应设火灾声报警器（一级报警时动作），防护区的入口处应设火灾声、光报警器（防护区内气体释放后动作），防护区内声报警器动作提醒防护区内人员迅速撤离，防护区入口处火灾声、光报警器提醒人员不要误入，新《火规》规定指示气体释放的声信号应与同建筑中设置的火灾声警报器的声信号有明显区别，以便有关人员明确现场情况。图 4-18 所示为气体灭火系统流程图。

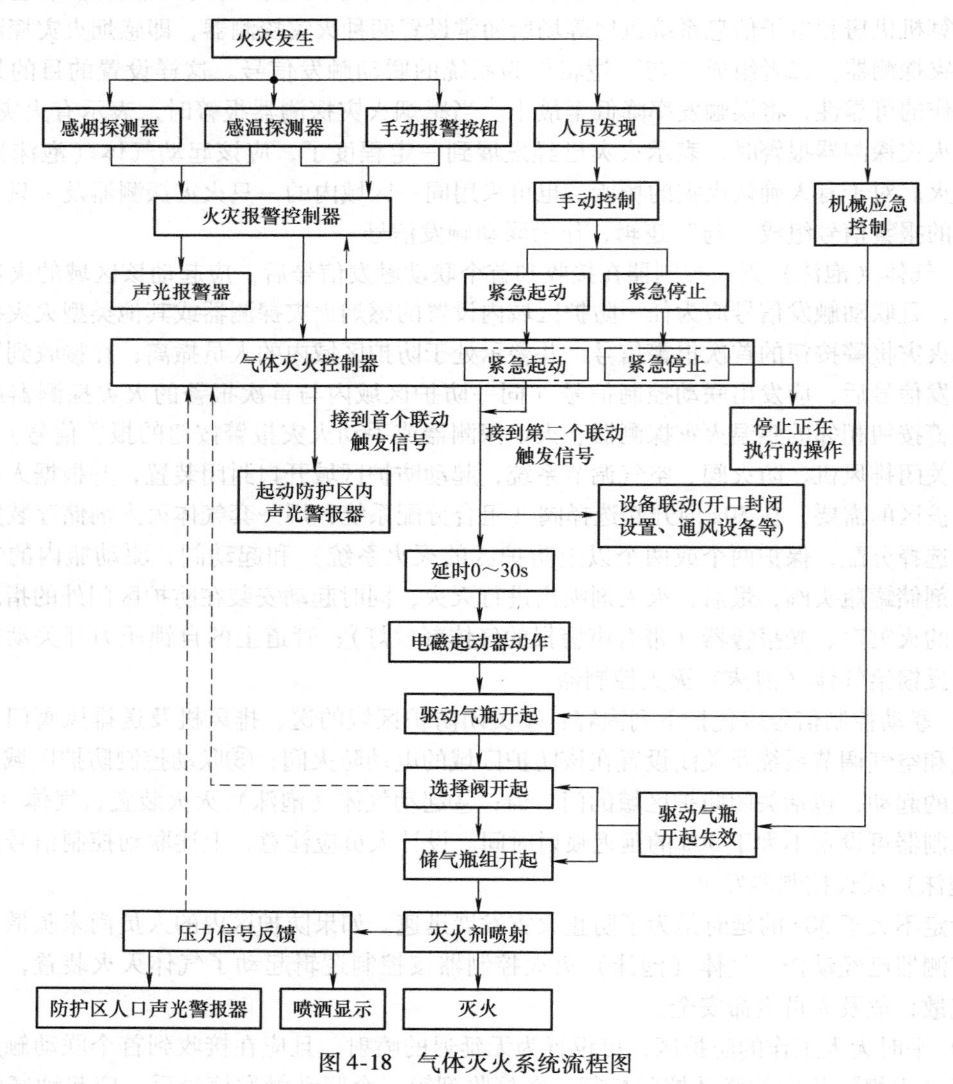

图 4-18　气体灭火系统流程图

2. 气体（泡沫）灭火控制器联动控制要求

1）气体（泡沫）灭火系统不直接连接火灾探测器时的联动触发信号应由火灾报警控制器或消防联动控制器发出。

2）气体（泡沫）灭火系统不直接连接火灾探测器时的联动触发信号和联动控制均应符合新《火规》的规定。

3. 气体（泡沫）灭火控制器的手动控制方式要求

在防护区疏散出口的门外应设气体（泡沫）灭火装置的手动起动和停止按钮，手动起动按钮按下时火灾报警控制器应符合新《火规》规定的联动操作；手动停止按钮按下时，气体（泡沫）灭火控制器应停止正在执行的联动操作。

气体（泡沫）灭火控制器上应设置对应于不同防护区的手动起动和停止按钮，手动起动按钮按下时，气体（泡沫）灭火控制器应执行符合新《火规》4.4.2条第3款和第5款规定的联动操作；手动停止按钮按下时，气体（泡沫）灭火控制器应停止正在执行的联动操作。

4. 反馈信号组成及显示要求

气体（泡沫）灭火装置起动及喷放各阶段的联动控制及系统的反馈信号，应反馈至消防联动控制器。系统的联动反馈信号应包括下列内容：

1）气体（泡沫）灭火控制器直接连接的火灾探测器的报警信号。

2）选择阀的动作信号。

3）压力开关的动作信号。

5. 防护区手动/自动控制转换装置显示要求

在防护区域内设有手动与自动控制转换装置的系统，其手动或自动控制方式的工作状态应在防护区内、外的手动、自动控制状态显示装置上显示，该状态信号应反馈至消防联动控制器。

4.3.4 与给水排水专业的配合

电气设计人员应了解气体（泡沫）灭火系统的组成、工作原理及工艺要求，确定系统的设置位置、分区及控制要求等。

4.5 防火门及防火卷帘系统的联动设计

建筑门窗是火灾蔓延的主要途径，防火门、防火卷帘是应用于建筑内作为防火墙和防火分区的防火分隔物，它具有一定的阻火、耐火功能，可将大火控制在预定的范围内，以达到有效地阻止火势蔓延的目的；同时又是人员安全疏散，消防人员火灾扑救的通道。

4.5.1 防火门系统的联动控制设计

1）疏散通道上的防火门有常闭型和常开型。常闭型防火门有人通过后，闭门器将门关闭不需要联动；常开型防火门平时开起。常开防火门所在防火分区内的两只独立的火灾探测器或一只火灾探测器与一只手动火灾报警按钮的报警信号，作为常开防火门关闭的联动触发信号，联动触发信号应由火灾报警控制器或消防联动控制器发出，并应由消防联动控制器或防火门监控器联动控制防火门关闭（防火门监控器是用于防火门监控的专用设备，因此建议防火门的联动控制宜由防火门监控器执行）。

2）疏散通道上各防火门的开起、关闭及故障状态（包括闭门器故障、门被卡后未完全关闭等）信号应反馈至防火门监控器。

4.5.2　防火卷帘系统的联动控制设计

防火卷帘的升降应由防火卷帘控制器控制。

1. 疏散通道上设置的防火卷帘

（1）联动控制方式

防火分区内任两只独立的感烟火灾探测器或任一只专门用于联动防火卷帘的感烟火灾探测器的报警信号应联动控制防火卷帘下降至距楼板面1.8m处，是为保障防火卷帘能及时动作，以起到防烟作用，避免烟雾经此扩散，既起到防烟作用又可保证人员疏散。任一只专门用于联动防火卷帘的感温火灾探测器的报警信号表示火已蔓延到该处，此时人员已不可能从此逃生，应联动控制防火卷帘下降到楼板面，起到防火分隔作用。为了保障防火卷帘在火势蔓延到防护卷帘前及时动作，也为防止单只探测器由于偶发故障而不能动作，在卷帘的任一侧距卷帘纵深0.5~5m内应设置不少于两只专门用于联动防火卷帘的感温火灾探测器。

（2）手动控制方式

应由防火卷帘两侧设置的手动控制按钮控制防火卷帘的升降。

2. 非疏散通道上设置的防火卷帘

（1）联动控制方式

非疏散通道上设置的防火卷帘大多仅用于建筑的防火分隔作用，建筑大厅、回廊、楼层间等处设置的防火卷帘不具有疏散功能仅用作防火分隔。应将防火卷帘所在防火分区内任两只独立的火灾探测器的报警信号，作为防火卷帘下降的联动触发信号，由防火卷帘控制器联动控制防火卷帘直接下降到楼板面。

（2）手动控制方式

应由防火卷帘两侧设置的手动控制按钮控制防火卷帘的升降，并应能在消防控制室内的消防联动控制器上手动控制防火卷帘的降落。

3. 联动反馈信号要求

防火卷帘下降至距楼板面1.8m处、下降到楼板面的动作信号和感烟、感温火灾探测器的报警信号，应反馈至消防联动控制器。

4.6　电梯的联动控制设计

随着高层建筑、超高层建筑的不断涌现，电梯作为重要的垂直交通运输工具得到了非常广泛的应用。

4.6.1　设计要求

消防联动控制器应具有发出联动控制信号强制所有电梯停于首层或电梯转换层的功

能。为了使消防救援人员及时掌握电梯的状态，电梯运行状态信息和停于首层或转换层的反馈信号，应传送给消防控制室显示，轿箱内应设置能直接与消防控制室通话的专用电话。

新《火规》对电梯的消防联动控制逻辑设计未作明确的要求，是因为不同建筑形式对电梯的控制要求不尽相同，无法提出共性的条文要求。设计人员在进行此环节的设计时，应根据建筑的结构形式特点，结合消防灭火救援的需要，在设计文件中合理地提出电梯的控制要求。

4.6.2 高层建筑在火灾初期电梯的管理

对于非消防电梯不能一发生火灾就立即切断电源，如果电梯无自动平层功能，会将电梯里的人关在电梯轿箱内，这是相当危险的，因此规范要求电梯应具备降至首层或电梯转换层的功能，以使有关人员全部撤出电梯。

规范要求消防联动控制器应具有发出联动控制信号强制所有电梯停于首层或电梯转换层的功能，但并不是一发生火灾就使所有的电梯均回到首层或转换层，设计人员应根据建筑特点，先使发生火灾及相关危险部位的电梯回到首层或转换层，在没有危险部位的电梯，应先保持使用。为防止电梯供电电源被火烧断，电梯宜增加 EPS 备用电源。

4.6.3 与建筑专业的配合

电气设计人员应与建筑专业配合，确定电梯的用途、数量、安装位置，电梯井道情况和控制要求等。

4.7 消防应急广播系统

4.7.1 基本概念

火灾警报器：在火灾自动报警系统中，用以发出区别于环境声、光的火灾警报信号的装置。它以声、光和音响等方式向报警区域发出火灾警报信号，以警示人们迅速采取安全疏散及灭火救灾措施。

火灾警报器按用途分为：火灾声警报器、火灾光警报器、火灾声光警报器；按使用场所分为室内型和室外型。

4.7.2 设计要求

1）在建筑中火灾光警报器应设置在每个楼层的楼梯口、消防电梯前室、建筑内部拐角等处的明显部位。考虑光警报器不能影响疏散设施的有效性，故不宜与安全出口指示标志灯具设置在同一面墙上。

2）考虑便于在各个报警区域内都能听到警报信号声，以满足告知所有人员发生火灾的要求，每个报警区域内应均匀设置火灾警报器。声压等级要求：声压级不应小于 60dB，在环境噪声大于 60dB 的场所，其声压级应高于背景噪声 15dB。

火灾警报器设置在墙上时，其底边距地面高度应大于 2.2m。

4.8 消防应急照明和疏散指示系统的联动控制

消防应急照明和疏散指示系统是为人员疏散、消防作业提供照明和疏散指示的系统，由各类消防应急灯具及相关装置组成。

4.8.1 系统分类

按系统形式可分为：自带电源集中控制型（系统内可包括子母型消防应急灯具）；自带电源非集中控制型（系统内可包括子母型消防应急灯具）；集中电源集中控制型；集中电源非集中控制型。

集中控制型系统主要由应急照明集中控制器、双电源应急照明配电箱、消防应急灯具和配电线路等组成，消防应急灯具可为持续型或非持续型。其特点是所有消防应急灯具的工作状态都受应急照明集中控制器控制。发生火灾时，火灾报警控制器或消防联动控制器向应急照明集中控制器发出相关信号，应急照明集中控制器按照预设程序控制各消防应急灯具的工作状态。

集中电源非集中控制型系统主要由应急照明集中电源、应急照明分配电装置、消防应急灯。

具和配电线路等组成，消防应急灯具可为持续型或非持续型。发生火灾时，消防联动控制器联动控制集中电源和/或应急照明分配电装置的工作状态，进而控制各路消防应急灯具的工作状态。

自带电源非集中控制型系统主要由应急照明配电箱、消防应急灯具和配电线路等组成。发生火灾时，消防联动控制器联动控制应急照明配电箱的工作状态，进而控制各路消防应急灯具的工作状态。

4.8.2 灯具分类

灯具按用途分为：标志灯具、照明灯具（含疏散用手电筒）、照明标志复合灯具；按工作方式分为：持续型、非持续型；按应急供电形式分为：自带电源型、集中电源型、子母型；按应急控制方式分为：集中控制型、非集中控制型。

4.8.3 设计要求

1. 消防应急照明和疏散指示系统的联动控制

1）集中控制型消防应急照明和疏散指示系统，由火灾报警控制器或消防联动控制器启动应急照明控制器实现。

2）集中电源非集中控制型消防应急照明和疏散指示系统，由消防联动控制器联动应急照明集中电源和应急照明分配电装置实现。

3）自带电源非集中控制型消防应急照明和疏散指示系统，由消防联动控制器联动消防应急照明配电箱实现。

2. 应急转换时间和应急转换控制的方式

当确认火灾后，由发生火灾的报警区域开始，顺序起动全楼疏散通道的消防应急照明和疏散指示系统，系统全部投入应急状态的起动时间不应大于5s。

4.9 消防专用电话的设置

4.9.1 基本概念

消防电话：用于消防控制室与建筑物中各部位之间通话的电话系统由消防电话总机、消防电话分机、消防电话插孔构成。消防电话是与普通电话分开的专用独立系统，一般采用集中式对讲电话。

消防电话总机：在多线制消防电话系统中，每一部固定式消防电话分机占用消防电话主机的一路。总线制消防电话总机是一种新型的火警通信设备，通过两总线、24V 电源线与电话模块、电话插孔、电话分机一起构成火灾报警通信系统。

消防电话分机：固定式消防电话分机有被叫振铃和摘机通话的功能，与消防电话主机配合使用；手提式消防电话分机插入插孔即可呼叫主机，用于携带。

4.9.2 设置场所

消防电话的总机设在消防控制室，是消防电话的重要组成部分。消防电话分机设置在建筑物中各关键部位，能够与消防电话总机进行全双工语音通信；消防电话插孔安装在建筑物主要出口处，插上电话手柄就可以和消防电话总机通信。

4.9.3 设计要求

1）消防专用电话线路的可靠性关系到火灾时消防通信指挥系统是否畅通，故新《火规》强调消防专用电话系统应为独立的消防通信系统，就是说不能利用一般电话线路或综合布线网络（PDS 系统）代替消防专用电话线路，消防专用电话网络应独立布线。

2）消防控制室应设置消防专用电话总机。

3）为了确保消防专用电话的可靠性，消防专用电话总机与电话分机或插孔之间的呼叫方式应该是直通的，中间不应有交换或转接程序，即宜选用共电式直通电话机或对讲电话机。

4）火灾时，与消防作业的主要场所的通信一定要畅通无阻，以确保消防作业的正常进行，故规定电话分机或电话插孔的设置，应符合下列规定：

① 消防水泵房、发电机房、配变电室、计算机网络机房、主要通风和空调机房、防排烟机房、灭火控制系统操作装置处或控制室、企业消防站、消防值班室、总调度室、消防电梯机房及其他与消防联动控制有关的且经常有人值班的机房应设置消防专用电话分机。消防专用电话分机应固定安装在明显且便于使用的部位，并应区别于普通电话的标志。

② 设有手动火灾报警按钮或消火栓按钮等处，宜设置电话插孔，并宜选择带有电话插孔的手动火灾报警按钮。

③ 各避难层应每隔 20m 设置一个消防专用电话分机或电话插孔。

④ 电话插孔在墙上安装时，其底边距地面高度宜为 1.3 ~ 1.5m。

⑤ 消防控制室、消防值班室或企业消防站等处是消防作业的主要场所，故新《火规》强调应设置可直接报警的外线电话。

4.10 消防模块的实现

4.10.1 定义

消防联动模块：用于消防联动控制器和其所连接的受控设备或部件之间信号传输的设备，包括输入模块、输出模块和输入/输出模块。输入模块的功能是接收受控设备或部件的信号反馈并将信号输入到消防联动控制器中进行显示；输出模块的功能是接收消防联动控制器的输出信号并发送到受控设备或部件；输入/输出模块则同时具备输入模块和输出模块的功能。

4.10.2 基本功能

1. 输入模块（亦称监视模块）

输入模块的作用是接收现场装置的报警信号，实现信号向消防联动控制器的传输。适用于无地址编码的消火栓按钮、水流指示器、压力开关、70℃或280℃防火阀等。输入模块可采用电子编码器完成地址编码设置。

2. 输出模块（亦称控制模块）

输出模块具有直流24V电压输出，用于与继电器触点接成有源输出，满足现场的不同需求，实现现场各种设备（如：排烟口、送风口、防火阀等）的一次动作。

3. 输入/输出模块

此模块有单输入/输出模块，双输入/双输出模块等几类。单输入/输出模块用于将现场各种一次动作并有动作信号输出的被动型设备（如排烟口、送风口、防火阀等）接入到控制总线上。双输入/双输出模块可用于完成对二步降防火卷帘门、水泵、排烟风机等双动作设备的控制。

单输入/输出模块内有一对常开、常闭触点，具有直流24V电压输出，用于与继电器触点接成有源输出，满足现场的不同需求。另外模块还设有开关信号输入端，用来和现场设备的开关触点连接，以便对现场设备是否动作进行确认。应当注意的是，不应将模块触点直接接入交流控制回路，以防强交流干扰信号损坏模块或控制设备。

双输入/输出模块具有4个编码地址，可接收来自控制器的二次不同动作的命令，具有控制二次不同输出和确认两个不同回答信号的功能。此模块所需输入信号为常开开关信号，一旦开关信号动作，模块将此开关信号通过联动总线送入控制器，联动控制器产生报警并显示动作的地址号，当模块本身出现故障时，控制器也将产生报警并将模块编号显示出来。本模块具有两对常开、常闭触点。

4.10.3 设置场所

每个报警区域内的模块宜相对集中设置在本报警区域内的金属模块箱中，以保障其运行的可靠性和检修的方便。

由于模块工作电压通常为24V，不应与其他电压等级的设备混装，因此严禁将模块设置在配电（控制）柜（箱）内。

4.10.4 设计要求

本报警区域内的模块不应控制其他报警区域的设备，以免本报警区域发生火灾后影响其他区域受控设备的动作。

为了检修时方便查找，未集中设置的模块附近应有尺寸不小于10cm×10cm的标志。

复习思考题

1. 什么场所设置火灾事故照明？
2. 什么场所设置疏散指示标志，其疏散指示标志的表达方式如何？其安装距离为多少？
3. 应急照明的供电与照度要求有哪些？
4. 防排烟设施的作用和类型有哪些？
5. 防排烟设施的适用范围？
6. 送风口（排烟口）、防烟防火阀、防烟垂壁、防火门的自动与手动过程如何？
7. 在消防设计时防火卷帘的电气控制有哪些内容？
8. 简述排烟风机的手动与自动控制原理。
9. 总线制与多线制消防电话系统的区别是什么？
10. 消防电梯的控制要求有哪些？
11. 火灾事故广播的设置场所及有关要求有哪些？
12. 消防专用电话设置场所及要求有哪些？
13. 简述室内消火栓灭火系统的灭火过程，并说明该系统中有哪些自动控制？
14. 根据《民用建筑电气设计规范》说明喷洒水灭火系统自动控制要点是什么？并简要说明消防工程中如何实现这些要点？
15. 通过对几种类型的喷洒水灭火系统的分析比较，说明它们的特点及应用场合？
16. 压力开关和水流指示器的作用？
17. 湿式自动喷水灭火系统由哪几部分组成，叙述其工作原理。
18. 简述闭式喷头（玻璃球式）的工作原理。
19. 简述二氧化碳灭火系统的构成特点及应用场合、灭火过程及灭火原理。

第5章 火灾自动报警系统的设计规定

5.1 一般规定

火灾自动报警系统的设计目标就是要保护人民群众的生命和财产安全。本节为火灾自动报警系统设置的一般性规定，在GB 50116—1998《火灾自动报警系统设计规范》（以下简称98版《火规》）的基础上结合社会进步、经济发展和消防产品升级换代的现状，GB 50116—2013《火灾自动报警系统设计规范》（以下简称新《火规》）特别强化了“以人为本，生命第一”的基本理念，具体条文的设置也更严格，更细化，更具可操作性。

5.1.1 系统设置原则

系统设备的设计及设置，要充分考虑我国国情和实际工程的使用性质，常住人员、流动人员，以及保护对象现场实际状况等因素，综合考量。

1. 设置场所

火灾自动报警系统一般设置在工业与民用建筑内部和其他可对生命和财产造成危害的火灾危险场所，可用于人员居住和经常有人滞留的场所、存放重要物资或燃烧后产生严重污染需要及时报警的场所。

GB 50016—2006《建筑设计防火规范》对建筑物应设置火灾自动报警系统的场所进行了规定；GB 50045—1995《高层民用建筑设计防火规范》（2005年版）对高层建筑应设置火灾自动报警系统的场所进行了规定；GB 50229—2006《火力发电厂与变电站设计防火规范》对火力发电厂与变电站应设置火灾自动报警系统的场所进行了规定。在经济、技术比较发达的国家，各种建筑物中都普遍设置了火灾自动报警系统，新《火规》也首次将住宅纳入需要设置火灾自动报警系统的场所。

火灾自动报警系统与自动灭火系统、消防应急照明及疏散指示系统、防排烟系统及防火分隔系统等其他消防分类设备一起构成了完整的建筑消防系统。

2. 触发方式

在系统设计中，火灾自动报警系统应设有自动和手动两种触发装置。这里所说的自动触发装置如火灾探测器，手动触发装置如手动火灾报警按钮。

3. 兼容性要求

系统中各类设备之间的接口和通信协议的兼容性应满足GB 22134—2008《火灾自动报警系统组件兼容性要求》等国家有关标准的要求，以保证系统的兼容性和可靠性。现行国家标准GB 22134—2008规定了火灾自动报警系统组件兼容性和可连接性的要求，适用于火灾自动报警系统组件兼容性和可连接性的评估。所谓兼容性，即：第一类各组件之间连接工作的能力；所谓可连接性，即：第二类组件与第一类组件连接工作的能力。第一类组件指国家标准或规范要求具有保护生命财产安全功能的装置；第二类组件指国家标准或规范没有要求具有保护生命财产安全功能的装置。

4. 设备和地址总数

根据多年来对各类建筑中设置的火灾自动报警系统的实际运行情况以及火灾报警控制器的检验结果统计分析，一台火灾报警控制器所连接的火灾探测器、手动火灾报警按钮和模块等设备总数和地址总数，均不应超3200点，这样，系统的稳定工作情况及通信效果均能较好地满足系统设计要求。

目前，国内外各厂家生产的火灾报警控制器，每台一般均有多个总线回路，考虑工作稳定性，每一总线回路连接设备的总数，即地址总数不应超过200点。设计人员在设计时应核算回路编址设备的地址总数，回路地址总数不应超过200点。在工程应用中，一个回路地址只能对应一个独立的设备，不允许采用一个编址探测器母座配接多个非编址探测器，即多个探测器占用一个回路地址的方式。对于一个设备具有多个回路地址编码的情况，如一些厂家的多级报警探测器或多输入输出模块，在进行回路地址数量核算时，应计算每一个设备实际占用的回路地址数量。

考虑到许多建筑从施工图设计到最终的装修设计，建筑平面分隔可能发生变化，需要增加相应的探测器或其他设备，所以应留有不少于额定容量10%的余量，这也有利于该回路的稳定与可靠运行。

为了保障系统工作的稳定性、可靠性，规范对消防联动控制器所连接的模块地址数量也作出了限制，任一台消防联动控制器地址总数或火灾报警控制器（联动型）所控制的各类模块总数不应超过1600点，每一联动总线接设备的总数不宜超过100点，且留有不少于额定容量10%的余量。这样的规定除考虑系统工作的稳定、可靠性外，还可灵活应对建筑中相应的变化和修改，而不至于因为局部的变化需要增加总线回路。

5. 总线短路隔离的设置要求

在总线制火灾自动报警系统中，往往会出现某个现场部件故障而导致整个报警回路全线瘫痪的情况，所以将总线短路隔离器串入总线的各段或主线与支线的节点处，一旦某个现场部件出现故障，隔离器就会将发生故障的总线部分与整个回路隔离开来，以保证回路的其他部分能够正常工作，以最大限度地保障系统的整体功能不受故障部件的影响。当故障部分修复后，短路隔离器可自行恢复工作并能被隔离出去的部分重新纳入系统。

新《火规》规定：系统总线上应设置总线短路隔离器，每只总线短路隔离器保护的火灾探测器、手动火灾报警按钮和模块等消防设备的总数不应超过32点。总线穿越防火分区时，应在穿越处设置总线短路隔离器。

6. 高度超过100m的建筑火灾报警控制器的设置要求

对于高度超过100m的建筑，为便于火灾条件下消防联动控制的操作，防止联动逻辑或联动控制的误动作，除消防控制室内设置的控制器外，在现场设置的火灾报警控制器应分区控制，所连接的火灾探测器、手动报警按钮和模块等设备不应跨越火灾控制器所在区域的避难层。

7. 地铁列车上设置的火灾自动报警系统

近几年，国内地铁建设十分迅速，由于地铁中人员密集，疏散难度与救援难度都非常大，因此有必要在地铁列车上设置火灾自动报警系统，以及早发现火灾，并采取相应的疏散与救援预案，而地铁列车发生火灾的部位直接影响疏散救援预案的制定，因此要求将发生火灾的部位及时传输给消防控制室。

5.1.2　设计提示

1. 消防产品的准入要求

再次明确火灾自动报警系统设计过程中涉及的消防产品的准入要求：设计选用符合国家有关标准和有关准入制度的产品。也就是说，国家对消防产品是有市场准入制度的，并且公布了已认证的消防产品目录。对于尚未制定标准的新研制的消防产品，应经技术鉴定合格后方可使用。经强制性产品认证合格或者技术鉴定合格的消防产品，会在中国消防产品信息网上予以公布。

2. 消防设备的起动方式

为保证消防水泵、防排烟风机等消防设备的运行可靠性，水泵控制柜、风机控制柜等消防电气控制装置不应采用变频起动方式。

3. 取消了98版《火规》对系统保护对象分级的规定

新《火规》取消了98版《火规》对系统保护对象分级的规定，明确给出了探测的域的划分、火灾自动报警系统形式的选择和设计要求，以及火灾探测器的具体设置部位等相关规定。

5.1.3　火灾自动报警系统工程图的基本内容

1. 消防总平面图

2. 消防控制室平面布置图

3. 各个楼层火灾探测器、手动报警按钮平面布置及接线图

4. 火灾报警与消防设备联动控制系统图

(1) 火灾警报、显示联动控制图。

(2) 防火卷帘门联动控制图。

(3) 电磁锁联动控制图。

(4) 电梯联动控制图。

(5) 消防泵、喷淋泵联动控制图。

(6) 消火栓联动控制图。

(7) 压力开关联动控制图。

(8) 水流指示器、安全信号阀联动控制图。

(9) 消防水箱、水池液位显示。

(10) 防排烟联动控制图。

(11) 强起应急照明、切除非消防电源联动控制图。

(12) 消防电话平面图。

(13) 自动灭火联动控制图。

1) 消防应急广播系统图、平面图。

2) 可燃气体探测报警系统图、平面图。

3) 电气火灾监控系统图、平面图。

根据工程项目的情况，可部分包含或不限于上述内容。

5.2　系统形式的选择和设计要求

火灾自动报警系统的形式和设计要求与保护对象及消防安全目标的设立直接相关，正确理解火灾发生、发展的过程和阶段，对合理设计火灾自动报警系统有着十分重要的指导意义。

5.2.1　系统形式的分类和适用范围

随着消防技术的日益发展，现今的火灾自动报警系统已不仅是一种先进的火灾探测报警与消防联动控制设备，同时也成为建筑消防设施实现现代化管理的重要基础设施，是建筑消防安全系统的核心组成部分，除担负火灾探测报警和消防联动控制的基本任务外，还具有对相关消防设备实现状态监测、管理和控制的功能。

火灾自动报警系统根据保护对象及设立的消防安全目标不同，分为区域报警系统、集中报警系统和控制中心报警系统 3 种形式。

5.2.2　系统形式的选择

设定的安全目标直接关系到火灾自动报警系统形式的选择：

1）仅需要报警，不需要联动自动消防设备的保护对象宜采用区域报警系统。

2）不仅需要报警，同时需要联动自动消防设备，且只设置一台具有集中控制功能的火灾报警控制器和消防联动控制器的保护对象，应采用集中报警系统，并应设置一个消防控制室。

3）设置两个及以上消防控制室的保护对象，或已设置两个及以上集中报警系统的保护对象，应采用控制中心报警系统。

控制中心报警系统一般适用于建筑群或体量很大的保护对象，这些保护对象中可能设置几个消防控制室，也可能由于分期建设而采用不同企业的产品或同一企业不同系列的产品，或由于系统容量限制而设置了多个起集中作用的火灾报警控制器等情况，这些情况下均应选择控制中心报警系统。

5.2.3　系统设计要求

1. 区域报警系统

区域报警系统的设计要求：

1）系统应由火灾探测器、手动火灾报警按钮、火灾声光警报器及区域火灾报警控制器等组成，这是系统的最小组成。系统还可以根据需要增加消防控制室图形显示装和指示楼层的区域显示器。

2）火灾报警控制器应设置在有人值班的场所。区域报警系统不具有消防联动功能。在区域报警系统里，可以根据需要不设消防控制室。若有消防控制室，火灾报警控制器和消防控制室图形显示装置应设置在消防控制室；若没有消防控制室，则应设置在平时有专人值班的房间或场所。

3）区域报警系统的火灾声光警报器应由火灾报警控制器的火警继电器直接起动。

4）区域报警系统应具有将相关运行状态信息传输到城市消防远程监控中心的功能。系统设置消防控制室图形显示装置时，该装置应具有传输新《火规》附录A和附录B规定的有关信息的功能，系统未设置消防控制室图形显示装置时，应设置火警传输设备实现传输新《火规》附录A和附录B规定的有关信息的功能。

区域报警系统组成示意图如图5-1所示。

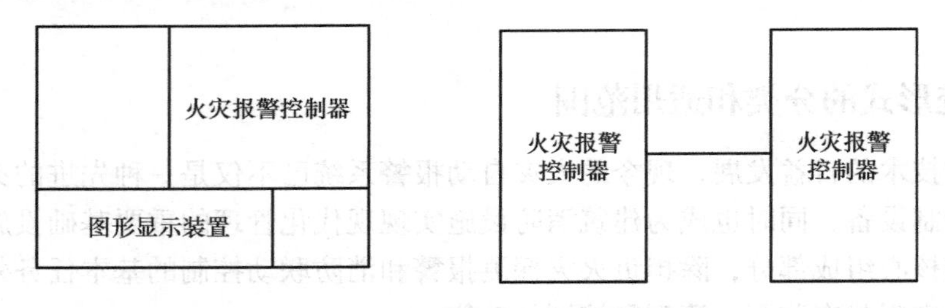

图5-1　区域报警系统组成示意图

2. 集中报警系统

集中报警系统设计要求：

1）系统应由火灾探测器、手动火灾报警按钮、火灾声光警报器、消防应急广播、消防专用电话、消防控制室图形显示装置、火灾报警控制器及消防联动控制器等组成，这是系统的最小组成，可以选用火灾报警控制器和消防联动控制器组合或火灾报警控制器（联动型）。

2）系统中的火灾报警控制器、消防联动控制器和消防控制室图形显示装置、消防应急广播的控制装置、消防专用电话总机等起集中控制作用的消防设备，应设置在消防控制室内。

3）由于新《火规》对火灾报警控制器的容量进行了限制，在一些采用集中报警系统形式的大型项目中可能需要设置多台火灾报警控制器，这些控制器可以根据实际情况组成对等式网络结构，但必须确定一台起集中控制作用的火灾报警控制器，或组成集中区域式系统结构。

对等式网络集中报警系统如图5-2所示，集中区域式集中报警系统如图5-3所示。

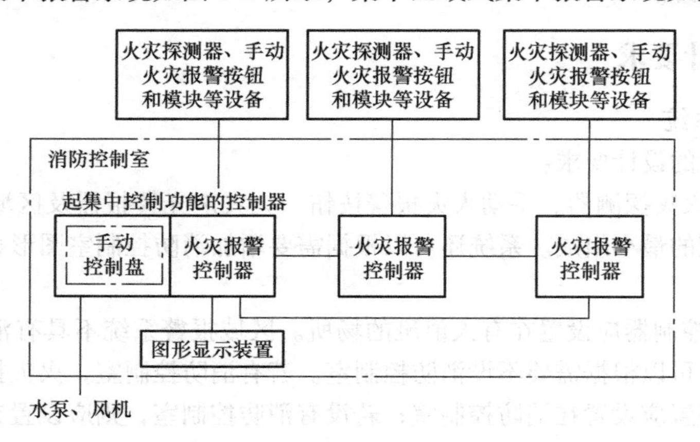

图5-2　对等式网络集中报警系统

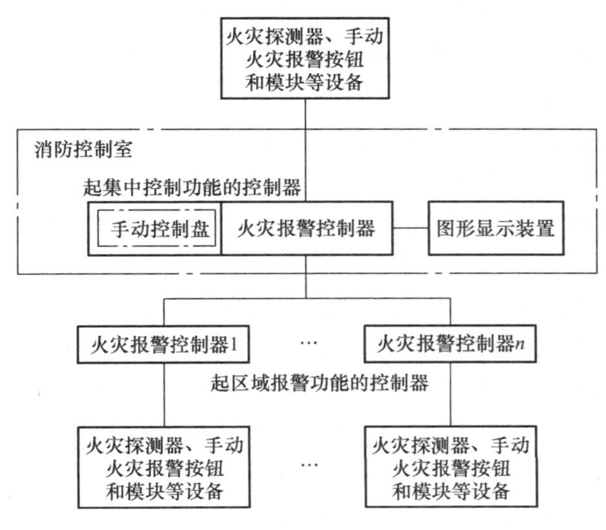

图5-3　集中区域式集中报警系统

4）对于建筑中重要消防设施的专线手动控制必须由起集中控制作用的火灾报警控制器实现；建筑中电动排烟阀、挡烟垂壁等消防设施的联动控制，可根据实际情况由其他火灾报警控制器通过预设的控制逻辑起动其连接的总线控制模块实现。

5）起集中控制作用的火灾报警控制器应接收其他火灾报警控制器的报警、故障、隔离及联动控制等运行状态信息，并按要求将系统的运行信息传输给消防控制室图形显示装置。

6）在集中控制系统中，消防控制室图形显示装置是必备设备，由该设备实现传输新《火规》附录A和附录B规定的有关信息的功能。

3. 控制中心报警系统

控制中心报警系统的设计要求：

1）有两个及以上消防控制室时，应确定一个主消防控制室，对其他消防控制室进行管理，应根据建筑的实际使用情况界定消防控制室的级别。

主消防控制室内应能集中显示保护对象内所有的火灾报警部位信号和联动控制状态信号，并能显示设置在各分消防控制室内的消防设备的状态信息。为了便于消防控制室之间的信息沟通和信息共享，各分消防控制室内的消防设备之间可以互相传输、显示状态信息；同时为了防止各个消防控制室的消防设备之间的指令冲突，规定分消防控制室的消防设备之间不应互相控制。一般情况下，整个系统中共同使用的水泵等重要消防设备可根据消防安全的管理需求及实际情况，由最高级别的消防控制室统一控制；但对于建筑群，水泵也可由就近的分消防控制室实现手动专线控制及联动控制，防排烟风机等重要消防设备可根据建筑消防控制室的管控范围划分情况，由相应的消防控制室实现手动专线控制及联动控制；主消防控制室可通过跨区联动的方式对其他分消防控制室控制的重要消防设备实施联动控制（其他设备不建议采用跨区联动控制方式）。以上是规范的最低要求，条件具备时，也可由各消防控制室分别采用手动专线起动消防水泵。

2）集中报警系统和控制中心报警系统的区别：控制中心报警系统适用于设置了两个及以上消防控制室或设置了两个及以上集中报警系统的保护对象，而集中报警系统适用于只有一个消防控制室的保护对象，且系统中只设置了一台起集中控制作用的火灾报警控制器。在系统组成上，控制中心报警系统与集中报警系统类似，可以根据实际情况采用对等网或集中区域模式，或两种模式的组合。

3）在控制中心报警系统里，消防控制室图形显示装置是必备设备，由该设备实现传输新《火规》附录 A 和附录 B 规定的有关信息的功能。同时提醒设计人员注意，消防控制室图形显示装置除具有传输上述信息功能外，还具有实时显示上述信息的功能，因此在消防控制室图形显示装置的设置环节应注意以下几点：

① 在控制中心报警系统中各消防控制室均应设置消防控制室图形显示装置，且应单独组网。

② 由主消防控制室设置的消防控制室图形显示装置实现集中传输和显示该保护对象新《火规》附录 A 和附录 B 规定的有关信息的功能，分消防控制室设置的消防控制室图形显示装置显示该消防控制室的管控范围内新《火规》附录 A 和附录 B 规定的有关信息。

③ 分消防控制器管控范围的火灾自动报警系统的运行状态信息，由分消防控制室设置的火灾报警控制器传至主消防控制室设置的火灾报警控制器。

④ 接入分消防控制室设置的消防控制室图形显示装置的消防水池液位报警、防火门闭合状态等监管信息。由该消防控制室图形显示装置传输至主消防控制室设置的消防控制室图形显示装置。

4）控制中心报警系统的其他设计应符合集中报警系统的设计要求。

控制中心报警系统如图 5-4 所示。

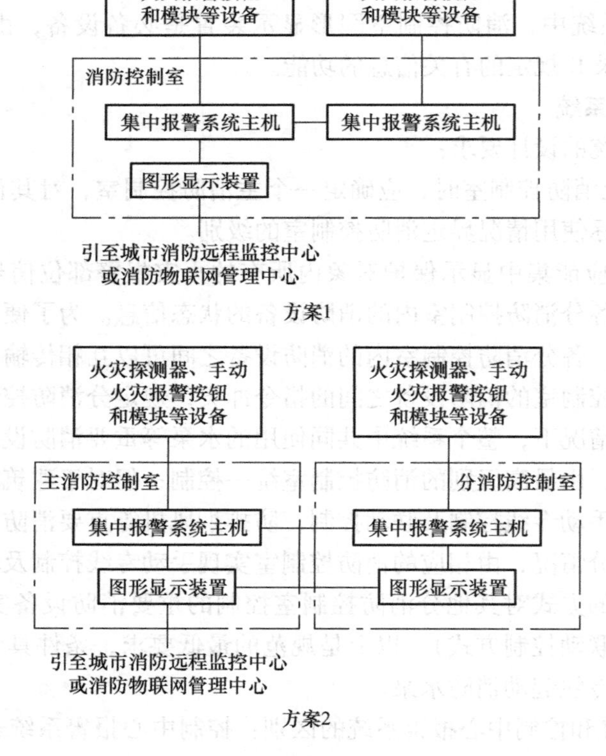

图 5-4 控制中心报警系统

5.3　报警区域和探测区域的划分

5.3.1　报警区域、探测区域的概念

报警区域：将火灾自动报警系统的警戒范围按防火分区或楼层等划分的单元。

探测区域：将报警区域按探测火灾的部位划分的单元。

5.3.2　报警区域的划分

通过报警区域把建筑的防火分区同火灾自动报警系统有机地联系起来。报警区域的划分主要是为了迅速确定报警及火灾发生的部位，并解决消防系统的联动设计问题。发生火灾时，发生火灾的防火分区及相邻的防火分区的消防设备需要联动协调工作。在火灾自动报警系统设计中，首先就是要正确地划分报警区域，确定相应的报警系统，才能使报警系统及时、准确地报出火灾发生的具体部位，就近采取措施，扑灭火灾。在美国、英国、日本、德国等发达国家，为了适合本国的建筑风格，都在本国的火灾自动报警系统设计规范中，对报警区域作了明确规定。例如，德国标准规定：安全防护区域必须划分为若干报警区域，而报警区域的划分应以能迅速确定报警及火灾发生的部位为原则。根据国内外的经验和我国消防法规的体系情况，在划分报警区域时要充分考虑建筑设计防火规范（包括 GB 50045—1995《高层民用建筑设计防火规范》2005 年版、GB 50016—2006《建筑设计防火规范》等）中有“防火分区”的概念，报警区域应以防火分区为基础。按常规，每个报警区域应设置一台区域报警控制器或区域显示盘，报警区域一般不得跨越楼层。因此，除了高层公寓和塔楼式住宅，一台区域报警控制器所警戒的范围一般不得跨越楼层。

新《火规》对报警区域的划分做出如下要求：

1）报警区域应根据防火分区或楼层划分，可将一个防火分区或一个楼层划分为一个报警区域，也可将发生火灾时需要同时联动消防设备的相邻几个防火分区或楼层划分为一个报警区域。

2）电缆隧道的一个报警区域宜由一个封闭长度区间组成，一个报警区域不应超过相连的3个封闭长度区间；道路隧道的报警区域应根据排烟系统或灭火系统的联动需要确定，且不宜超过150m。

3）甲、乙、丙类液体储罐区的报警区域应由一个储罐区组成，每个50 000m^3 及以上的外浮顶储罐应单独划分为一个报警区域。

4）列车的报警区域应按车厢划分，每节车厢应划分为一个报警区域。

5.3.3　探测区域的划分

每一个探测区域对应在火灾报警控制器（或楼层显示盘）上显示一个部位号。这样，才能迅速而准确地探测出火灾报警的具体部位。因此，在被保护的报警区域内应按顺序划分探测区域。国外规范也是这样规定的。

探测区域是火灾自动报警系统的最小单位，代表了火灾报警的具体部位。它能帮助值班人员及时、准确地到达火灾现场，采取有效措施，扑灭火灾。因此，在火灾自动报警系统设计时，必须严格按规范要求，正确划分探测区域。

为了迅速而准确地探测出被保护区内发生火灾的部位，需将被保护区按顺序划分成若干个探测区域。探测区域的划分应符合下列规定：

1）探测区域应按独立房（套）间划分。一个探测区域的面积不宜超过500m²；从主要入口能看清其内部，且面积不超过1000m² 的房间，也可划为一个探测区域。

2）红外光束感烟火灾探测器和缆式线型感温火灾探测器的探测区域的长度，不宜超过100m；空气管差温火灾探测器的探测区域长度宜为20～100m。

5.3.4 应单独划分探测区域的场所

应单独划分探测区域的场所：

1）敞开或封闭楼梯间、防烟楼梯间，属于疏散直接相关的场所。

2）防烟楼梯间前室、消防电梯前室、消防电梯与防烟楼梯间合用的前室、走道、坡道，属于疏散直接相关的场所。

3）电气管道井、通信管道井、电缆隧道，属隐蔽部位。

为便于条文的执行和理解，新《火规》将98版《火规》中的管道井细化为电气管道井和通信管道井。

4）建筑物闷顶、夹层，属隐蔽部位。

5.4 消防控制室

消防控制室是建筑消防系统的信息中心、控制中心、日常运行管理中心和各自动消防系统运行状态监视中心，也是建筑发生火灾和日常火灾演练时的应急指挥中心。在有远程监控系统的城市，消防控制室也是建筑与监控中心的接口。

5.4.1 消防控制室设置条件

设置消防控制室（如图5-5所示为消防控制室）的理由与条件：具有消防联动功能的火灾自动报警系统的保护对象中应设置消防控制室。

图5-5 消防控制室

消防控制室的设置应符合下列规定：

1）单独建造的消防控制室，其耐火等级不应低于二级。

2）附设在建筑内的消防控制室，宜设置在建筑内首层的靠外墙部位，也可设置在建筑物的地下一层，但应采用耐火极限不低于2.00h的隔墙和不低于1.50h的楼板与其他部位隔开，并应设置直通室外的安全出口。

3）严禁与消防控制室无关的电气线路和管路穿过。

4）不应设置在电磁场干扰较强及其他可能影响消防控制设备工作的设备用房附近。

5.4.2 设计要求

每个建筑使用性质和功能各不相同，其包括的消防控制设备也不尽相同。作为消防控制室，应集中控制、显示和管理建筑内的所有消防设施，包括火灾报警和其他联动控制装置的状态信息，并能将状态信息通过网络或电话传输到城市建筑消防设施远程监控中心。

消防控制室内设置的消防设备应包括火灾报警控制器、消防联动控制器、消防控制室图形显示装置、消防专用电话总机、消防应急广播控制装置、消防应急照明和疏散指示系统控制装置、消防电源监控器等设备，或具有相应功能的组合设备。消防控制室内设置的消防控制室图形显示装置应能显示表5-1中的建筑物内设置的全部消防系统及相关设备的动态信息和表5-2中的消防安全管理信息，并应为远程监控系统预留接口，同时应具有向远程监控系统传输表5-1和表5-2中的有关信息的功能。表5-1为火灾报警、建筑消防设施运行状态信息表，表5-2为消防安全管理信息表。

表5-1 火灾报警、建筑消防设施运行状态信息表

<table>
<tr><th colspan="2">设备名称</th><th>内　　容</th></tr>
<tr><td colspan="2">火灾探测报警系统</td><td>火灾报警信息、可燃气体探测报警信息、电气火灾监控报警信息、屏蔽信息、故障信息</td></tr>
<tr><td rowspan="8">消防联动控制系统</td><td>消防联动控制器</td><td>动作状态、屏蔽信息、故障信息</td></tr>
<tr><td>消火栓系统</td><td>消防水泵电源的工作状态，消防水泵的起、停状态和故障状态，消防水箱（池）水位、管网压力报警信息及消火栓按钮的报警信息</td></tr>
<tr><td>自动喷水灭火系统，水喷雾（细水雾）灭火系统（泵供水系统）</td><td>喷淋泵电源工作状态，喷淋泵的起、停状态和故障状态，水流指示器，信号阀、报警阀、压力开关的正常工作状态和动作状态</td></tr>
<tr><td>气体灭火系统、细水雾灭火系统（压力容器供水方式）</td><td>系统的手动、自动工作状态及故障状态，阀驱动装置的正常工作状态和动作状态，防护区域中的防火门（窗）、防火阀、通风空调等设备的正常工作状态和动作状态，系统的起/停信息，紧急停止信号和管网压力信号</td></tr>
<tr><td>泡沫灭火系统</td><td>消防水泵和泡沫液泵电源的工作状态，系统的手动、自动工作状态及故障状态，消防水泵及泡沫液泵的正常工作状态和动作状态</td></tr>
<tr><td>干粉灭火系统</td><td>系统的手动、自动工作状态及故障状态，阀驱动装置的正常工作状态和动作状态，系统的起/停信息，紧急停止信号和管网压力信号</td></tr>
<tr><td>防烟排烟系统</td><td>系统的手动、自动工作状态，防烟排烟风机电源的工作状态，风机电动防火阀、常闭送风口、排烟阀（口）、电动排烟窗、电动挡烟垂壁的工作状态和动作状态</td></tr>
<tr><td>防火门及卷帘系统</td><td>防火卷帘控制器、防火门监控器的工作状态和故障状态；卷帘门的工作状态，具有反馈信号的各类防火门、疏散门的工作状态和故障状态等动态信息</td></tr>
</table>

（续）

设备名称		内　容
消防联动控制系统	消防电梯	消防电梯的停用和故障状态
	消防应急广播	消防应急广播的起动、停止和故障状态
	消防应急照明和疏散指示系统	消防应急照明和疏散指示系统的故障状态和应急工作状态
	消防电源	系统消防用电设备的供电电源和备用电源工作状态和欠电压报警信息

表 5-2　消防安全管理信息表

序号	名　称		内　容
1	基本情况		单位名称、编号、类别、地址、联系电话、邮政编码，消防控制室电话：单位职工人数、成立时间、上级主管（或管辖）单位名称、占地面积、总建筑面积、单位总平面图（含消防通道、毗邻建筑等）；单位法人代表、消防安全责任人、消防安全管理人及专兼职消防管理人的姓名、身份证号码、电话
2	主要建（构）筑物等信息	建（构）筑物	建筑物名称、编号、使用性质、耐火等级、结构类型、建筑高度、地上层数及建筑面积、地下层数及建筑面积、隧道高度及长度等、建造日期、主要储存物及数量、建筑物内最大容纳人数、建筑立面图及消防设施平面布置图；消防控制室位置、安全出口的数量、位置及形式（指疏散楼梯）；毗邻建筑的使用性质、结构类型、建筑高度、与本建筑的间距
		堆场	堆场名称、主要堆放物品名称、总储量、最大堆高、堆场平面图（含消防车道、防火间距）
		储罐	储罐区名称、储罐类型（指地上、地下、立式、卧式、浮顶、固定顶等）、总面积、最大单罐容积及高度、储存物名称、性质和形态、储罐区平面图（含消防车道、防火间距）
		装置	装置区名称、占地面积、最大高度、设计日产量、主要原料、主要产品、装置区平面图（含消防车道、防火间距）
3	单位（场所）内消防安全重点部位信息		重点部位名称、所在位置、使用性质、建筑面积、耐火等级、有无消防设施、责任人姓名、身份证号码及联系电话
4	室内外消防设置信息	火灾自动报警系统	设置部位、系统形式、维保单位名称、联系电话；控制器（含火灾报警、消防联动、可燃气体报警、电气火灾监控等）、探测器（含火灾探测、可燃气体探测、电气火灾检测等）、手动火灾报警按钮、消防电气装置等的类型、型号、数量、制造商等；火灾自动报警系统图
		消防水源	市政给水管网形式（指环状、支状）及管径、市政管网向建（构）筑物供水的进水管数量及管径、消防水池位置及容量、屋顶水箱位置及容量、其他水源形式及供水量、消防泵房设置位置及水泵数量、消防给水系统平面图
		室外消火栓	室外消火栓管网形式（指环状、支状）及管径、消火栓数量、室外消火栓平面图
		室内消火栓系统	室内消火栓管网形式（指环状、支状）及管径、消火栓数量、水泵接合器位置及数量、有无于本系统相连的屋顶消防水箱
		自动喷水灭火系统（含雨淋、水幕）	设置部位、系统形式（指湿式、干式、预作用、开式、闭式等）、报警阀位置及数量、水泵接合器位置及数量、有无于本系统相连的屋顶消防水箱、自动喷水灭火系统图

5.4.3　消防控制室内设备的布置

根据对重点城市、重点工程消防控制室设置情况的调查，不同地区、不同工程消防控制室的规模差别很大，控制室面积有的大到60~80m²，有的小到10m²。面积大了造成一定的浪费，面积小了又影响消防值班人员的工作。为满足消防控制室值班维修人员工作的需要，便于设计部门各专业协调工作，参照建筑电气设计的有关规程，新《火规》从使用的角度对建筑内消防控制设备的布置及操作、维修所必需的空间作了原则性规定，以便使建设、设计、规划等有章可循，使消防控制室的设计既满足工作的需要，又避免浪费。

1）设备面盘前的操作距离，单列布置时不应小于1.5m；双列布置时不应小于2m。

2）在值班人员经常工作的一面，设备面盘至墙的距离不应小于3m。

3）设备面盘后的维修距离不宜小于1m。

4）设备面盘的排列长度大于4m时，其两端应设置宽度不小于1m的通道。

5）与建筑其他弱电系统合用的消防控制室内，消防设备应集中设置，并应于其他设备间有明显间隔。

5.4.4　消防控制室的显示与控制

消防控制室的显示与控制，应符合现行国家标准GB 25506《消防控制室通用技术要求》的有关规定。《消防控制室通用技术要求》适用于GB 50116中规定的集中报警系统、控制中心报警系统中的消防控制室或消防控制中心。图5-6所示为消防控制室内设备的布置要求。

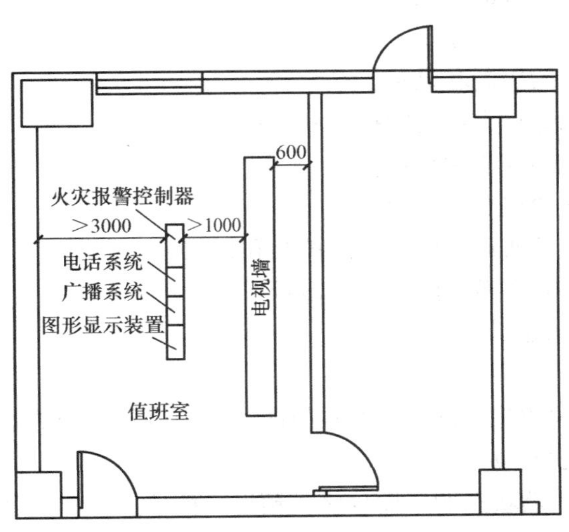

图5-6　消防控制室内设备的布置要求

1. 消防控制室图形显示装置

消防控制室图形显示装置应符合下列要求：

1）应能显示建（构）筑物竣工后的总平面布局图、应急疏散预案、消防安全组织结构图、消防设施一览表、设备运行状况、接报警记录等有关管理信息，以及消防安全管理信息。

2）应能用同一界面显示建（构）筑物周边消防车道、消防登高车操作场地、消防水源位置，以及相邻建筑的防火间距、建筑面积、建筑高度和使用性质等情况。

3）应能显示消防系统及设备的名称、位置，火灾探测报警系统、消防联动控制、消防电话总机、消防应急广播系统、消防应急照明和疏散指示系统控制装置、消防电源监控器的动态信息。

4）当有火灾报警信号、监管报警信号、反馈信号、屏蔽信号、故障信号输入时，应有相应状态的专用总指示，在总平面布局图中应显示输入信号的建（构）筑物的位置，在建筑平面图上应显示输入信号所在的位置和名称，并记录时间、信号类别和部位等信息。

5）应在10s内显示输入的火灾报警信号和反馈信号的状态信息，100s内显示其他输入信号的状态信息。

6）应采用有中文标注的界面或中文界面，界面对角线长度不应小于430mm。

7）应能显示可燃气体探测报警系统、电气火灾监控系统的报警信息、故障信息和相关联动反馈信息。

2. 火灾探测报警系统

火灾报警控制器应能显示火灾探测器、火灾显示盘、手动火灾报警按钮的正常工作状态、火灾报警状态、屏蔽状态及故障状态等相关信息；应能控制火灾声和（或）光警报器起动和停止。

3. 消防联动控制系统

1）应能将消防系统及设备的状态信息传输到消防控制室图形显示装置。

2）对自动喷水灭火系统的控制和显示。

3）对消火栓系统的控制和显示。

4）对气体灭火系统的控制和显示。

5）对水喷雾、细水雾灭火系统的控制和显示。

6）对泡沫灭火系统的控制和显示。

7）对干粉灭火系统的控制和显示。

8）对防烟排烟系统及通风空调系统的控制和显示。

9）对防火门及防火卷帘系统的控制和显示。

10）对电梯的控制和显示。

4. 消防电话总机

应能显示消防电话的故障状态，并能将故障状态信息传输给消防控制室图形显示装置。

5. 消防应急广播系统装置

应能显示处于应急广播状态的广播分区、预设广播信息；应能分别通过手动和按照预设控制逻辑自动控制选择广播分区、起动或停止应急广播，并能在扬声器进行应急广播时自动对广播内容进行录音；应能显示应急广播的故障状态，并能将故障状态信息传输给消防控制室图形显示装置。

6. 消防应急照明和疏散指示系统控制装置

应能手动控制自带电源型消防应急照明和疏散指示系统的正常工作状态和应急工作状态的转换；应能分别通过手动和自动控制集中电源型消防应急照明和疏散指示系统及集中控制

型消防应急照明和疏散指示系统从正常工作状态切换到应急工作状态；受消防联动控制器控制的系统应能将系统的故障状态和应急工作状态信息传输给消防控制室图形显示装置；不受消防联动控制器控制的系统应能将系统的故障状态和应急工作状态信息传输给消防控制室图形显示装置。

7. 消防电源监控器

应能显示消防用电设备的供电电源和备用电源的工作状态和欠电压报警信息；应能显示消防用电设备的供电电源和备用电源的工作状态和故障报警信息，并传输给消防控制室图形显示装置。

5.4.5　消防控制室的信息记录、信息传输

消防控制室的信息记录、信息传输，应符合现行国家标准 GB 25506《消防控制室通用技术要求》的有关规定。

消防控制室信息记录要求：

1）应记录建筑消防设施运行状态信息，记录容量不应少于10000条，记录备份后方可被覆盖。

2）应具有产品维护保养的内容和时间、系统程序的进入和退出时间、操作人员姓名或代码等内容的记录，存储记录容量不应少于10 000条，记录备份后方可被覆盖。

3）应记录消防安全管理信息及系统内各个消防设备（设施）的制造商、产品有效期，存储记录容量不应少于10 000条，记录备份后方可被覆盖。

4）应能对历史记录打印归档或刻录存盘归档。

信息传输要求：

1）消防控制室图形显示装置应能在接收到火灾报警信号或联动信号后10s内将相应信息按规定的通信协议格式传送给监控中心。

2）消防控制室图形显示装置应能在接收到建筑消防设施运行状态信息后100s内将相应信息按规定的通信协议格式传送给监控中心。

3）当具有自动向监控中心传输消防安全管理信息功能时，消防控制室图形显示装置应能在发出传输信息指令后100s内将相应信息按规定的通信协议格式传送给监控中心。

4）消防控制室图形显示装置应能接收监控中心的查询指令并按规定的通信协议格式将建筑消防设施运行状态信息、消防安全管理信息传送给监控中心。

5）消防控制室图形显示装置应有信息传输指示灯，在处理和传输信息时，该指示灯应闪亮，在得到监控中心的正确接收确认后，该指示灯应常亮并保持直至该状态复位。当信息传送失败时应有声、光指示。

6）火灾报警信息应优先于其他信息传输。

7）消防控制室的信息传输不应受保护区域内消防系统及设备任何操作的影响。

5.4.6　消防控制室资料

消防控制室内应保存下列纸质和电子档案资料：

1）建（构）筑物竣工后的总平面布局图、建筑消防设施平面布置图、建筑消防设施系统图及安全出口布置图和重点部位位置图等。

2）消防安全管理规章制度、应急灭火预案和应急疏散预案等。

3）消防安全组织结构图，包括消防安全责任人、管理人、专职和义务消防人员等内容。

4）消防安全培训记录、灭火和应急疏散预案的演练记录。

5）值班情况、消防安全检查情况及巡查情况的记录。

6）消防设施一览表，包括消防设施的类型、数量和状态等内容。

7）消防系统控制逻辑关系说明、设备使用说明书、系统操作规程、系统和设备维护保养制度等。

8）设备运行状况、接报警记录、火灾处理情况、设备检修检测报告等资料，这些资料应能定期保存和归档。

5.4.7 消防控制室管理及应急程序

消防控制室管理应实行每日24h专人值班制度，每班不应少于2人；火灾自动报警系统和灭火系统应处于正常工状态；高位消防水箱、消防水池、气压水罐等消防储水设施应水量充足，消防泵出水管阀门、自动喷水灭火系统管道上的阀门常开；消防水泵、防排烟风机、防火卷帘等消防用电设备的配电柜开关处于自动（接通）位置。

消防控制室的值班应急程序：接到火灾警报后，值班人员应立即以最快方式确认；在火灾确认后，立即将火灾报警联动控制开关转入自动状态（处于自动状态的除外），同时拨打“119”报警；还应立即起动单位内部应急疏散和灭火预案，同时报告单位负责人。

5.4.8 其他

1）消防控制室应设用于火灾报警的外线电话以便于确认火灾后及时报警得到消防部队的救援。

2）消防控制室是平常以及发生火灾时都必须保证运行的地方，需要绝对的安全。火灾情况下，空调系统的送、排风管很快成为高温烟气快速流动的通道，为了确保消防控制室的安全，在通风管道上应设置防火阀。

3）为了确保消防控制室的安全，应尽量避免和减少各种可能影响消防设备运行的安全隐患。强电线路电压等级比火灾自动报警系统等电子设备高，应尽量隔离，水管的隐患更是不言而喻。因此，不是直接服务于消防控制室的管线（包括电缆、电线、水管、风管等）都不应穿过。

4）电磁场可能干扰火灾自动报警系统设备的正常工作，所以，为保证系统设备正常运行，要求消防控制室周围不布置场强超过消防控制室设备承受能力的其他设备用房。

复习思考题

1. 消防控制室一般要求有哪些？
2. 消防控制设备的接地有什么要求？
3. 消防控制室内设备安装有何规定？

第6章　电气火灾监控系统

6.1　概述

根据我国近几年的火灾统计，电气火灾年均发生次数占火灾年均总发生次数的30%左右，占重特大火灾总发生次数的80%左右，居各火灾原因之首位，且损失占火灾总损失的53%，而发达国家每年电气火灾发生次数仅占总火灾发生次数的8%～13%。

从引发火灾的3个主要原因电气故障、违章作业和用火不慎来看，由于电气故障原因引发的火灾居于首位。而电气故障引发火灾的原因是多方面的，主要包括电缆老化、施工的不规范和电气设备故障等。

电气火灾一般初起于电气柜、电缆隧道等内部，当火蔓延到设备及电缆表面时，已形成较大火势，此时往往已不易被控制，扑灭电气火灾的最好时机已经错过。而电气火灾监控系统能在发生电气故障，产生一定电气火灾隐患的条件下发出报警，提醒专业人员排除电气火灾隐患，实现电气火灾的早期预防，避免电气火灾的发生，因此具有很强的电气防火预警的特殊实用功能。通过合理设置电气火灾监控系统，可以有效探测供电线路及供电设备故障，以便一及时处理，避免电气火灾的发生。

在发生过电流、接触不良等渐变型电气故障时，会导致电缆接头、接线端子等部位温度的升高，当温度升高到一定程度即可能引燃周围的可燃物，从而引发电气火灾。在电缆接头、端子等薄弱部位设置测温式电气火灾监控探测器可以有效监测这些部位的温度变化，在温度达到一定阈值时做出报警响应，从而消除这类电气故障带来的电气火灾隐患。

漏电一般是指供电线路中相间或相地间绝缘不够，或电气设备中的相与电气设备外壳间绝缘不够，而产生的放电电流。局部漏电会加速电气线路绝缘性能下降，从而造成漏电流的逐渐增加，最终造成故障电弧引燃周围的可燃物，继而引发火灾。因此在供电线路中设置剩余电流式电气火灾探测器可以有效监控供电线路泄漏电流值的变化，在泄漏电流达到一定阈值后做出报警响应；在供电线路中设置故障电弧式电气火灾探测器可以有效监控保护线路的故障电弧的发生，从而最终消除这类电气故障造成的电气火灾隐患。

根据GB 14287.1—2005《电气火灾监控系统第1部分：电气火灾监控设备》的定义，电气火灾监控系统是当被保护线路中的被探测参数超过报警设定值时，能发出报警信号、控制信号并能指示报警部位的系统，它由电气火灾监控设备、电气火灾监控探测器组成。

电气火灾监控设备：它是能接收来自电气火灾监控探测器的报警信号，发出声、光报警信号和控制信号，指示报警部位，记录并保存报警信息的装置。

电气火灾监控探测器：它是探测被保护线路中的剩余电流、温度等电气火灾危险参数变化的探测器。

6.2　电气火灾监控系统组成与分类

6.2.1　电气火灾监控系统组成

电气火灾监控系统由下列部分或全部设备组成：

1）电气火灾监控器。电气火灾监控器用于向所连接的电气火灾监控探测器的供电，能接收来自电气火灾监控探测器的报警信号，发出声、光报警信号和控制信号，指示报警部位，记录并保存报警信息。

2）剩余电流式电气火灾监控探测器。

3）测温式电气火灾监控探测器。

4）故障电弧式电气火灾监控探测器。

5）热解粒子式电气火灾监控探测器。

6）电气防火限流式保护器。

7）当线型感温火灾探测器用于电气火灾监控时，可接入电气火灾监控器。

其中，系统中 1)、2)、3）类产品为目前广泛使用且有现行国家标准要求的用于电气保护的电气火灾监控产品，4)、5)、6）类产品为新兴技术的产品，相关国家标准在制定和发布过程中，也将陆续进入市场应用阶段。图 6-1 所示为电气火灾监控系统图。

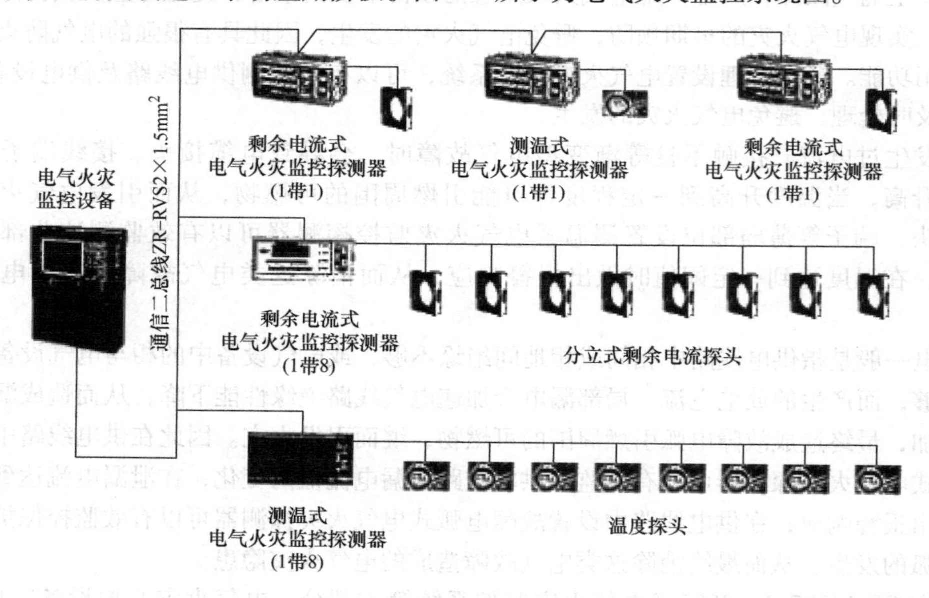

图 6-1　电气火灾监控系统图

6.2.2　电气火灾监控系统分类

电气火灾监控探测器按工作方式分类：

1）独立式电气火灾监控探测器，即可以自成系统，不需要配接电气火灾监控设备，独立探测保护对象电气火灾危险参数变化，并能发出声、光报警信号的探测器。

2）非独立式电气火灾监控探测器，即自身不具有报警功能，需要配接电气火灾监控设备组成系统。

按工作原理分类：

1）剩余电流式电气火灾监控探测器，即当被保护线路的相线直接或通过非预期负载对大地接通，而产生近似正弦波形且其有效值呈缓慢变化的剩余电流，当该电流大于预定数值时即自动报警的电气火灾监控探测器。

2）测温式（过热保护式）电气火灾监控探测器，即当被保护线路的温度高于预定数值时，自动报警的电气火灾监控探测器。

3）故障电弧式电气火灾监控探测器，即当被保护线路上发生故障电弧时，发出报警信号的电气火灾监控探测器。

4）热解粒子式电气火灾监控探测器，即监测被保护区域中电线电缆、绝缘材料和开关插座由于异常温度升高而产生的热解粒子浓度变化的探测器，一般由热解粒子传感器和信号处理单元组成。

6.3　电气火灾监控系统设置

6.3.1　一般规定

1. 设置原则

电气火灾监控系统应根据建筑物的性质及电气火灾危险性设置，并应根据电气线路敷设和用电设备的具体情况，确定电气火灾监控探测器的形式与安装位置。在无消防控制室且电气火灾监控探测器设置数量不超过 8 个时，可采用独立式电气火灾监控探测器。

2. 设计要求

电气火灾监控系统属于火灾预报警系统，是火灾自动报警系统的独立子系统。安装电气火灾监控系统可以有效地遏制电气火灾事故的发生，保障国家财产和人民的生命财产安全。在工程设计中，应根据建筑物的性质、发生电气火灾危险性等项目实际情况，科学合理地设计电气火灾监控系统，既做到有效预防电气火灾的发生，又能避免不合理设置带来的浪费，真正体现经济合理的系统设计原则。

电气火灾监控系统一般采用分级保护，低压配电线路根据具体情况采用二级或三级保护，在总电源端、分支线首端或线路末端安装电气火灾监控探测器，并由此组成电气火灾监控系统。

应根据工程规模和需要检测电气火灾的部位，确定采用独立式探测器或非独立式探测器。应根据电气敷设和用电设备具体情况，确定电气火灾监控探测器的形式与安装位置。

在设置消防控制室的场所，应将电气火灾监控系统的工作状态信息传输给消防控制室，在消防控制室图形显示装置上显示；但该类信息与火灾报警信息的显示应有区别，这样有利于整个消防系统的管理和应急预案的实施。

3. 设计提示

1）非独立式电气火灾监控探测器，应接入电气火灾监控器，不应接入火灾报警控制器的探测器回路。

电气火灾监控系统的设置不应影响供电系统的正常工作，不宜自动切断供电电源。明确电气火灾监控系统作为电力供电系统的保障型系统，不能影响正常供电系统的工作。除非确定使用单位发生电气故障后可以切断供电电源，否则不能在报警后就切断供电电源。电气火灾监控探测器一旦报警，表示其监视的保护对象发生了异常，产生了一定的电气火灾隐患，容易引发电气火灾，但是并不能表示已经发生了火灾，因此报警后没有必要自动切断保护对象的供电电源，只要提醒维护人员及时查看电气线路和设备，排除电气火灾隐患即可。

2）当线型感温火灾探测器用于电气火灾监控时，可接入电气火灾监控器。

线型感温火灾探测器的探测原理与测温式电气火灾探测器的探测原理相似，因此工程上经常会有使用线型感温火灾探测器进行电气火灾隐患的探测。在这种情况下，线型感温火灾探测器的报警信号可接入电气火灾监控器。

3）应加强电弧式电气火灾监控探测器的工程应用。不论哪种电气故障引发的火灾，最终引燃可燃物的均是由于电气设备或线路的故障电弧。因此要想有效降低电气火灾的发生几率，最行之有效的手段就是电弧式电气火灾监控探测器的有效应用。然而，由于故障电弧的识别有一定的技术难度，目前我国尚无相对成熟的产品。相信在不远的将来，随着技术的进步，该类产品的工程应用将大大改善我国电气火灾防控的现状。

4. 工程案例

图 6-2 电气火灾监控系统图Ⅰ，图 6-3 为电气火灾监控系统图Ⅱ，图 6-4 为电气火灾监控系统图Ⅲ，图 6-5 为电气火灾监控系统图Ⅳ。

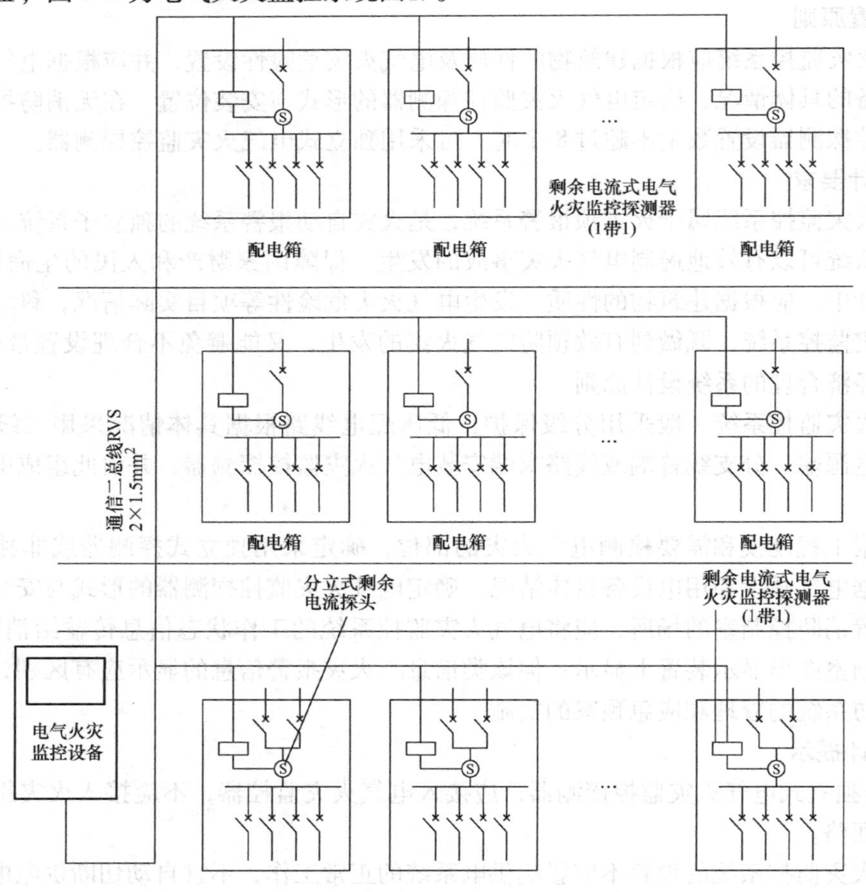

图 6-2　电气火灾监控系统图Ⅰ

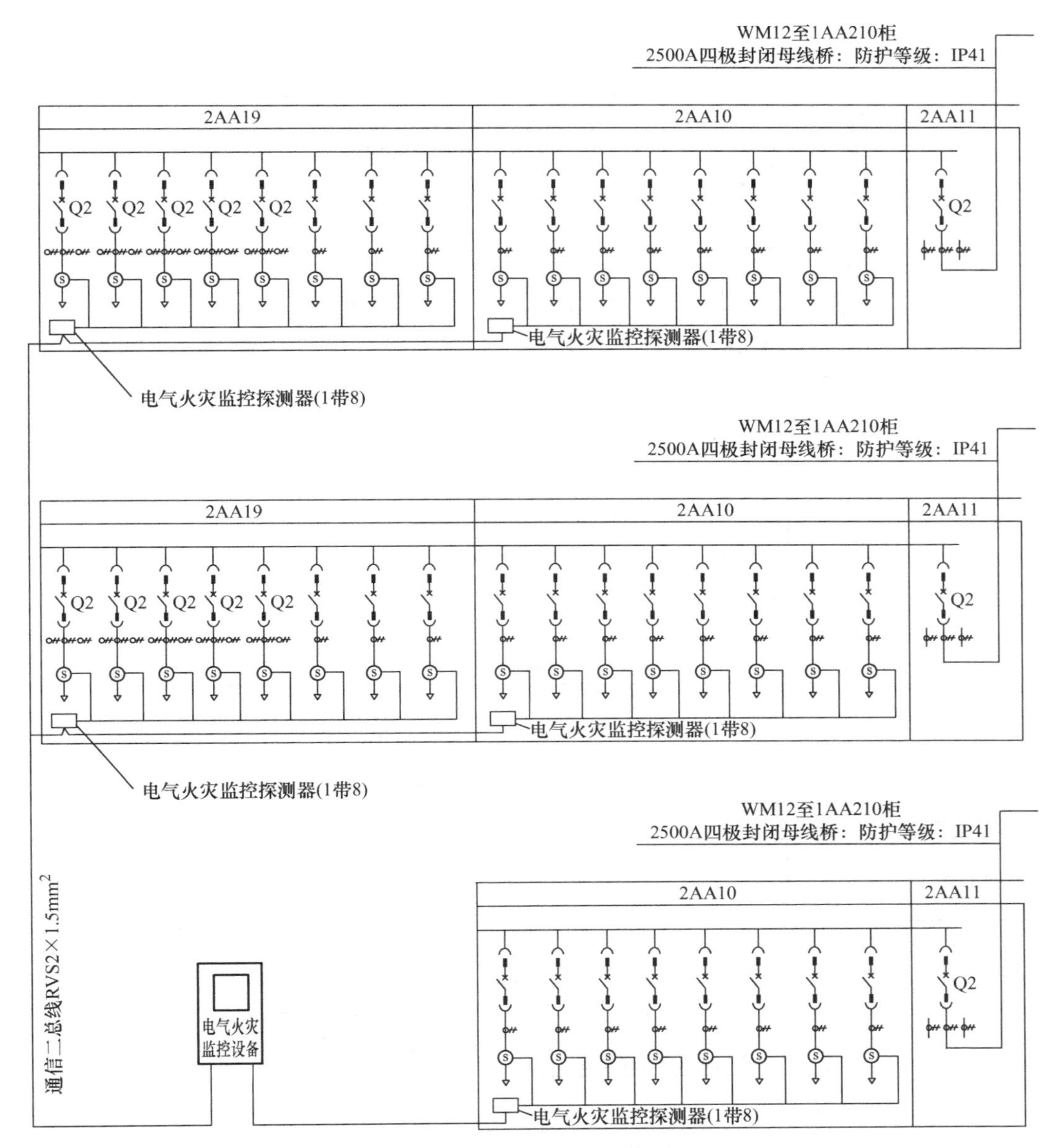

图6-3　电气火灾监控系统图Ⅱ

5. 独立式电气火灾监控探测器的设置

设置原则：独立式电气火灾监控探测器能够独立完成探测和报警功能，所以探测器的设置应符合新《火规》的规定。

设计要求：

1）设有火灾自动报警系统时，独立式电气火灾监控探测器的报警信息和故障信息应在消防控制室图形显示装置或集中火灾报警控制器上显示，但该类信息与火灾报警信息的显示有区别。

2）未设火灾自动报警系统时，独立式电气火灾监控探测器应将报警信号传至有人值班的场所。

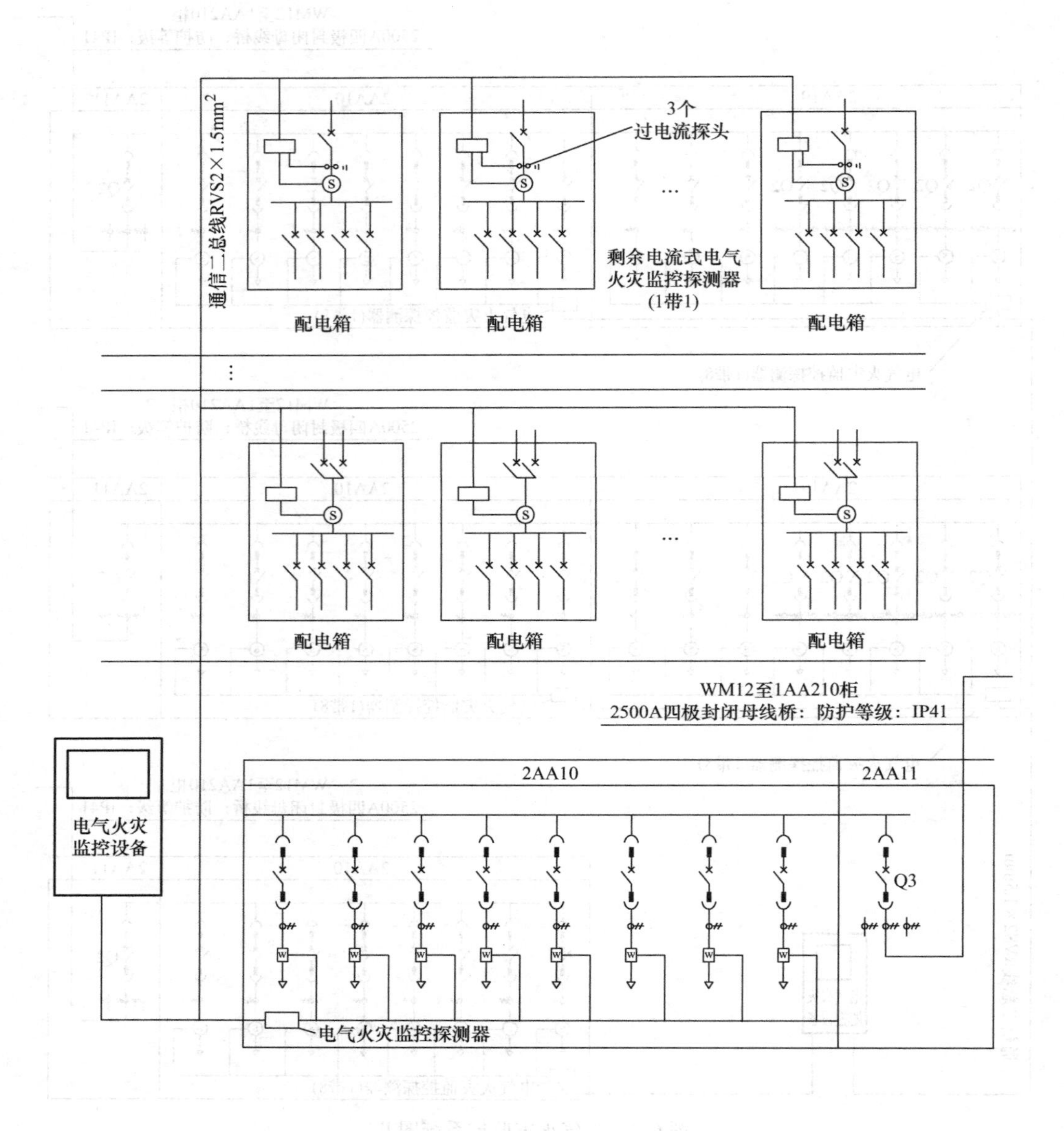

图 6-4　电气火灾监控系统图Ⅲ

6. 电气火灾监控器的设置

电气火灾监控器是发出报警信号并对报警信息进行统一管理的设备，因此该设备应设置在有人值班的场所。一般情况下，可设置在保护区域附近或消防控制室。在有消防控制室的场所，电气火灾监控器发出的报警信息和故障信息应能在消防控制室内的火灾报警控制器或消防控制室图形显示装置上显示，但应与火灾报警信息和可燃气体报警信息有明显区别。设置在保护区域附近主要是因为电气故障时，需要电工处理。信号给消防控制室内有利于整个消防系统的管理和应急预案的实施。

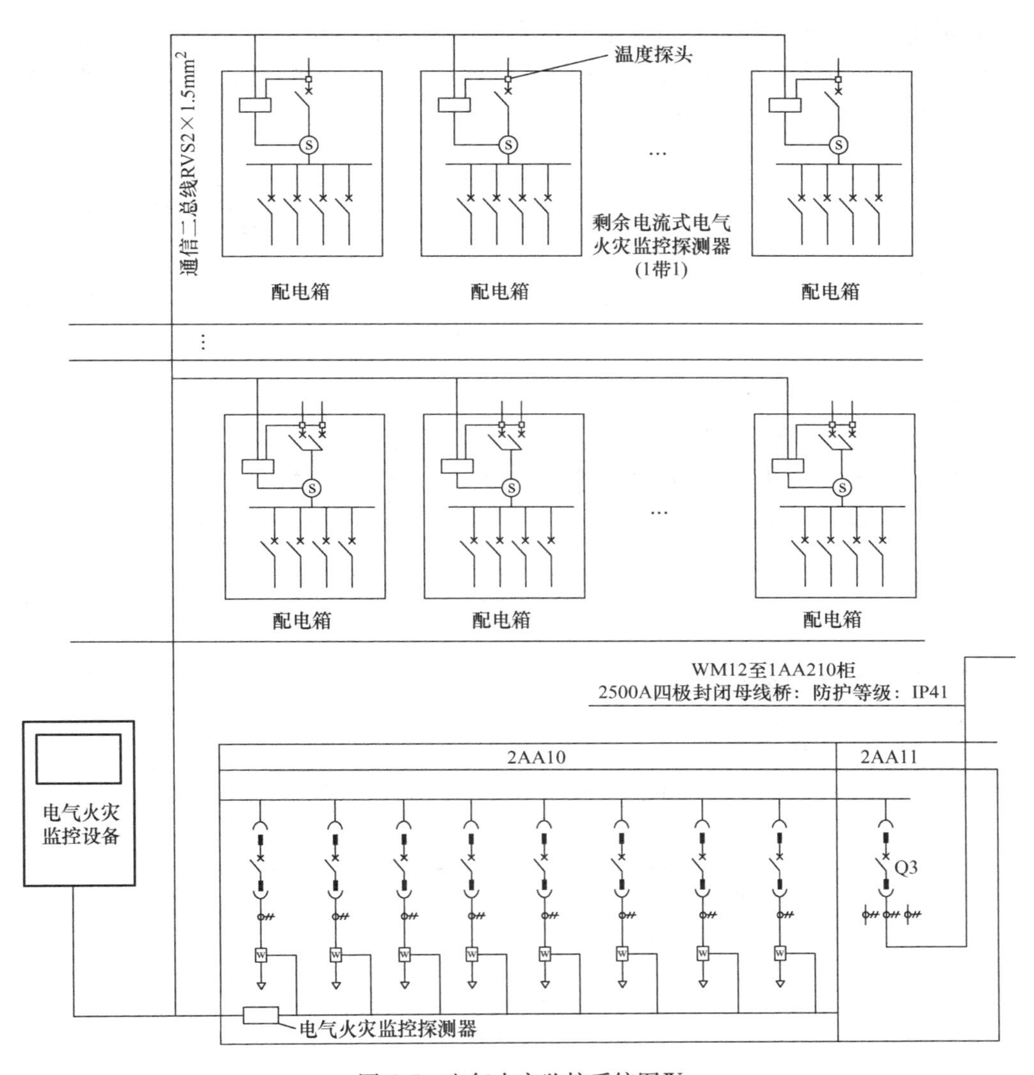

图6-5　电气火灾监控系统图Ⅳ

6.3.2　剩余电流式电气火灾监控探测器的设置

1. 设置原则

剩余电流式电气火灾监控探测器设置在低压配电系统首端时，宜设置在第一级配电柜（箱）的出线端（见图6-6、图6-7、图6-8）。在供电线路泄漏电流大于500mA时，宜在其下一级配电柜（箱）设置。图6-6为剩余电流式电气火灾监控探测器设置在一级配电柜出线端Ⅰ，图6-7为剩余电流式电气火灾监控探测器设置在一级配电柜出线端Ⅱ，图6-8为剩余电流式电气火灾监控探测器设置在一级配电柜出线端Ⅲ。

2. 设计要求

选择剩余电流式电气火灾监控探测器时，应计算供电系统自然泄露电流的影响，并应选择参数合适的探测器；探测器报警值宜为300～500mA。此值的规定是根据泄漏电流达到

300mA 就可能会引起火灾的特性，考虑到每个供电系统都存在自然泄漏电流，而且自然泄漏电流根据线路上负载的不同而有很大差别，一般可达 100 ~ 200mA。可考虑剩余电流报警阈值随动技术软件应用，减少误报警。

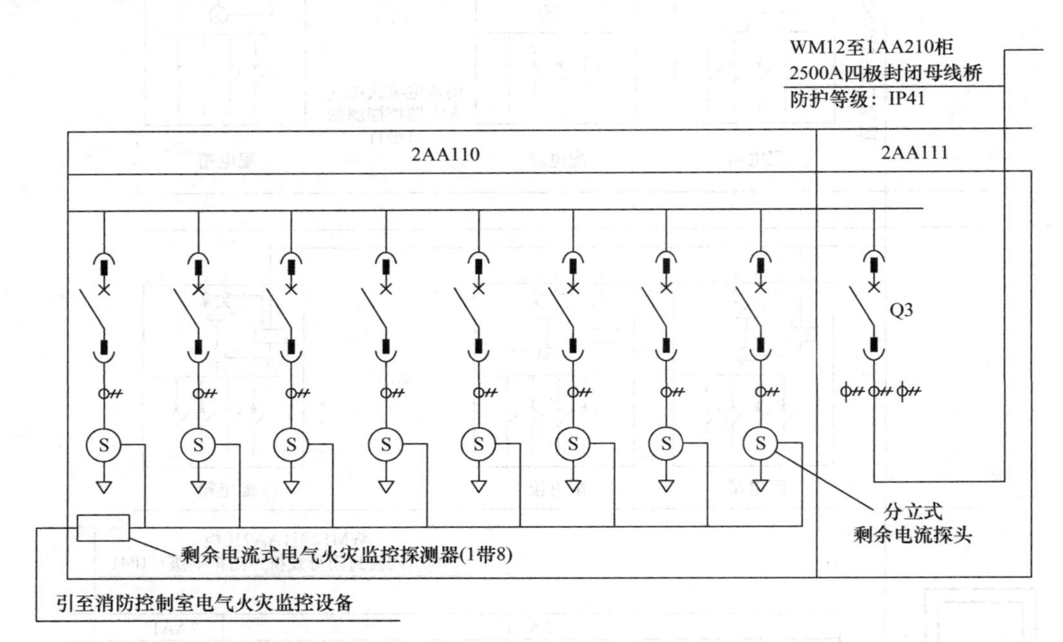

图 6-6　剩余电流式电气火灾监控探测器设置在一级配电柜出线端 Ⅰ

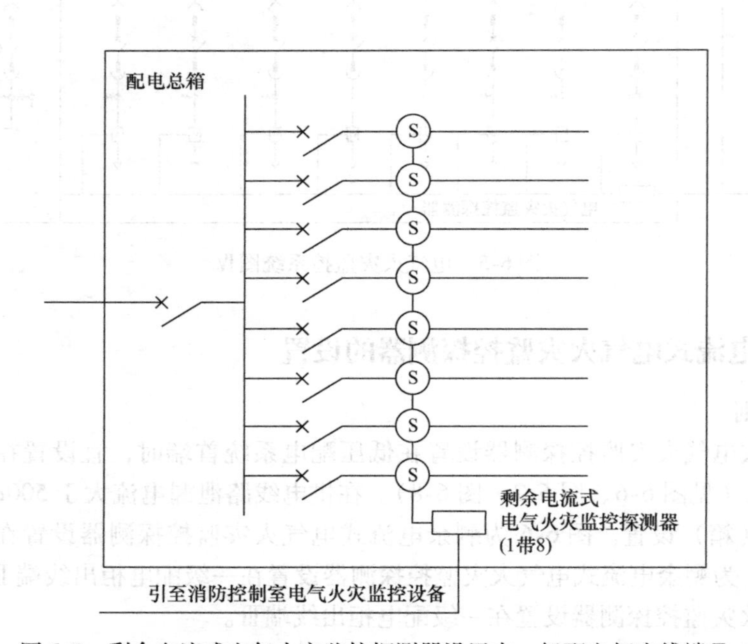

图 6-7　剩余电流式电气火灾监控探测器设置在一级配电柜出线端 Ⅱ

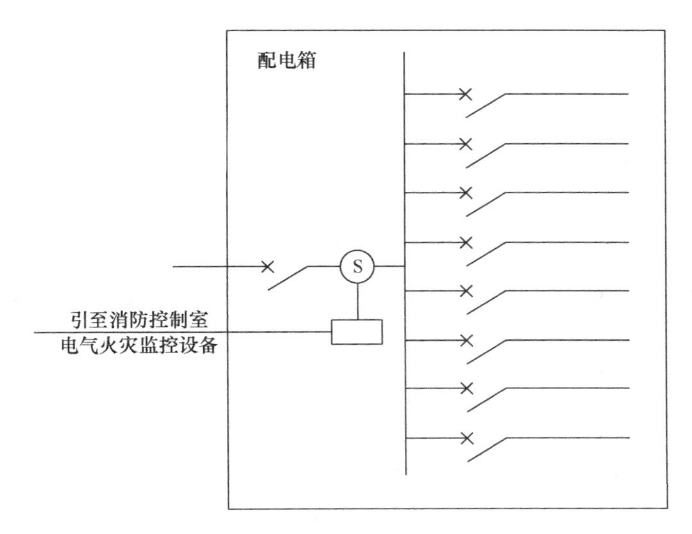

图6-8 剩余电流式电气火灾监控探测器设置在一级配电柜出线端Ⅲ

6.3.3 测温式电气火灾监控探测器的设置

1. 设置原则

根据对供电线路发生的火灾统计，在供电线路本身发生过负荷时，接头部位反应最强烈，因此保护供电线路过负荷时，应重点监控其接头部位的温度变化。故测温式电气火灾监控探测器应设置在电缆接头、端子、重点发热部件等部位。

设置位置为金属部分时，温度传感器应具有3000V以上耐压，并需要具有电力施工资质的单位和人员操作。若温度传感器设置在以上部位的绝缘部分时，温度传感器应具有1500V以上耐压。

测温式电气火灾监控探测器设置在一级配电柜出线端，如图6-9、图6-10所示。

2. 设计要求

测温式电气火灾监控探测器的探测原理是监测保护对象的温度变化，因此探测器应采用接触保护对象的电缆接头、电缆本体或开关等容易发热的部位的方式设置：

1）保护对象为1000V及以下的配电线路测温式电气火灾监控探测器应采用接触式布置。

2）保护对象为1000V以上的供电线路，测温式电气火灾监控探测器宜选择光栅光纤测温式或红外测温式电气火灾监控探测器，光栅光纤测温式电气火灾监控探测器应直接设置在保护对象的表面。

若采用线型感温火灾探测器，为便于统一管理，宜将其报警信号接入电气火灾监控器。图6-9所示为测温式电气火灾监控探测器设置在一级配电柜出线端Ⅰ，图6-10所示为测温式电气火灾监控探测器设置在一级配电柜出线端Ⅱ，图6-11所示为测温式电气火灾监控探测器设置在一级配电柜出线端Ⅲ。

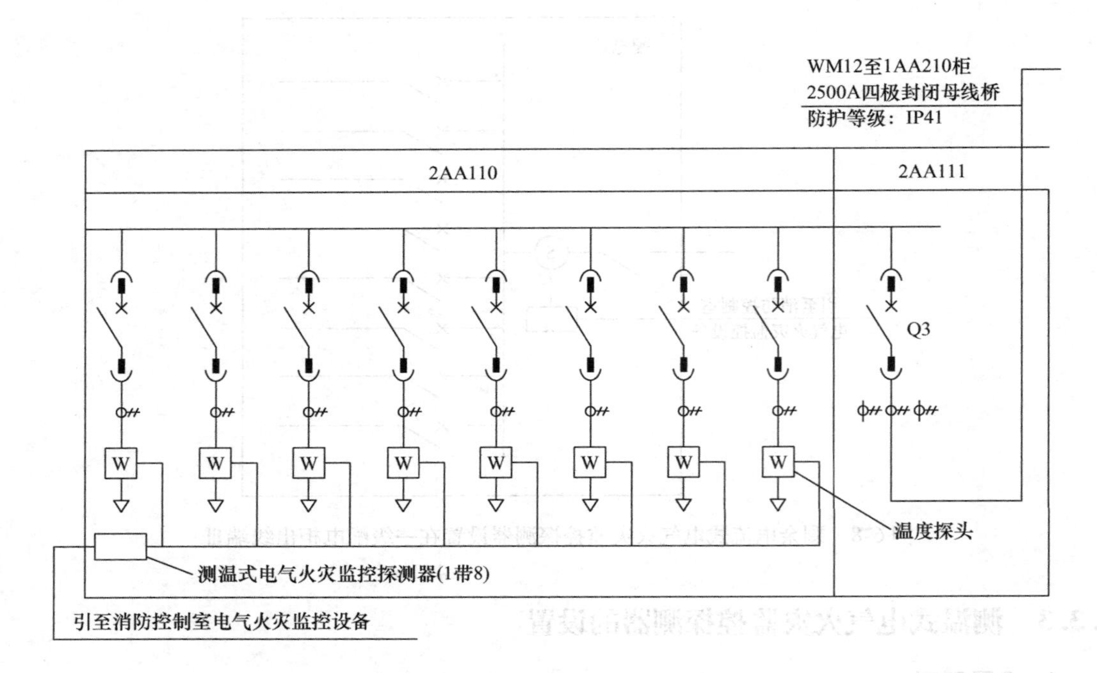

图 6-9　测温式电气火灾监控探测器设置在一级配电柜出线端Ⅰ

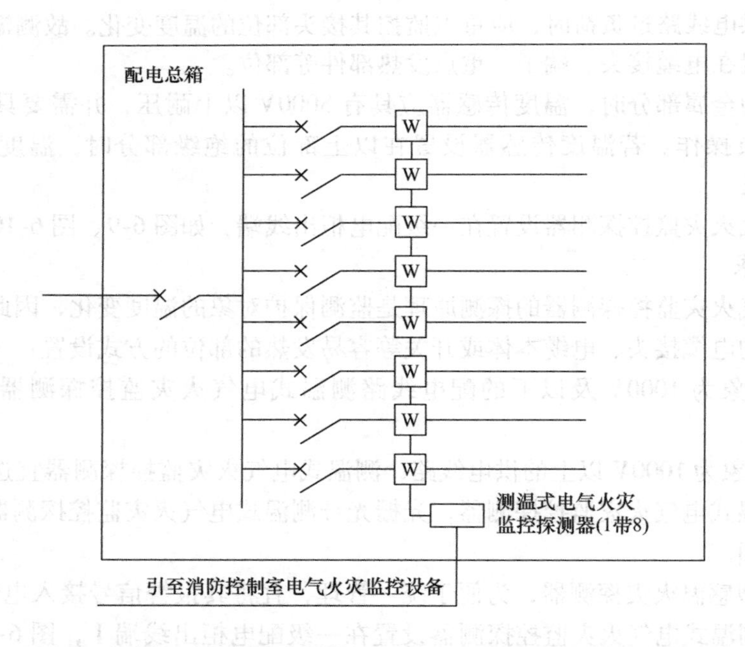

图 6-10　测温式电气火灾监控探测器设置在一级配电柜出线端Ⅱ

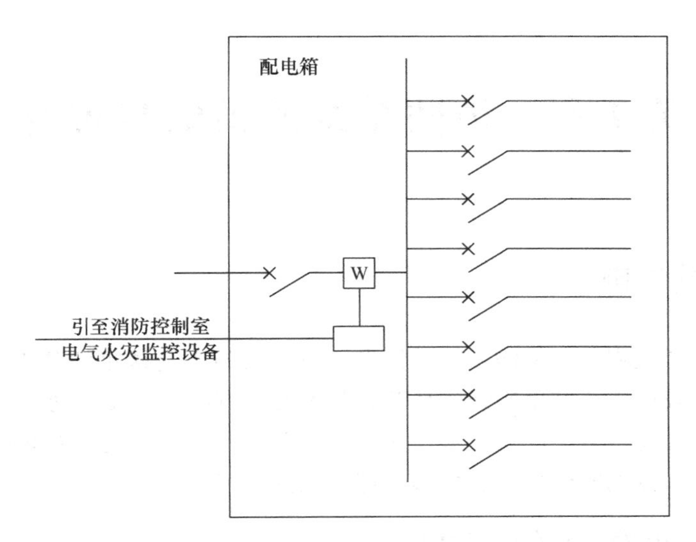

图 6-11　测温式电气火灾监控探测器设置在一级配电柜出线端Ⅲ

复习思考题

1. 电气火灾监控系统由哪几部分组成？
2. 电气火灾监控系统的设置位置具体有哪些？

第7章　消防系统的供电与布线

7.1　消防系统供电

消防工程是安全工程，而消防系统的供电、设计与施工是楼宇消防工程中工作量较大、要求较高、牵涉面较广、关联度较强的环节，其重要性可谓牵一发而动全身。确保消防供电的可靠性，既要符合现行有关规范要求，又要以性能化建筑防火设计为准则，根据工程的具体实际，机动灵活，做到安全可靠、科学合理、经济实用。

7.1.1　火灾自动报警系统的电源要求

火灾自动报警系统应设置交流电源和蓄电池备用电源。蓄电池备用电源主要用于停电条件下保证火灾自动报警系统的正常工作。

交流电源应采用消防电源，备用电源可采用火灾报警控制器和消防联动控制器自带的蓄电池电源或消防设备应急电源。当备用电源采用消防设备应急电源时，火灾报警控制器和消防联动控制器应采用单独的供电回路，并应保证在系统处于最大负载状态下不影响火灾报警控制器和消防联动控制器的正常工作。

剩余电流动作保护和过负荷保护装置一旦报警会自动切断电源，因此火灾自动报警系统主电源不应采用剩余电流动作保护和过负荷保护装置保护。

7.1.2　消防控制室图形显示装置、消防通信设备等的电源

消防控制室图形显示装置、消防通信设备等的电源，宜由UPS电源装置或消防设备应急电源供电。消防控制室图形显示装置、消防通信设备等设备的电源切换不能影响消防控制室图形显示装置、消防通信设备的正常工作，因此电源装置的切换时间应该非常短，所以建议选择UPS电源装置或消防设备应急电源供电。

7.1.3　消防设备应急电源的容量和供电要求

消防设备应急电源输出功率应大于火灾自动报警及联动控制系统全负荷功率的120%，蓄电池组的容量应保证火灾自动报警及联动控制系统在火灾状态同时工作负荷条件下连续工作3h以上。

消防用电设备应采用专用的供电回路，其配电设备应设有明显标志。其配电线路和控制回路宜按防火分区划分。

由于消防用电及配线的重要性，故强调消防用电回路及配线应为专用，不应与其他用电设备合用。另外，消防配电及控制线路要求尽可能按防火分区的范围来配置，可提高消防线路的可靠性。

7.2　系统接地

7.2.1　设计要求

火灾自动报警系统接地装置的接地电阻值应符合：

1）采用共用接地装置时，接地电阻值不应大于1Ω。

2）采用专用接地装置时，接地电阻值不应大于4Ω。消防控制室内的电气和电子设备的金属外壳、机柜、机架、金属管、槽等，应采用等电位连接。

3）由消防控制室接地板引至各消防电子设备的专用接地线应选用铜芯绝缘导线，其线芯截面面积不应小于$4mm^2$。消防控制室接地板与建筑接地体之间，应采用线芯截面面积不小于$25mm^2$的铜芯绝缘导线连接。

7.2.2　设计提示

保护接地是为消除或减少发生接地故障时的电气事故，对电气装置的外露导电部分所做的接地。而等电位连接是为了达到电位相等或接近而进行的电气连接。

在98版本《火规》中消防电气电子设备的金属外壳等要求作保护接地：消防电子设备凡采用交流供电时，设备金属外壳和金属支架等应作保护接地，接地线应与电器保护接地干线（PE线）相连接。而新《火规》规定采用等电位连接：消防控制室内的电气和电子设备的金属外壳、机柜、机架、金属管、槽等，应采用等电位连接，明确了等电位连接在保护人员和设备安全中的作用。

7.3　消防系统布线

火灾自动报警系统的布线包括供电线路、信号传输线路和控制线路，这些线路是火灾自动报警系统完成报警和控制功能的重要设施，特别是在火灾条件下，线路的可靠性是火灾自动报警系统能够保持长时间工作的先决条件。

7.3.1　设计要求

1）火灾自动报警系统的传输线路和50V以下供电的控制线路，应采用电压等级不低于交流300/500V的铜芯绝缘导线或铜芯电缆。采用交流220/380V的供电和控制线路，应采用电压等级不低于交流450/750V的铜芯绝缘导线或铜芯电缆。

2）火灾自动报警系统传输线路的线芯截面积选择，除应满足自动报警装置技术条件的要求外，还应满足机械强度的要求。铜芯绝缘导线和铜芯电缆线芯的最小截面积不应小于表7-1的规定。

表7-1　铜芯绝缘导线和铜芯电缆线芯的最小截面积

类　　别	线芯的最小截面积/mm^2
穿管敷设的绝缘导线	1.00
线槽内敷设的绝缘导线	0.75
多芯线缆	0.50

实际工程应用选定的火灾自动报警系统的最大允许回路阻抗直接影响传输总线的传输距离，在具体的工程实例中应根据建筑平面图计算本系统中各回路最远点设备与控制器间的布线距离，根据系统的最大允许回路阻抗选取传输导线的最小截面积。

消防供电、控制、通信和警报线路，考虑到在大火燃烧阶段尚需维持其消防功能的作用，在线芯截面积选择时，除了要满足负载电流（尤其要考虑设备的瞬态起动电流）的要求外，在作回路压降容许值验算时，应考虑到火灾过程中，由于温度上升而引起的导体电阻增加的因素，以免在紧急状态下影响消防设备的功能发挥。

3）考虑到保障系统运行的稳定性，火灾自动报警系统的供电线路和传输线路设置在室外时，应埋地敷设。

4）潮湿环境大大降低供电线路和传输线路的绝缘特性，直接影响系统运行的稳定性。因此，火灾自动报警系统的供电线路和传输线路设置在地（水）下隧道或湿度大于90%的场所时，线路及接线处应做防水处理，潮湿环境大大降低供电线路和传输线路的绝缘特性，直接影响系统运行的稳定性。

5）采用无线通信方式的系统设计，应符合：无线通信模块的设置间距不应大于额定通信距离的75%；无线通信模块应设置在明显部位，且应有明显标识。

7.3.2 系统导线的敷设方式

1. 系统导线敷设的一般原则

1）在火灾自动报警系统中任何用途的导线都不允许架空敷设。

2）屋内线路的布线设计，应掌握路线短捷，安全可靠，尽量减少与其他管线交叉跨越，避开环境条件恶劣场所，且便于施工维护等基本原则进行。

3）系统布线应注意避开火灾时有可能形成“烟囱效应”的部位。

2. 火灾自动报警系统的传输线路的敷设方式

火灾自动报警系统的传输线路应采用穿金属管、经阻燃处理的硬质塑料管或封闭式线槽保护方式布线。当采用硬质塑料管时，应经阻燃处理，其氧指数（Oxygen Index 氧指数 OI 是指在规定的条件下，材料在氧氮混合气流中进行有焰燃烧所需的最低氧浓度；以氧所占的体积百分数的数值来表示；氧指数高表示材料不易燃烧，氧指数低表示材料容易燃烧，一般认为氧指数27属难燃材料）要求不小于30。如采用线槽配线时，要求用封闭式防火线槽。如采用普通型线槽，其线槽内的电缆为干线系统时，此电缆宜选用防火型电缆。

3. 消防电源、控制、通信和警报线路的敷设方式

消防控制、通信和警报线路与火灾自动报警传输线路相比较更加重要，为发挥其功能，在火灾发生后要求在一定时间内，线路不被烧毁，仍能正常工作。因此这部分的穿线导管的选择要求更高，只有在暗敷时才允许采用经阻燃处理的硬质塑料管，其他情况下只能采用金属管或金属线槽。而且对线路的耐火、耐热都提出了更高的要求，即消防控制、通信和警报线路采用乙烯树脂导线时，导线应穿入金属管内保护，并应敷设在非燃烧体的结构层内（主要指混凝土层内）其保护层厚度不宜小于30mm。管线在混凝土内可以起到保护作用，防止火灾发生时消防控制、通信和警报线路中断，使灭火工作无法进行，造成更大的经济损失。当土建条件难以满足这一要求时，可以采用明敷，但要求金属管或金属线槽上采取防火保护措施。从目前情况来看，主要的防火措施就是在金属管或金属线槽的表面涂防火涂料。

4. 系统导线的布线要求

1）在设计系统布线时，应充分了解所选产品的布线要求，结合建筑防火分区和房间特征与布局以及探测器设置部位，做到合理布线。

2）导线的连接必须做到十分可靠，一般应经过接线端子连接，目前施工中压接技术已被广泛应用，采用压接可以提高系统运行的可靠性，因此接线端子宜选择压接或带锡焊接点的端子板，其接线端子上应有相应的标号。

3）除探测信号传输线路可以按普通布线施工外，对消防控制、通信和警报线路都应有防火、耐热处理要求（或采用耐火、耐热导线），当系统为同一回路时，线路的布线以满足较高要求的条件处理。

4）不同系统、不同电压、不同电流类别的线路，不应穿于同一根管内或线槽的同一槽孔内。在管内或线槽内，导线中间不得有接头，在线盒内导线的接头或分支处，应加锡焊。

5）为防止强电系统对弱电系统火灾自动报警设备的干扰，火灾自动报警系统的电缆不宜与高压电力电缆在同一竖井敷设。如条件限制必须合用时，两种电缆应分别布置在竖井的两侧。

6）为防止火灾自动报警系统的线路被老鼠等动物咬断，从接线盒、线槽等处引到探测器底座盒、控制设备盒、扬声器箱的线路均应加金属软管保护。

7）为便于接线盒维修，火灾探测器的传输线路，宜选择不同颜色的绝缘导线或电缆。

8）火灾自动报警系统的传输网络不应与其他系统的传输网络合用。

9）管内导线的根数，不作具体规定，暗敷时，以管径的大小不影响混凝土楼板的强度为准。穿管敷设的绝缘导线或电缆的总面积，不应超过管内截面积的40%。敷设于封闭式线槽内的绝缘导线或电缆的总面积，不应大于线槽净截面积的50%。

7.4 室内布线

1）火灾自动报警系统的传输线路穿线导管材料应与低压配电系统的穿线导管材料相同，应采用金属管、可挠（金属）电气导管、B1级以上的刚性塑料管（符合GB/T 5169.14—2007《电工电子产品着火危险试验第14部分：试验火焰1kW标称预混合型火焰设备、确认试验方法和导则》规定的燃烧试验要求）或封闭式线槽保护，敷设方式为暗敷或明敷。

2）火灾自动报警系统的供电线路、消防联动控制线路应采用耐火铜芯电线电缆（具有规定的耐火性能，如线路完整性、烟密度、烟气毒性、耐腐蚀性），报警总线、消防应急广播和消防专用电话等传输线路应采用阻燃或阻燃耐火电线电缆（具有规定阻燃性能，如阻燃特性、烟密度、烟气毒性、耐腐蚀性）。由于火灾自动报警系统的供电线路、消防联动控制线路需要在火灾时继续工作，应具有相应的耐火性能，因此此类线路应采用耐火类铜芯绝缘导线或电缆。对于其他传输线等要求采用阻燃型或阻燃耐火电线电缆，以避免其在火灾中发生延燃。

3）由于火灾自动报警系统线路的相对重要性，所以对其穿线导管选择要求较高，线路暗敷设时，宜采用金属管、可挠（金属）电气导管或刚性塑料管保护，并应敷设在不燃烧体的结构层内，且保护层厚度不宜小于30mm（混凝土可对管线起保护作用，能防止火灾发生时消防控制、通信和警报、传输线路中断）；线路明敷设时，应采用金属管、可挠（金属）电气导管或金属封闭线槽保护。矿物绝缘类不燃性电缆可明敷。

4）为了防止强电系统对属弱电系统的火灾自动报警设备的干扰，火灾自动报警系统用的电缆竖井宜与电力、照明用的低压配电线路电缆竖井分别设置。如受条件限制必须合用时，应将火灾自动报警系统用的电缆和电力、照明用的低压配电线路电缆分别布置在竖井的两侧。

5）不同电压等级的线缆不应穿入同一根保护管内，当合用同一线槽时，线槽内应有隔板分隔。

6）为便于维护和管理，采用穿管水平敷设时，除报警总线外，不同防火分区的线路不应穿入同一根管内。

7）考虑到线路敷设的安全性，不穿管的线路易损坏，从接线盒、线槽等处引到探测器底座盒、控制设备盒、扬声器箱的线路，均应加金属保护管保护。

8）为便于接线和维修，火灾探测器的传输线路宜选择不同颜色的绝缘导线或电缆。正极“+”线应为红色，负极“-”线应为蓝色或黑色。同一工程中相同用途导线的颜色应一致，接线端子应有标号。

复习思考题

1. 消防系统供电有哪些要求？
2. 消防系统布线有哪些要求？

第8章　建筑消防设计与应用实例

8.1　建筑消防系统设计程序及方法

8.1.1　设计程序

1. 已知条件及专业配合

1）全套土建图样：包括风道（风口）、烟道（烟口）位置，防火卷帘数量及位置。

2）水暖通风专业给出的水流指示器和压力开关等。

3）电力、照明给出的供电及有关配电箱（如应急照明配电箱、空调配电箱、防排烟机配电箱及非消防电源切换箱）的位置。

4）防火类别及等级。

总之，建筑物的消防设计是各专业密切配合的产物，应在总的防火规范指导下各专业密切配合，共同完成任务。表8-1所列为设计项目与电气专业配合的内容。

表8-1　设计项目与电气专业配合的内容

序　号	设 计 项 目	电气专业配合措施
1	建筑物高度	确定电气防火设计范围
2	建筑防火分类	确定电气消防设计内容和供电方案
3	防火分区	确定区域报警范围、选用探测器种类
4	防烟分区	确定防排烟系统控制方案
5	建筑物室内用途	确定探测器形式类别和安装位置
6	构造耐火极限	确定各电气设备设置部位
7	室内装修	选择探测器形式类别、安装方法
8	家　　具	确定保护方式、采用探测器类型
9	屋　　架	确定屋架探测方法和灭火方式
10	疏散时间	确定紧急和疏散标志、事故照明时间
11	疏散路线	确定事故照明位置和疏散通路方向
12	疏散出口	确定标志灯位置指示出口方向
13	疏散楼梯	确定标志灯位置指示出口方向
14	排烟风机	确定控制系统与联锁装置
15	排烟口	确定排烟风机联锁系统
16	排烟阀门	确定排烟风机联锁系统

（续）

序　号	设 计 项 目	电气专业配合措施
17	防火卷帘门	确定探测器联动方式
18	电动安全门	确定探测器联动方式
19	送回风口	确定探测器位置
20	空调系统	确定有关设备的运行显示及控制
21	消火栓	确定人工报警方式与消防泵联锁控制
22	喷淋灭火系统	确定动作显示方式
23	气体灭火系统	确定人工报警方式、安全起动和运行显示方式
24	消防水泵	确定供电方式及控制系统
25	水　　箱	确定报警及控制方式
26	电梯机房及电梯井	确定供电方式、探测器的安装位置
27	竖　　井	确定使用性质、采取隔断火源的各种措施，必要时放置探测器
28	垃圾道	设置探测器
29	管道竖井	根据井的结构及性质，采取隔断火源的各种措施，必要时设置探测器
30	水平运输带	穿越不同防火分区，采取封闭措施

2. 设计程序

（1）确定设计依据

相关规范：

1）《民用建筑电气设计规范》JGJ/T 16—1992。

2）《高层民用建筑设计防火规范》GB 50045—2013。

3）《火灾自动报警系统设计规范》GB 50116—2013。

4）《全国民用建筑工程设计技术措施　电气》2009 等。

（2）确定设计方案

确定合理的设计方案是设计成败的关键所在，应根据建筑物的性质疏散难易程度及全部已知条件确定采用什么规模、类型的系统，采用哪个厂家的产品。

（3）平面图的绘制

1）按房间使用功能及层高计算布置设备包括：探测器、手动报警按钮、区域报警器（楼层显示器）、消火栓报警按钮、中继器、总线驱动器、总线隔离器和各种模块等。

2）参考产品样本中系统图对平面图进行布线、选线，并确定敷设、安装方式并加以标注。

（4）系统图的绘制

根据厂家产品样本所给系统图结合平面图中的实际情况绘制系统图，要求分层清楚、布线标注明确、设备符号与平面图一致、设备数量与平面图一致。

（5）绘制其他一些施工详图

包括：消防控制室设备布置图及有关非标设备的尺寸及布置图等。

（6）编写设计说明书（计算书）

1）编写设计总体说明：包括设计依据、厂家产品的选择、消防系统的各子系统的工作原理、设备接线表、材料表、图例符号及总体方案的确定等。

2）设备、管线的计算选择过程（此过程只在学生在校作设计时有，实际工程中可不表现在所交内容上）。

（7）装订上交材料

1）设计总体说明；

2）平面图全部；

3）施工详图；

4）系统图。

8.1.2　设计方法

1. 设计方案的确定

火灾自动报警与消防联动控制系统的设计方案应根据功能要求、消防管理体制、防烟、防火分区及探测区域或报警区域的划分确定（这些具体划分方法及规定已在前面叙及）。

为了使设计更加规范化，且又不限制技术的发展，消防规范对系统的基本形式规定的很多原则，工程设计人员可在符合这些基本原则的条件下，根据工程规模和对联动控制的复杂程度，选择检验合格且质量上乘的厂家产品，组成合理、可靠的火灾自动报警与消防联动系统。

2. 消防控制中心的确定及消防联动设计要求

（1）消防控制设备的组成

1）火灾报警控制器；

2）自动灭火系统的控制装置；

3）室内消火栓系统的控制装置；

4）防烟、排烟系统及空调通风系统的控制装置；

5）常开防火门、防火卷帘的控制装置；

6）电梯迫降控制装置；

7）火灾应急广播的控制装置；

8）火灾警报装置的控制装置；

9）火灾应急照明与疏散指示标志的控制装置。

（2）消防设备的控制方式

1）单体建筑宜集中控制。

2）大型建筑宜采用分散与集中相结合控制。

总之消防控制设备应根据建筑的工程规模、管理体制、形式及功能要求合理确定其控制方式。另外消防控制设备的控制电源及信号回路电压应采用直流 24V。

（3）消防控制室

1）消防控制室的门应向疏散方向开启，且入口处应设置明显的标志。

2）消防控制室的送、回风管在其穿墙处应设防火阀。

3）消防控制室内严禁与其无关的电气线路及管路穿过。

4）消防控制室周围不应布置电磁场干扰较强及其他影响消防控制设备工作的设备用房。

5）消防控制室内设备的布置应符合下列要求：

① 设备面盘前的操作距离：单列布置时不应小于1.5m；双列布置时不应小于2m。

② 在值班人员经常工作的一面，设备面盘至墙的距离不应小于3m。

③ 设备面盘后的维修距离不宜小于1m。

④ 设备面盘的排列长度大于4m时，其两端应设置宽度不小于1m的通道。

⑤ 集中火灾报警控制器或火灾报警控制器安装在墙上时，其底边距地面高度宜为1.3～1.5m，其靠近门轴的侧面距墙不应小于0.5m，正面操作距离不应小于1.2m。

（4）消防控制室设备的功能

1）消防控制室的控制设备应有下列控制及显示功能

① 控制消防设备的起/停，并应显示其工作状态；

② 消防水泵、防烟和排烟风机的起/停，除自动控制外，还应能手动直接控制。

③ 显示火灾报警、故障报警部位；

④ 显示保护对象的重点部位、疏散通道及消防设备所在位置的平面图或模拟图等。

⑤ 显示系统供电电源的工作状态。

⑥ 消防控制室应设置火灾警报装置与应急广播的控制装置如下：当某层发生火灾时，其功能应能接通全楼的广播装置。

⑦ 消防控制室的消防通信设备，应符合消防专用电话的设置规定。

⑧ 消防控制室在确认火灾后，应能切断有关部位的非消防电源，并接通警报装置及火灾应急照明灯和疏散标志灯。

⑨ 消防控制室在确认火灾后，应能控制电梯全部停于首层，并接收其反馈信号。

2）消防控制设备对室内消火栓系统应有下列控制、显示功能

① 控制消防水泵的起/停；

② 显示消防水泵的工作、故障状态；

③ 显示起泵按钮的位置。

3）消防控制设备对自动喷水和水喷雾灭火系统应有下列控制、显示功能：

① 控制系统的起/停；

② 显示消防水泵的工作、故障状态；

③ 显示水流指示器、报警阀、安全信号阀的工作状态。

4）消防控制设备对管网气体灭火系统应有下列控制、显示功能

① 显示系统的手动、自动工作状态；

② 在报警、喷射各阶段，控制室应有相应的声、光警报信号，并能手动切除声响信号。

③ 在延时阶段，应自动关闭防火门、窗，停止通风空调系统，关闭有关部位防火阀；

④ 显示气体灭火系统防护区的报警、防火门（帘）和通风空调等设备的状态。

5）消防控制设备对泡沫灭火系统应有下列控制、显示功能：

① 控制泡沫泵及消防水泵的起/停；

② 显示系统的工作状态。

6）消防控制设备对干粉灭火系统应有下列控制、显示功能

① 控制系统的起/停；

② 显示系统的工作状态。

7）消防控制设备对常开防火门的控制，应符合下列要求：

① 门任一侧的火灾探测器报警后，防火门应自动关闭；

② 防火门关闭信号应送到消防控制室。

8）消防控制设备对防火卷帘的控制，应符合下列要求：

① 疏散通道上的防火卷帘两侧，应设置火灾探测器组及其警报装置，且两侧应设置手动控制按钮；

② 疏散通道上的防火卷帘，应按下列程序自动控制下降：

感烟探测器动作后，卷帘下降至距地（楼）面1.8m；

感温探测器动作后，卷帘下降到底。

③ 用作防火分隔的防火卷帘，火灾探测器动作后，卷帘应下降到底；

④ 感烟、感温火灾探测器的报警信号及防火卷帘的关闭信号应送至消防控制室。

9）火灾报警后，消防控制设备对防烟、排烟设施应有下列控制、显示功能：

① 停止有关部位的空调送风，关闭电动防火阀，并接收其反馈信号；

② 起动有关部位的防烟和排烟风机、排烟阀等，并接收其反馈信号；

③ 控制挡烟垂壁等防烟设施。

3. 平面图中设备的选择、布置及管线计算：

1）设备选择及布置

① 探测器的选择及布置：根据房间使用功能及层高确定探测器种类，量出平面图中所计算房间的地面面积，再考虑是否重点保护建筑，还要看房顶坡度是多少，然后用

$$N \geqslant \frac{s}{kA}$$

分别算出每个探测区域内的探测器数量，然后再进行布置（关于布置前已叙及）。

火灾探测器的选用原则如下：

a. 火灾初期有阴燃阶段，产生大量的烟和少量的热，很少或没有火焰辐射，应选用感烟探测器；

b. 火灾发展迅速，有强烈的火焰辐射和少量的热、烟，应选用火焰探测器；

c. 火灾发展迅速，产生大量的热、烟和辐射，应选用感温、感烟及火焰控制器的组合即复合型探测器；

d. 若火灾形成的特点不可预料，应进行模拟试验，根据试验结果选用适当的探测器。探测器种类选择在探测器中已有表可查，但这里还需进一步说明其种类选择范围。

下列场所宜选用光电和离子感烟探测器：

电子计算机房、电梯机房、通信机房、楼梯、走道、办公楼、饭店、教学楼的厅堂、办公室、卧室等，有电气火灾危险性的场所、书库、档案库、电影或电视放映室等。

有下列情况的场所不宜选用光电感烟探测器：

存在高频电磁干扰；在正常情况下有烟滞留，可能产生蒸气和油雾；大量积聚粉尘。

有下列情况的场所不宜选用离子感烟探测器：

产生醇类、醚类、酮类等有机物质；可能产生腐蚀性气体；有大量粉尘、水雾滞留；相对湿度长期大于95%；在正常情况下有烟滞留；气流速度大于5m/s。

有下列情况的场所宜选用火焰探测器：

需要对火焰做出快速反应；无阴燃阶段的火灾；火灾时有强烈的火焰辐射。

下列情况的场所不宜选用火焰探测器：

在正常情况下有明火作业及X射线、弧光等影响；探测器的“视线”易被遮挡；在火焰出现有浓烟扩散，可能发生无焰火灾；探测器的镜头易被污染；探测器易受阳光或其他光源直接或间接照射。

下列情况的场所宜选用感温探测器：

可能发生无烟火灾；在正常情况下有烟和蒸汽滞留，吸烟室、小会议室、烘干车间、茶炉房、发电机房、锅炉房、汽车库等；其他不宜安装感烟探测器的厅堂和公共场所；相对湿度经常高于95%以上；有大量粉尘等；在散发可燃气体和可燃蒸汽的场所（如高压聚乙烯、合成甲醇装置等的泵房、阀门间法兰盘、合成酒精装置、裂解汽油装置和乙烯装置），宜选可燃气体探测器。

② 火灾报警装置的选择及布置：规范中规定火灾自动报警系统应有自动和手动两种触发装置。

自动触发器件有：压力开关、水流指示器、火灾探测器等。

手动触发器件有：手动报警按钮、消火栓报警按钮。

要求探测区域内的每个防火分区至少设置一个手动报警按钮。

a. 手动报警按钮的安装场所：各楼层的电梯间、电梯前室；主要通道等经常有人通过的地方；大厅、过厅、主要公共活动场所的出入口；餐厅、多功能厅等处的主要出入口；

b. 手动报警按钮的布线，宜独立设置；

手动报警按钮的数量应按一个防火分区内的任何位置到最近一个手动报警按钮的距离不大于30m考虑。

c. 手动报警按钮墙上安装底边距地高度为1.5m，按钮盒应具有明显的标志和防误动作的保护措施。

③ 其他附件选择及布置：

a. 模块：由所确定的厂家产品的系统确定型号，安装距顶棚0.5m高度，墙上安装。

b. 短路隔离器：与厂家产品配套选用，墙上安装，距顶棚0.2~0.5m；

c. 总线驱动器：与厂家产品配套选用，根据需要定数量，墙上安装，底边距地2~2.5m。

d. 中继器：由所用产品实际确定，现场墙上安装，距地1.5m。

④ 火灾事故广播与消防专用电话：

a. 火灾事故广播及警报装置：火灾报警装置（包括警灯、警笛、警铃等）是当发生火灾时发出警报的装置。火灾事故广播是火灾时（或意外事故时）指挥现场人员进行疏散的设备。两种设备各有所长，火灾发生初期交替使用，效果较好。

火灾报警装置的设置范围和技术条件：

国家规范规定：设置区域报警系统的建筑，应设置火灾警报装置；设置集中和控制中心报警系统的建筑，宜设置火灾警报装置；在报警区域内，每个防火分区至少安装一个火灾报警装置。其安装位置，宜设在各楼层走道靠近楼梯出口处。

为了保证安全，火灾报警装置应在确认火灾后，由消防中心按疏散顺序统一向有关区域发出警报。在环境噪声大于 60dB 的场所设置火灾警报装置时，其声压级应高于背景噪声 15dB。

火灾事故广播与其他广播（包含背景音乐等）合用时应符合以下要求：

火灾时，应能在消防控制室将火灾疏散层的扬声器和公共广播扩音机强制转入火灾应急广播状态；消防控制室应能监控用于火灾应急广播时的扩音机的工作状态，并能开启扩音机进行广播，火灾应急广播应设置备用扩音机，其容量不应小于火灾应急广播扬声器最大容量总和的 1.5 倍；床头控制柜设有扬声器时，应有强制切换到应急广播的功能（其他已在第 4 章中叙及）。

b. 消防专用电话：消防专用电话十分必要，它对能否及时报警及消防指挥系统是否畅通起着关键作用。为保证消防报警和灭火指挥畅通，规范对消防专用电话作了明确规定，已在广播通信中作了叙述，这里不再重复。

2）消防系统的接地：为了保证消防系统的正常工作，对系统的接地规定如下：

① 火灾自动报警系统应在消防控制室设置专用接地板，接地装置的接地电阻值应符合下列要求：当采用专用接地装置时，接地电阻值不应大于 4Ω；当采用共用接地装置时，接地电阻值不应大于 1Ω。

② 火灾报警系统应设专用接地干线，由消防控制室引至接地体。

③ 专用接地干线应采用铜芯绝缘导线，其芯线截面面积不应小于 25mm²，专用接地干线宜穿硬质型塑料管埋设至接地体。

④ 由消防控制室接地板引至各消防电子设备的专用接地线应选用铜芯塑料绝缘导线，其芯线截面面积不应小于 4mm²。

⑤ 消防电子设备凡采用交流供电时，设备金属外壳和金属支架等应作保护接地，接地线应与电气保护接地干线（PE 线）相连接。

⑥ 区域报警系统和集中报警系统中各消防电子设备的接地亦应符合本措施上述“①～⑤”条。

3）布线及配管：布线及配管导线最小截面积在火灾自动报警系统的选用见表 8-2。

表 8-2　火灾自动报警系统用导线最小截面积

类　别	线芯最小截面积/mm²	备　注
穿管敷设的绝缘导线	1.00	
线槽内敷设的绝缘导线	0.75	
多芯电缆	0.50	
由探测器到区域报警器	0.75	多股铜芯耐热线
由区域报警器到集中报警器	1.00	单股铜芯线
水流指示器控制线	1.00	
湿式报警阀及信号阀	1.00	
排烟防火电源线	1.50	控制线 > 1.00mm²
电动卷帘门电源线	2.50	控制线 > 1.50mm²
消火栓控制按钮线	1.50	

① 火灾自动报警系统的传输线路应采用铜芯绝缘导线或铜芯电缆，其电压等级不应低于交流 250V，线芯最小截面积一般应符合表 8-2 规定。

② 火灾探测器的传输线路，宜采用不同颜色的绝缘导线，以便识别，接线端子应有标号。

③ 配线中使用的非金属管材、线槽及其附件，均应采用不燃或非延燃性材料制成。

④ 火灾自动报警系统的传输线，当采用绝缘电线时，应采取穿管（金属管或不燃、难燃型硬质、半硬质塑料管）或封闭式线槽进行保护。

⑤ 不同电压、不同电流类别、不同系统的线路，不可共管或在线槽的同一槽孔内敷设。横向敷设的报警系统传输线路，若采用穿管布线，则不同防火分区的线路不可共管敷设。

⑥ 消防联动控制、自动灭火控制、事故广播、通信、应急照明等线路，应穿金属管保护，并宜暗敷设在非燃烧体结构内，其保护层厚度不小于 3cm。当必须采用明敷时，则应对金属管采取防火保护措施。当采用具有非延燃性绝缘和护套的电缆时，可以不穿金属保护管，但应将其敷设在电缆竖井内。

⑦ 弱电线路的电缆宜与强电线路的电缆竖井分别设置。若因条件限制，必须合用一个电缆竖井时，则应将弱电线路与强电线路分别布置在竖井两侧。

⑧ 横向敷设在建筑物内的暗配管，钢管直径不宜大于 25mm；水平或垂直敷设在顶棚内或墙内的暗配管，钢管直径不宜大于 20mm。

⑨ 从线槽、接线盒等处引至火灾探测器的底座盒、控制设备的接线盒、扬声器箱等的线路，应穿金属软管保护。

4）画出系统图及施工图详图：设备、管线选好后在平面图中标注后，根据厂家产品样本，再结合平面图画出系统图，并进行相应的标注：如每处导线根数及走向，每个设备数量、所对应的层楼等。

施工详图主要是对非标产品或消防控制室而言的。比如非标控制柜（控制琴台）的外形、尺寸及布置图；消防控制室设备布置图，应标明设备位置及各部分距离等。

5）编写设计说明书（计算书）及装订：前已叙述，不再重复。

总知，消防工程设计是一项十分严肃认真的事情，一定按规范、按消防法规进行，决不能凭感情减少任何应该设置的项目，否则，一旦发生火灾，系统出现误报、漏报或灭火不当、联动不合理等，设计者将会受到法律的制裁。

另外还应注意的是：目前教学、设计、施工单位这三个环节仍有一定距离，设计者的设计一定要联系工程实际，切实保证能正常施工，不要纸上谈兵，在实际施工中漏洞百出。这就要求设计者多向工程实际学习，掌握消防施工的实际情况，设计就会得心应手。

8.2 建筑消防系统设计实例

8.2.1 工程概况

某假日酒店，地上五层，地下一层，建筑面积 4200m^2，建筑高度 22m，属于多层建筑。地下室为设备用房，设有消防控制室及消防水泵房，一层为大堂，二至五层为客房。

每层划分为一个防火分区。

8.2.2　设计依据

《建筑设计防火规范》GB50016—2014。

《火灾自动报警系统设计规范》GB50116—2013。

8.2.3　基本设置

本建筑报警系统为集中报警系统，消防控制室内设置火灾报警控制器（联动型，内含手动控制盘，消防专用电话总机，应急广播控制器，显示控制盘等），防火门监控器，消防电源监控器以及能显示各个系统运行状态的图形显示装置每层电井内设置消防接线端子箱。

8.2.4　设计内容

1. 报警部分

（1）探测器

根据规范要求，在客房，走廊，楼梯间等处设置感烟探测器，在厨房设置感温探测器。

（2）手动报警按钮

每层为一个防火分区，至少需要一个手动报警按钮且宜采用自带电话插孔型，从防火分区内的任何位置到最邻近的一个手动报警按钮的步行距离不应大于30m。宜设置在疏散通道或出入口处，且应设置在明显和便于操作的部位，安装高度1.3～1.5m。

2. 联动部分

消防联动需要控制的系统有：火灾警报器、消防应急广播、非消防负荷电源切除、应急照明、电梯、喷淋泵、消火栓泵、防烟、排烟及防火门等系统。

消防联动控制器应具有自动打开涉及疏散的电动栅栏等的功能，宜开启相关区域安全技术防范系统的摄像机监视火灾现场，还应具有打开疏散通道上由门禁系统控制的门和庭院自动大门的功能，并应具有打开停车场出入口挡杆的功能。

消防联动控制器应能按设定的控制逻辑向各相关的受控设备发出联动控制信号，并接收相关设备的联动反馈信号。各受控设备接口的特性参数应与消防联动控制器发出的联动控制信号相匹配。

消防水泵，防烟和排烟风机的控制设备，除应采用联动控制方式外，还应在消防控制室设置手动直接控制装置，相应的联锁控制信号不应受消防联动控制器处于自动或手动状态影响。需要联动控制的消防设备，其联动触发信号应采用两个独立的报警触发装置报警信号的“与”逻辑组合。

（1）火灾警报器

在楼梯口，建筑内部拐角部位设置火灾警报器，安装时火灾警报器厂家应经过测试，达到以下标准：每个报警区域内应设置的火灾警报器的声压级不小于60dB。在环境噪声大于60dB的场所，其声压级应高于背景噪声15dB。确认火灾后，起动建筑内的所有火灾声光警报器，火灾自动报警系统应能同时起动和停止所有火灾声警报器工作。

（2）消防应急广播

在走道设置扬声器，每个扬声器功率不小于3W，其数量应能保证从每个防火分区内的任何部位到最近一个扬声器的距离不大于25m。走道内最后一个扬声器至走道末端的距离不应大于12.5m。消防应急广播系统的联动控制信号应由消防联动控制器发出，当确认火灾后，向全楼进行广播，消防应急广播的单次语音播放时间宜为10～30s，应与火灾声警报器分时交替工作，可采取1次火灾声警报播放，1次或2次消防应急广播的交替工作方式循环播放。消防应急广播的起动、停止和故障状态均反馈至消防控制室消防联动控制器。

（3）一般照明及非消防电源切断控制

当消防控制室确认火灾后，消防联动控制器通过消防控制接口控制中间继电器自动或手动切断火灾区的正常照明及非消防电源。同时还可以通过消防通信系统通知配电室切断与消防无关的非消防电源。切断正常照明时宜在自动喷淋系统、消火栓系统动作前切断。

（4）消防应急照明和疏散指示系统的联动控制

当消防控制室确认火灾后，消防联动控制器发出信号，由发生火灾的报警区域开始，顺序起动全楼疏散通道的消防应急照明和疏散指示系统，系统全部投入应急状态的起动时间不应大于5s。消防应急照明和疏散指示系统的故障状态和应急工作状态信息均反馈至消防控制室消防联动控制器。

（5）电梯

消防联动控制器应具有发出联动控制信号强制所有电梯停于首层或电梯转换层的功能，再切除非消防电梯的电源。

（6）喷淋泵系统

当火灾发生时，联锁起动由湿式报警阀压力开关的动作信号直接联锁起动喷淋泵。联动触发信号由报警阀压力开关的动作信号与该报警阀防护区域内任一火灾探测器或手动报警按钮的报警信号“与”逻辑组合，并由消防联动控制器联动起动喷淋泵。手动起/停控制由消防联动控制器的手动控制盘上采用专用线路连接至喷淋泵控制柜，并应直接手动控制喷淋泵的起动、停止。系统的手动、自动工作状态，喷淋泵电源工作状态，喷淋泵的起/停状态和故障状态，信号阀、水流指示器、湿式报警阀、压力开关的正常工作状态和动作状态均反馈至消防控制室消防联动控制器。

（7）消火栓泵系统

室内消火栓系统采用稳高压系统，当火灾发生时，联锁起动由系统出水干管上的低压压力开关、高位消防水箱出水管上的流量开关或报警阀压力开关的动作信号直接联锁起动消火栓泵。在消火栓箱内设置报警按钮，按动消火栓按钮发出报警信号送至控制室消防联动控制器。联动触发信号由消火栓按钮的动作信号与该消火栓按钮所在报警区域内任一火灾探测器或手动报警按钮的报警信号“与”逻辑组合，并由消防联动控制器联动起动消火栓泵。手动起/停控制由消防联动控制器的手动控制盘上采用专用线路连接至消火栓泵控制柜，并应直接手动控制消火栓泵的起动、停止。系统的手动、自动工作状态，消防水泵电源的工作状态，消防水泵的起/停状态和故障状态，消防水箱（池）水位，管网压力报警信息及消火栓按钮的报警信息均反馈至消防控制室消防联动控制器。

（8）排烟系统

本工程送、排风采用联锁方式，同时起动或停止。当火灾发生时，应由同一防烟分区内的两只独立的火灾探测器或一只火灾探测器与一只手动报警与一只手动报警按钮的报警信号的“与”逻辑组合，并由消防联动控制器联动起动加压送风机和相关层前室等需要加压送风场所的加压送风口。手动起/停控制由消防联动控制器的手动控制盘上采用专用线路连接至风机控制柜，并应直接手动控制风机的起动、停止。系统的手动、自动工作状态，风机电源的工作状态，风机的起/停状态和故障状态信息，常闭送风口的动作状态信息均反馈至消防控制室消防联动控制器。

（9）防火门监控系统

本工程均为常闭防火门，正常状态下，防火门处于常闭状态，门磁开关吸合。防火门被开启时，门磁开关通过监控模块向防火门监控器发出信号，提示防火门处于开启状态。

3. 其他设备及系统

（1）消防专用电话

在消防控制室消防联动控制器上设置消防电话总机，在配电室、消防水泵房等火灾时仍需工作的场所处设消防电话分机，于手动报警按钮处设专用对讲电话插孔，消防电话系统用于火情联络。

（2）火灾显示盘

在每个报警区域设置一台区域显示器，用于显示火灾情况。设置在出入口等明显和便于操作的部位。

（3）模块

模块严禁设置在配电（控制）柜（箱）内，本报警区域内的模块不应控制其他报警区域的设备，未集中设置的模块附近应有尺寸不小于100mm×100mm的标志。

（4）总线短路隔离器

每只总线短路隔离器保护的火灾探测器，手动火灾报警按钮和模块等消防设备的总数不应超过32点；总线穿越防火分区时应在穿越处设置总线短路隔离器。

（5）消防电源监控系统

本工程消防设备电源监控系统设置于消防控制室内，对应急照明、消防设备供电电源的工作状态进行监控。

8.2.5 线路

1）火灾报警控制器之间的传输线路采用WDZDN－RYJS－0.3/0.5kV型铜芯交联聚乙烯低烟无卤阻燃D级耐火双绞线，其通信方式区别于报警通信总线。

2）火灾报警传输总线采用WDZDN－RYJS－0.3/0.5kV型铜芯交联聚乙烯低烟无卤阻燃D级耐火双绞线，联动系统采用WDZDN－RYJ－0.3/0.5kV型铜芯交联聚乙烯低烟无卤阻燃D级耐火软线。直接启动线采用WDZCN－KYJY－0.3/0.5kV型交联聚乙烯绝缘聚烯烃护套低烟无卤阻燃C级耐火控制电缆。所有线路或沿金属防火线槽敷设，或穿低压流体输送用镀锌焊接钢管（SC）保护，分别沿墙（W）、沿棚（C）明（E）设。24V电源线干线采用6mm^2，支线选用1.5mm^2，信号干线采用1.5mm^2，支线选用1.0mm^2。导线（2～3）根者穿SC15管，（4～7）根者穿SC20，（8～10）根者穿SC25管。明敷设的消防管路采用镀锌钢管或金属防火线槽，明敷设的消防管路均外刷防火涂料，以上管路较长时，其管径做相应放大，消防电气干线采用金属防火线槽至各接线箱，所有管路穿越防火分区时应实施阻火封堵。

8.2.6　供电及接地

1）火灾自动报警系统采用消防切换箱供电，切换箱的备用电源引自柴油发电机，同时消防联动控制器自带蓄电池电源。备用电源的供电时间和容量应满足火灾延续时间内用电设备的要求。

2）火灾自动报警系统采用共用接地装置，接地电阻值不应大于1Ω。

8.2.7　其他

1）消防系统的逻辑编程由消防安装厂家、施工单位与设计院三方共同完成。

2）消防专用配电箱，控制箱（器）为防火型，箱面应加注" 消防" 标志，其标志应符合 GB13495《消防安全标志》及消防配电箱或控制箱应满足 GB16806 的相关要求。选用的所有消防设备均应通过国家“CCCF”认证。

3）消防报警联动系统安装施工应密切与相关专业做好配合，同时须符合《火灾自动报警系统施工及验收规范》。本工程图样须消防审批后方可施工。

4）未尽事宜，可参见国家的相关规范、规程要求执行。

结合工程，将设备按照其所在层数及数量列表见表 8-3。

表 8-3　设备所在层数及数量

楼　层	感烟探测器/个	感温探测器/个	手动报警按钮/个	消火栓报警按钮/个	扬声器/个	火灾显示盘/个	输入模块/个	消防广播切换模块/个	输入输出模块/个
地下一层	10	2	2	5	6	1	6	1	8
一层	25	0	4	8	8	1	4	1	6
二层	30	0	2	5	6	1	4	1	4
三层	28	0	2	5	6	1	4	1	4
四层	28	0	2	5	6	1	4	1	4
五层	27	0	2	5	6	1	4	1	4
合计	148	2	14	33	38	6	26	6	30
总计	148 + 2 + 14 + 33 + 6 + 26 + 6 + 30 = 265								

根据以上统计结果：

① 全楼感烟探测器共 148 个，全部采用编码型，即占用 148 点。

② 全楼感温探测器共 2 个，全部采用编码型，即占用 2 点。

③ 全楼手动报警按钮共 14 个，全部采用编码型，即占用 14 点。

④ 全楼消火栓报警按钮共 33 个，全部采用编码型，即占用 33 点。

⑤ 全楼扬声器共 38 个，火灾时需向全楼进行广播，要求所选功放为 38 ×3W ×1.5 =171W。

⑥ 全楼火灾显示盘共 6 个。

⑦ 全楼单输入模块共 26 个，全部采用编码型，即占用 26 点。

⑧ 全楼消防广播切换模块共 6 个，全部采用编码型，即占用 6 点。

⑨ 全楼单输入与输出模块共 30 个，全部采用编码型，即占用 30 点。

设备选用：

① 火灾报警控制器的选用：全楼编码点共 265 点。设计采用北大青鸟 JB－TG－JBF－11S 火灾报警控制器（联动型），此控制器最大容量可扩展到 64 个 200 个点回路，即最多 12800 点，满足本工程的点数需要。

② 消防广播设备的选用：设计选用 250W 的消防广播设备（包括 CD 播放盘、功率放大器、广播区域控制盘），采用总线制在楼层通过消防广播切换模块控制楼层广播。

③ 消防电话主机的选用：设计选用多线制消防电话主机，每个固定消防电话分机占用主机中的一路，每层消防电话插孔并联占用一路。

火灾报警及联动图例，见表 8-4。

火灾报警及联动系统图，如图 8-1 所示。

火灾报警平面图，如图 8-2 所示。

火灾联动平面图，如图 8-3 所示。

表 8-4 火灾报警及联动图例

序号	图例	名 称	容量及高度	安装场所	备 注
1		点型感烟火灾探测器	吸顶	走廊等	
2		手动火灾报警按钮	中心距地 1.4m	走廊等	带电话插口，并应有明显标志
3		火灾声光警报器	中心距地 2.6m	走廊等	
4		消火栓按钮	消火栓箱内安装		
5		消防应急广播	吸顶	走廊等	防火型消防广播
6		总线广播模块		消防接线箱内	
7		火灾显示盘（区域显示器）	中心距地 1.4m	走廊	
8		消防接线端子箱		电气间	箱体尺寸（宽×高×厚）
9		总线短路隔离器		消防接线端子箱	箱体尺寸（宽×高×厚）
10		输入－输出模块			未集中设置时附近应有尺寸不小于 100mm×100mm 的标志
11		输入模块			
12		排烟口	详见通风图		
13		280°常闭排烟防火阀	详见通风图		
14		水流指示器	详见水图		
15		信号阀	详见水图		

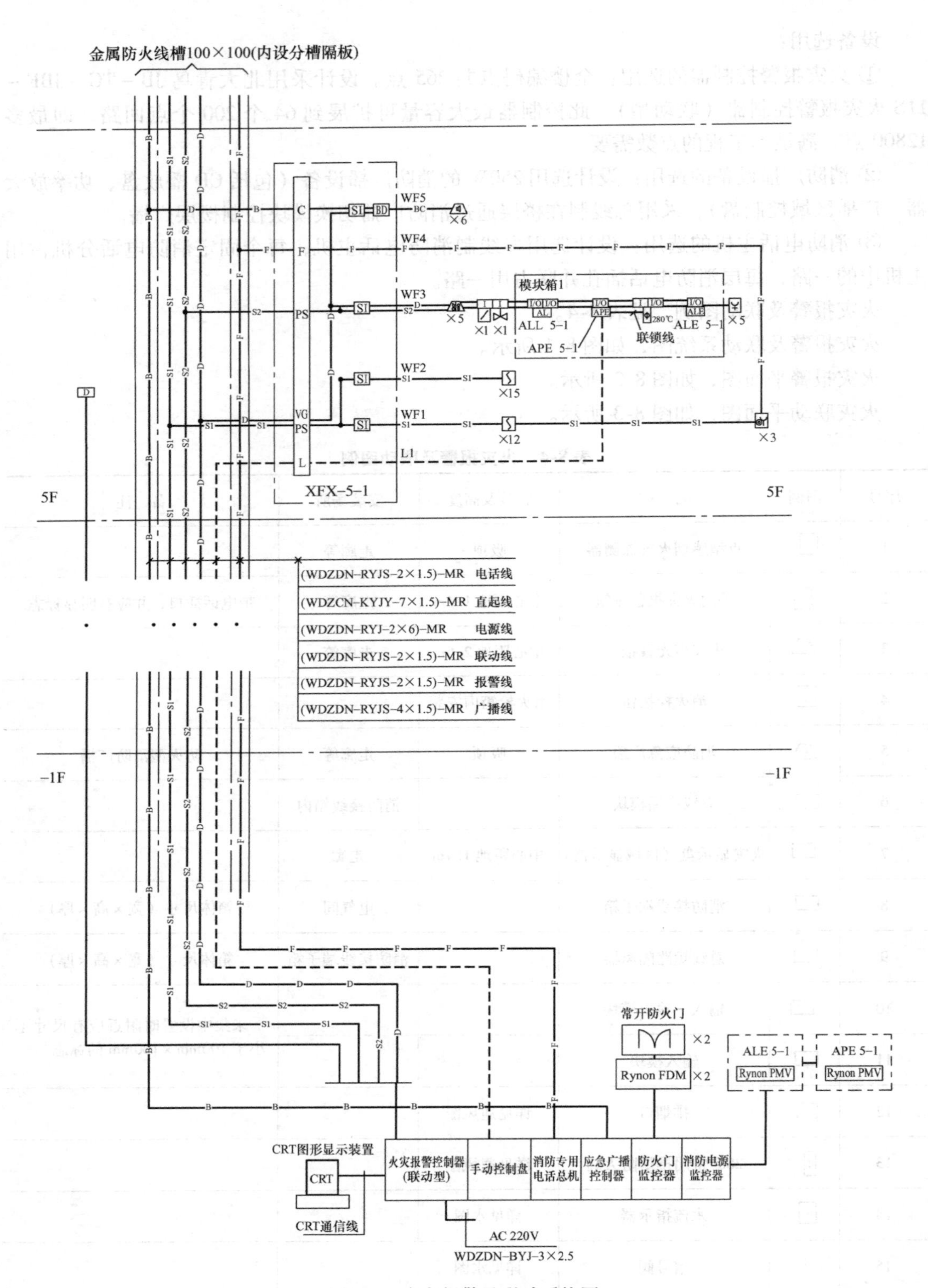

图 8-1 火灾报警及联动系统图

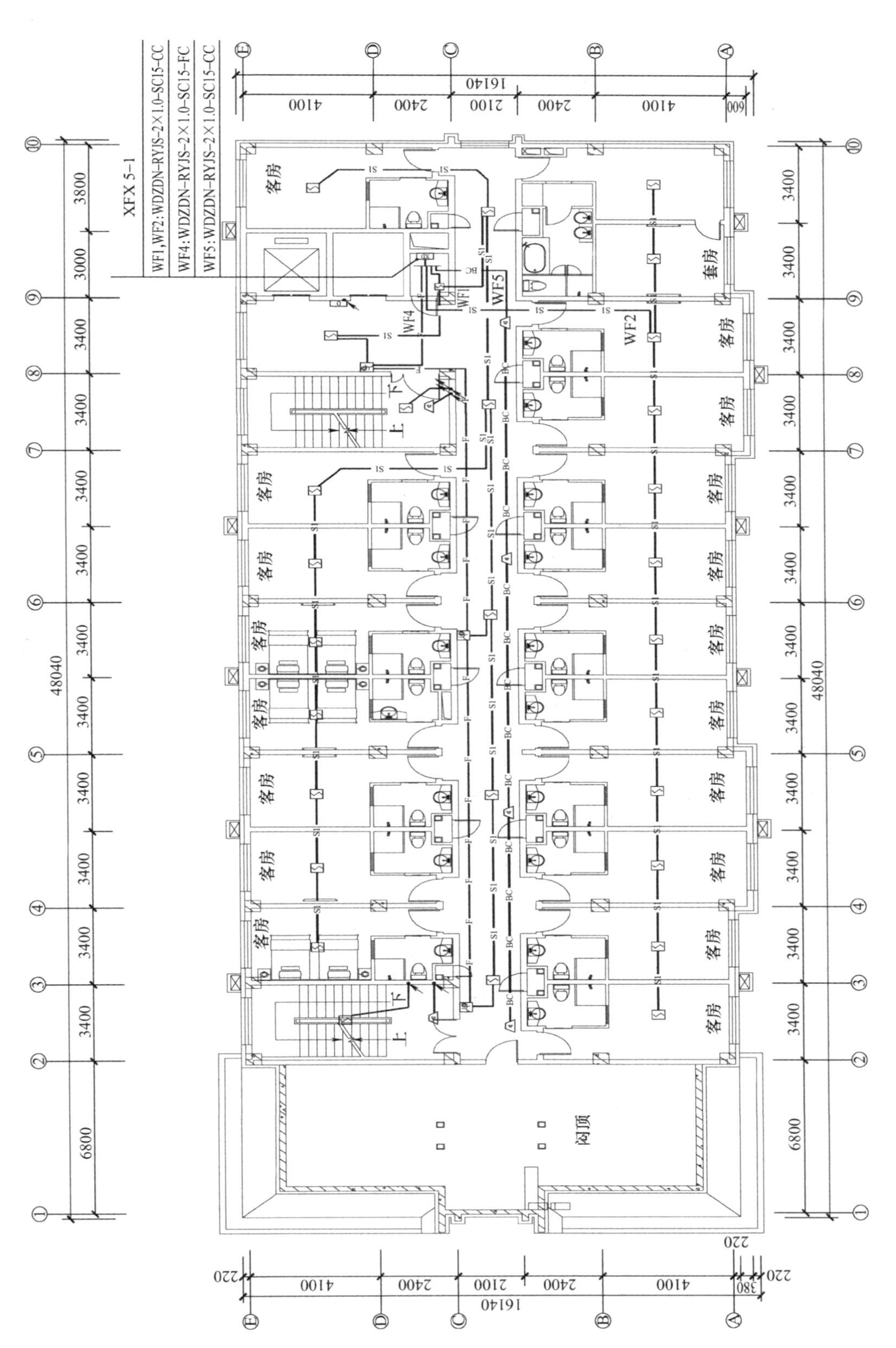
XFX 5-1
WF1,WF2:WDZDN-RYJS-2×1.0-SC15-CC
WF4:WDZDN-RYJS-2×1.0-SC15-FC
WF5:WDZDN-RYJS-2×1.0-SC15-CC
WF1
WF2
WF4
WF5
客房
套房
闷顶
上
下
48040
16140
4100
2400
2100
3400
3800
3000
6800
220
380
600
A
B
C
D
E
1
2
3
4
5
6
7
8
9
10

图 8-2　火灾报警平面图

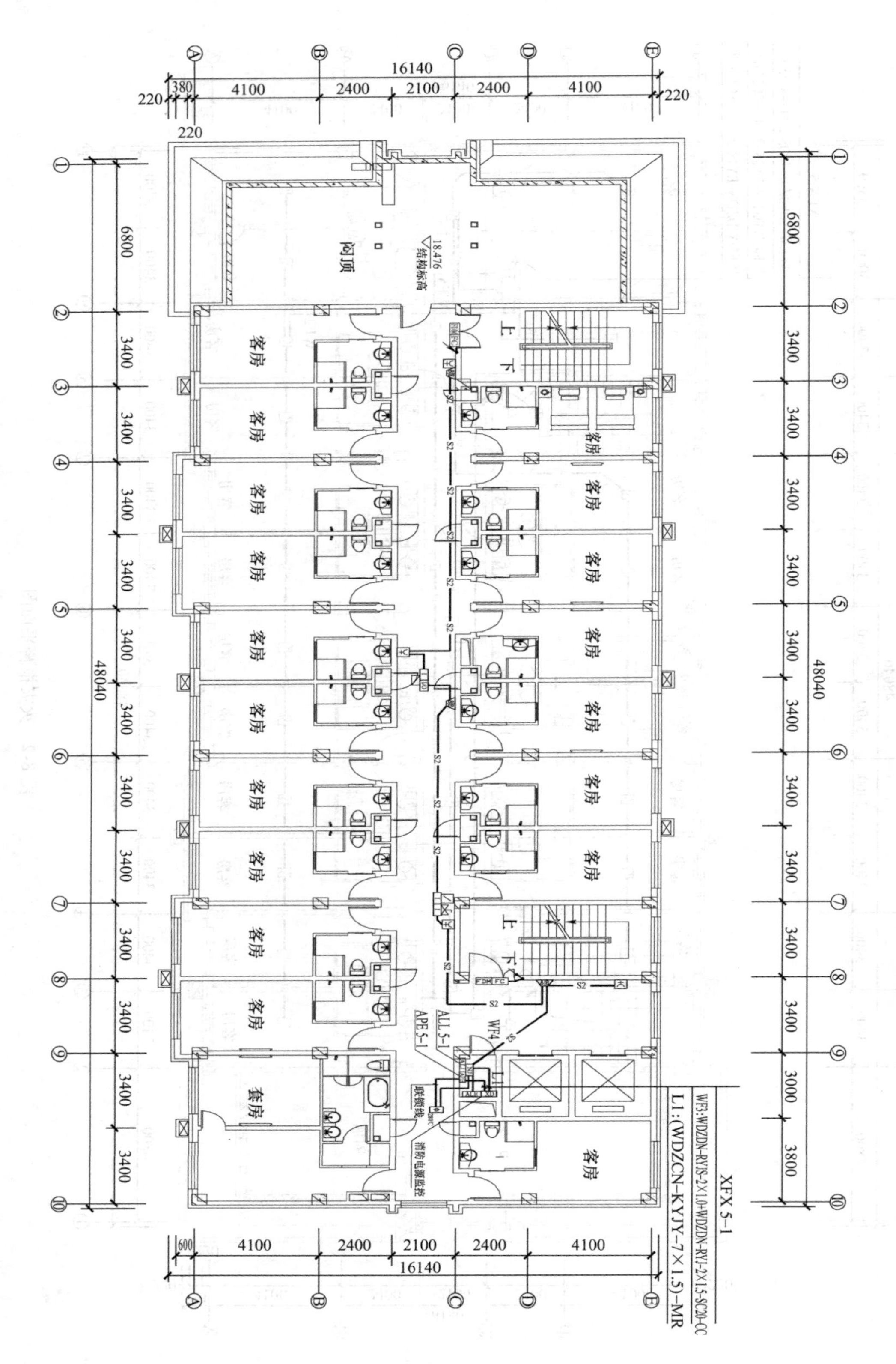
16140
220
380
4100
2400
2100
2400
4100
220
6800
3400
3000
3800
48040
阁顶
18.476
结构标高
客房
套房
上
下
S2
WF4
ALL 5-1
APE 5-1
联动线
消防电源监控
XFX 5-1
WF3:WDZDN-RYJS-2×1.0+WDZDN-RYJ-2×1.5-SC20-CC
L1:(WDZCN-KYJY-7×1.5)-MR
600

图 8-3 火灾联动平面图

第 2 部分

建筑安防系统

第 9 章　建筑安防概述

安全防范就是保障人们在生产、生活和一切社会活动中人身生命、财产和生产、生活设施不受侵犯，防止侵害行为的总称。它包括防侵犯、保安全的思想意识、法律法规、组织行为和物理设施，以及科学技术等各方面，即人们统称的“人防”“物防”和“技防”。安全防范的目的是为了防止入侵、盗窃、破坏、爆炸等行为事故的发生，一旦发生这些行为时，可以及时发现、报警、及时采取制止措施，避免或减少损失，并为追查当事人提供录像等可靠的现场资料。通过安全防范保障社会公共安全，保障人们的生命、财产和正常生活不受侵害，维护人们正常的生产、生活秩序，保持一个安定的环境和生活、生产氛围。例如在单位、公寓出入口设保安人员，在仓库重地和住宅设防盗门窗，在银行营业场所等要害部门设防盗报警器和报警电话，这些都是以保证社会公共安全为目的的传统的人防、物防和技防措施。

随着我国现代化的迅速发展，人们生活水平和生活质量逐步提高，人们对社会公共安全的需求越来越高，例如人们在购买商品房时就关心是否安装了可靠的防盗门窗，就近有无存车的安全场所和设施。再如随着各城镇大型自选商场的产生，在货架和出入口处安装电视监控系统成了不可缺少的技防措施。加强社会公共安全防范具有重要意义，加强安全防范措施势在必行，提高技防手段、实现安全防范自动化是现代社会的客观需求。我国政府对安全防范工作十分重视，设立相关行政职能部门、制定相应的法律法规，这些措施在安全防范工作中起着决定性的作用。

9.1　建筑安防系统组成

一个综合性的公共安全防范系统通常由以下几个部分组成：门禁控制系统、防盗报警系统、停车库引导管理系统、防盗对讲访客系统、电子巡更系统和闭路电视监控系统。图 9-1 所示为建筑安防系统组成框图。

9.1.1　门禁控制系统

门禁控制系统也称出入口控制系统。门禁系统设计主要是在建筑物内的主要管理区、出入口、电梯厅及贵重物品的库房等重要部位的出入口，安装门磁开关、电控锁或读卡机等控制装置，通过中心控制室监控，实现对各出入口的位置、通行对象及通行时间等实时进行监控或设定程序控制。

门禁控制系统由三部分组成：①直接与人员打交道的前端设备如：读卡机、电子门锁、出口手动控制按钮等；②控制器：连接前端和控制中心主机的设备，接收前端设备发来的信号发送给主机，通过判断，发出处理的信息，对出入人员进行管理；③控制中心系统：主要是由计算机装置、管理软件即硬件和软件组成，管理系统中所有的控制器。门禁系统结构框图如图 9-2 所示。

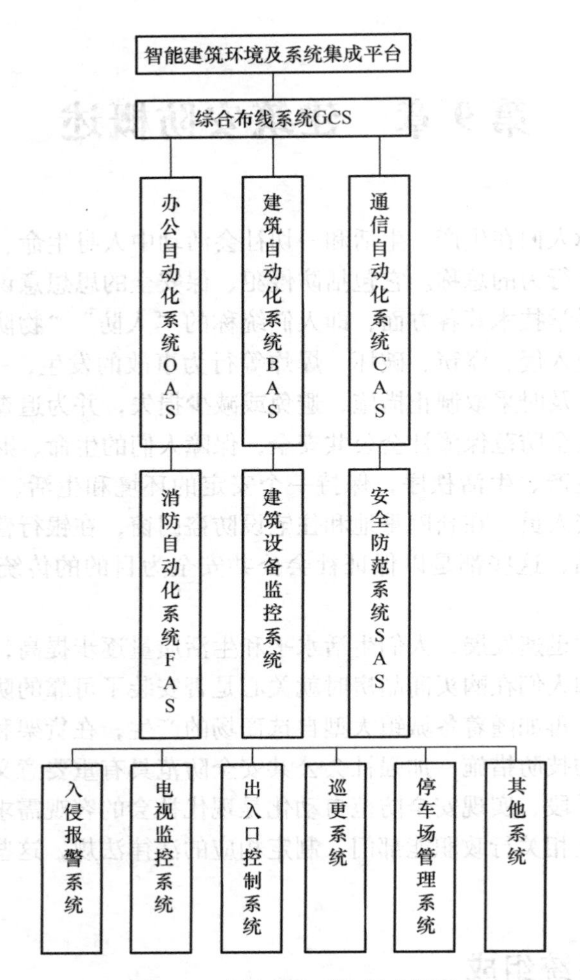

图 9-1　建筑安防系统组成框图

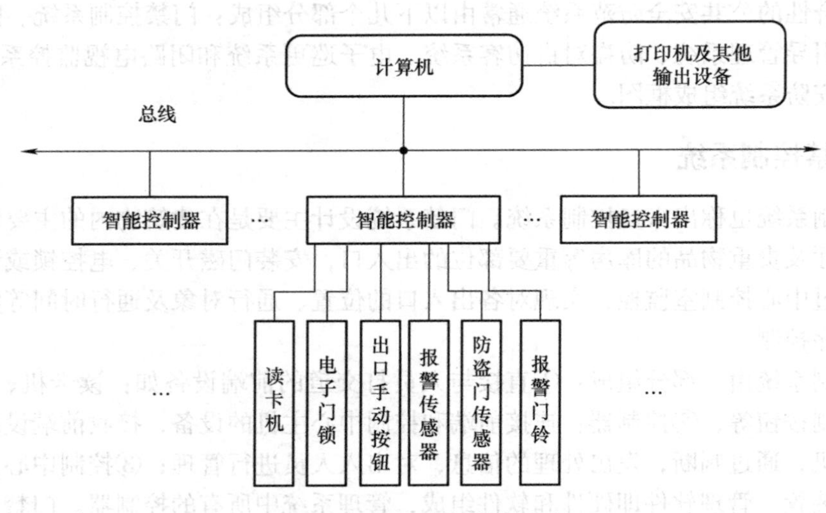

图 9-2　门禁系统结构框图

9.1.2 防盗报警系统

防盗报警系统属于公共安全防范管理系统范畴，该系统是通过物理方法和电子技术，采用现代化高科技的电子技术、传感器技术、精密仪器技术和计算机技术，来自动探测发生在布防监测区域内的入侵行为，产生报警信号，并向值班人员辅助提示发生报警的区域部位、显示可能采取的对策。能够自动探知在布防区域内发生的入侵行为，是防入侵探测报警系统成功的关键，在此各种各样的防入侵探测器发挥着至关重要的作用。例如国家级展览馆的展览厅、重要设备机房和库房、主要出入口通道等场所，一旦发生入侵行为，区域里的探测器至少有一个能够触发产生报警信号，实时地传送给报警接收控制器。基本的防入侵探测报警系统由多个防入侵探测器加上一个报警接收控制器构成，监视一个或几个防区，若干个基本系统可组合成更加大型的系统。配上强有力的信息传送线路和区域性报警中心的报警接收处理主机，就可构成区域性的报警网络。报警信号除各类入侵探测器外，还可以有脚踏式报警开关、手动紧急按钮等多种紧急报警源。从功能上来说，区域性的报警网络除防盗防侵入功能外，若对于各类求助报警信号、煤气泄漏报警信号、医疗急救报警信号、火灾消防信息等也能予以响应，则将组成报警内容更加广泛的综合性系统。

防盗报警系统主要由三部分组成即各种类型的现场探测器、现场区域控制器、报警监控中心控制设备，主要包括：

1. 报警控制中心

报警控制中心由信号处理器和报警装置等设备组成。处理传输系统传来的各类现场信息，若有情况，控制器就控制报警装置，发出声、光报警信号，引起值班人员的警觉，以采取相应的措施或直接向公安保卫部门发出报警信号。该设备通常设置在报警控制中心或保安人员工作的地方，保安人员可以通过该设备对保安区域内各位置的探测器的工作情况进行集中监视。该设备常与计算机相连，可随时监控各子系统的工作状态。

2. 传输系统

传输系统负责在探测器和报警控制中心之间传递信息（探测电信号）。传输信道常分为有线信道（如双绞线、电力线、电话线、电缆或光缆等）和无线信道（一般是调制后的微波）两类。

3. 探测器

探测器位于现场，它由传感器和前置信号处理电路两部分组成。根据不同的防范场所选用不同的信号传感器，如气压、温度、振动和幅度传感器等，来探测和预报各种危险情况。例如红外探测器中的红外传感器能探测出被测物体表面的热变化率，从而判断被测物体的运动情况而引起报警；振动电磁传感器能探测出物体的振动，把它固定在地面或保险柜上，就能探测出入侵者走动或撬挖保险柜的动作。前置信号处理电路将传感器输出的电信号处理后变成信道中传输的电信号，此信号常称为探测电信号。图9-3所示为防盗报警系统结构示意图。

9.1.3 停车库车位引导管理系统

随着现代社会的科技发展和人们生活水平的提高，我国停车场自动管理技术已逐渐走向成熟，停车场管理系统向大型化、复杂化和高科技化方向发展，已经成为智能建筑的重要组

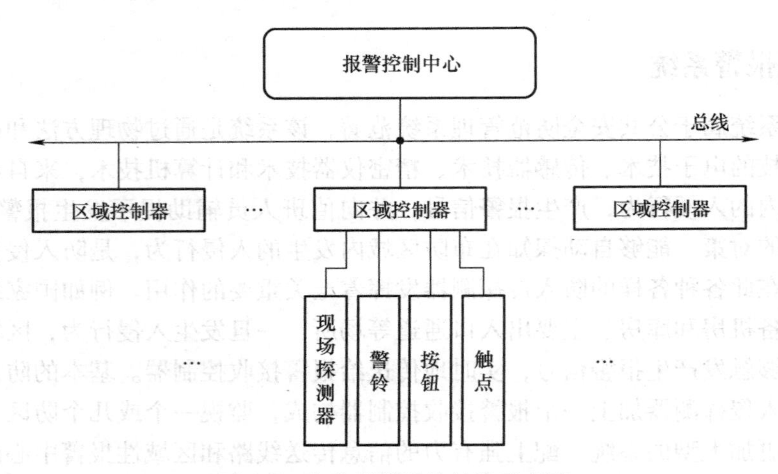

图 9-3 防盗报警系统结构示意图

成部分，并作为楼宇自控系统的一个子系统与计算机网络相连，使远距离的管理人员可以监视和控制停车场。智能停车场管理系统是采用先进技术和高度自动化的机电设备，并结合用户在停车场收费管理方面的需求，以及交通管理方面的经验而开发的智能系统。该系统提供了一种高效率的管理方式，为用户提供更方便、更有效的服务。智能停车场管理系统采用图形人机界面操作方式，具有操作简单、使用方便、功能先进等优点，车场使用者可以在最短的时间进入或离开停车场，以提高车库管理质量，取得较高的经济效益和良好的社会效益。

智能停车场管理系统设立有自动收费站，无须操作员即可完成其收费管理工作。智能停车场系统按其所在环境不同可分为内部智能停车场管理系统和公用智能停车场管理系统两大类。内部停车场综合管理系统主要面向该停车场的固定车主与长期租车位的单位、公司及个人，一般多用于单位自用停车场、公寓及住宅小区配套停车场、办公楼的地下停车场、长期车位租借停车场与花园别墅小区停车场等。此种停车场的特点是使用者固定，禁止外部车使用。图 9-4 所示为车位引导系统的组成结构示意图。

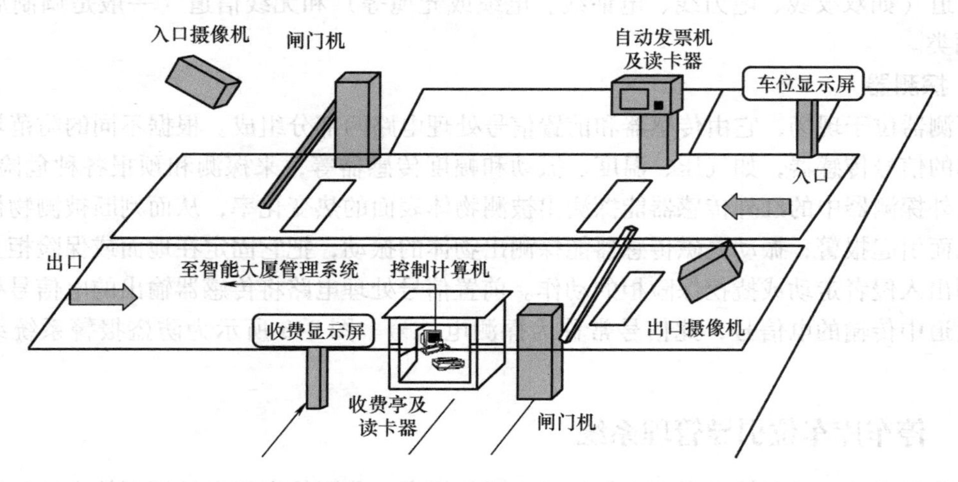

图 9-4 车位引导系统的组成结构示意图

车位引导系统一般由入口管理站、出口管理站和计算机监控中心等几部分构成。停车场的入口管理站分别设置地感应线圈、闸门机、感应式阅读器、对讲机、指示显示入口机、电子显示屏、自动取卡机和摄像机。停车场的出口管理站分别设置地感应线圈、出口机、对讲机、电子显示屏、闸门机等。计算机监控中心包括计算机主机、显示器、对讲机和票据打印机等。

9.1.4　防盗对讲访客系统

防盗对讲访客系统是指对来访客人与住户之间提供双向通话或可视通话，并由住户遥控防盗门的开关设备，当住户遇到非法入侵向管理中心进行紧急报警的一种安全防范系统。

防盗对讲访客系统按功能可分为单对讲型和可视对讲型两种。

1. 单对讲访客型系统

一般由防盗安全门、对讲主机、控制系统和电源等组成。系统设备由室内对讲分机、户外单元防盗门口主机、管理员对讲机、中央计算机控制主机、中继器、房号显示器、系统供电器等。图9-5所示为单对讲访客型系统结构示意图。

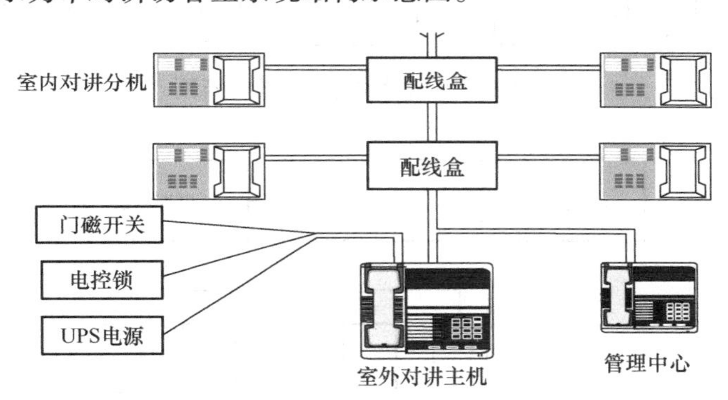

图9-5　单对讲访客型系统结构示意图

2. 可视对讲型访客系统

可视对讲系统是利用住户内可视对讲分机上的电话机实现对讲应答来访者、可视对讲分机上的视屏器实现可视功能，收看到来访者信息并可以为来访者打开单元门。也可以利用住户内的电话机和电视机。住户还可以主动呼叫单元门口主机，进行通话、输入密码打开单元门；主动呼叫管理主机，与管理员通话。图9-6所示为可视对讲访客系统示意图。

9.1.5　电子巡更系统

巡更是自古以来维持社会治安的一种有效手段，是技术防范与人工防范的结合。智能楼宇和智能小区出入口多、进出人员复杂，为了维护楼宇和智能小区的安全，要求小区保安值班人员能够按照预先随机设定的路线顺序地对小区内各巡更点进行巡视，同时也保护巡更人员的安全。用于在下班之后特别是夜间小区的保卫与管理，实行定时定点巡查，是防患于未然的一种措施，其本质上和我国古代的敲更没有什么不同，只不过技术大为改进而已。巡更系统是一个由微机管理的应用微电子技术的系统。随着现代技术的高速发展，智能建筑的巡更管理已经从传统的人工方式向电子化、自动化方式转变。电子巡更系统作为人防和技术防范相结合的一个重要手段，目前被广泛采用。图 9-7 所示为电子巡更系统的基本组成结构示意图。

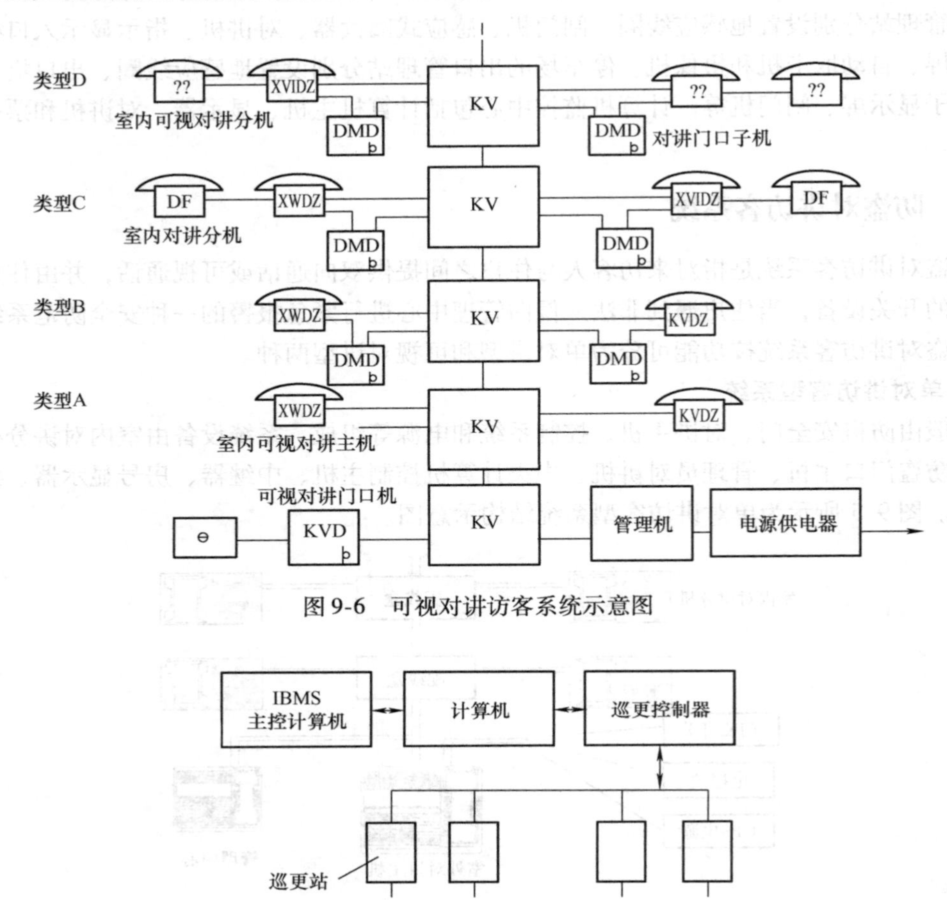

图 9-6　可视对讲访客系统示意图

图 9-7　电子巡更系统的基本组成结构示意图

9.2　建筑安防系统的构建方式

根据所要完成功能的复杂程度以及要求达到的智能化水平，组建楼宇安全防范系统比较优选的方法是有针对性的组合集成，特别是以网络为连接纽带的智能化组合。系统具有微机控制和能够在 WindowsNT 操作系统环境下上网运行，从而可在网络上遥控或远程观看电视监控图像，已成为衡量楼宇安全自动化系统档次和水平的指标。组建楼宇安全防范系统主要有以下几种方式：

1. 以视频矩阵切换控制器为主构成的系统（见图 9-8）

该类系统具有结构简单、容易实现的特点，矩阵切换控制设备与每台摄像机间视频与控制信号的传输，既可以是同轴电缆加多芯缆线传输的常规类型，也可以是以单根同轴电缆传输的同轴视控型。视频矩阵切换控制器也实时响应由各类报警探测器发送来的报警信号，联动实现对应报警部位摄像机图像的切换显示。但其本质是独立式系统，不一定具备连机上网能力。该类结构的发展趋势之一是不局限于视频切换，而将音频也包纳在其中，从而实现视频、音频同步全交叉矩阵切换；趋势之二是键盘以有线方式连接外，有的增配红外无线遥控器；趋势之三是增强视频矩阵切换控制器本身的菜谱编程功能，可通过选择菜单完成系统状态、工作方式和显示方式、预置位设置与快速预置定位、报警探测的布防与撤防；报警联动控制等编程项目的设置和执行，还可将汉字字库芯片植入其中，以实现用汉字标识摄像机名和工作状态等提示性信息。

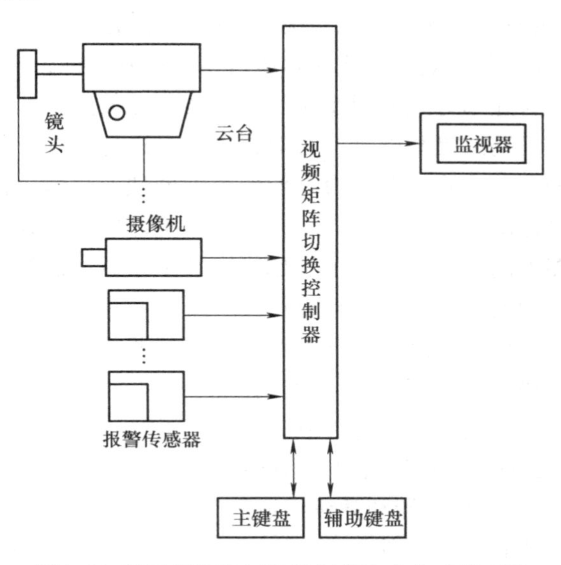

图9-8 以视频矩阵切换控制器为主构成的系统

2. 视频矩阵切换控制器和微机组成的二级控制系统（见图9-9）

该类系统也称作数字控制的模拟电视监控系统，仍然以视频矩阵切换控制器为切换与控制的核心，但除了有以视频矩阵切换控制器组成的基本系统全部功能外，新增配的微机起着上位机指挥命令的作用，既可以替代专用键盘实现视频切换显示及控制前端等动作，也可以

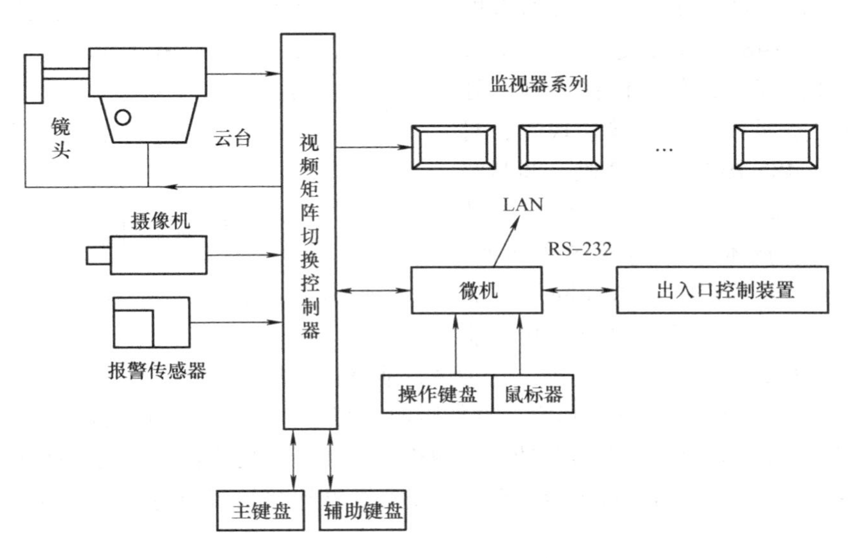

图9-9 视频矩阵切换控制器和微机组成的二级控制系统

将其显示屏作为主监视器显示任何视频图像。若在微机中配备视频图像采集卡，则可具有报警时刻、报警现场图像采集存储及报警图像资料库检索查询等功能，该微机同时还可以管理门禁控制装置。微机本身也可参与联网以接收来自网上的其他信息源。视频矩阵切换控制器与上位微机之间通过 RS－232 或 RS－485 标准接口相连和进行通信。视频矩阵切换控制器加微机组成的二级控制系统不仅将系统的控制档次升级，而且微机的引入将大大丰富系统的信息资源，如可以很方便地实现汉字系统、快速查询报警信息等。运行这类系统时，只需要通过按动微机的鼠标或者键盘，就可以选择和运行系统控制软件，控制软件的主要功能有：

1）输入保密字以隐含显示方式完成系统注册，防止无关人员非法使用系统。

2）对于报警区域作设防或撤防处理，可对报警记录进行查询。

3）定义报警图像的捕获方式，对报警图像作图像处理、存储、检索和回放。

4）可查询系统控制范围内人员的出入记录，并以统计报表方式打印、输出。

5）完成各个监视器上的视频切换显示，也可定义单台显示器顺序显示的间隔时间。

6）对需要控制的云台与镜头实施遥控操作。

7）可对视频图像的颜色、亮度、灰度及对比度进行调整。

8）设置云台定时扫描巡检的起/停日期与时间。

9）对监听、照明等装置的手动加电控制。

3. 控制与管理相融合的一体化系统（见图 9-10）

该类系统与视频矩阵切换控制器和微机组成的二级控制系统相比，其组成方式体现为视频矩阵切换控制器与控制用微机部件和功能的进一步融合。可以将视频矩阵切换、对前端摄像设备控制等功能以插卡形式装入通用微机之中，形成以微机为核心的一体化系统；也可以将微机部件纳入视频矩阵切换控制器，形成新型微机化控制器的方案；还可以使系统自成体系。其所有的产品均具有 RS－485 接口，通过一根双绞线作为总线进行双向通信，包括多画面处理器、视频切换器和红外报警模块等，对于不具有 RS－485 接口的计算机、调制解调器等设备，则需要经过适配器作接口转换后挂接。无论技术上的实现途径如何，重要的是系统功能的增强，这样除能完成视频矩阵切换和对摄像机前端的控制功能外，同时具备很强的计算机管理功能。这种系统能够设置注册密码，具有编程能力和菜单选择，可输入/输出报警信息与图像信息，并能随时予以检索、查询，可完成门禁控制及报警联动操作，具有联网通信与网上传输功能。微机与视频矩阵切换控制器的一体化控制系统均内置有多路报警输入与输出，可配接多台分控键盘，并连接较多的前端解码器，大型系统可实现分级层联网通信。

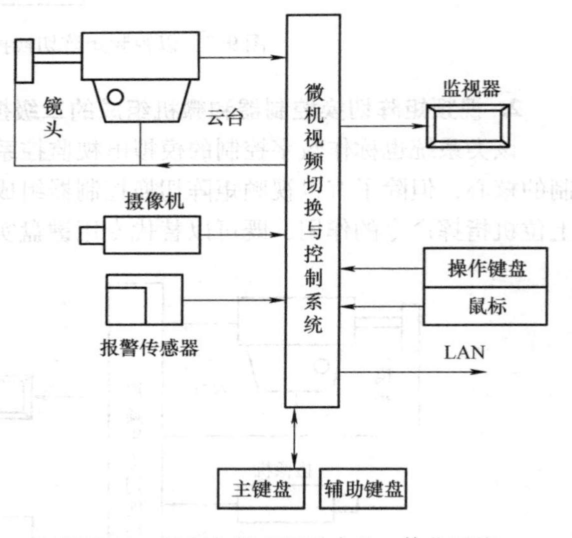

图 9-10　控制与管理相融合的一体化系统

4. 大型网络式结构系统（见图 9-11）

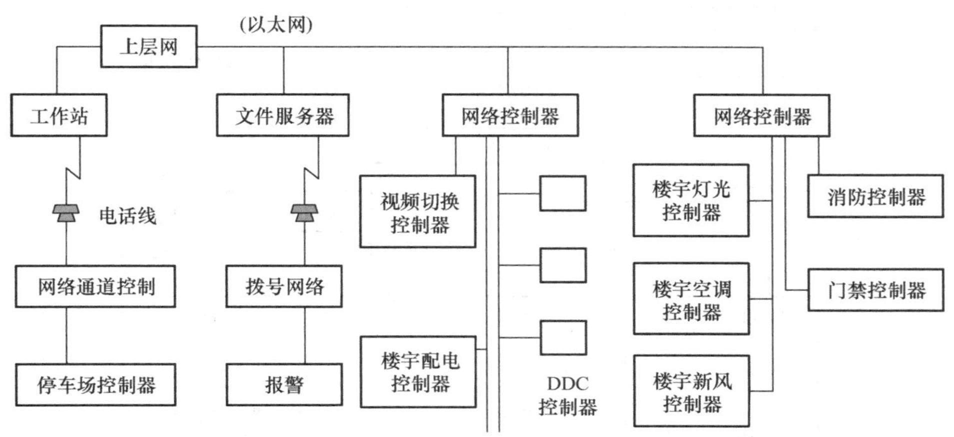

图 9-11　大型网络式结构系统

在大型网络式结构的系统中，网络是核心，所有的子系统或设备均可上网运行，并通过网络完成信息的传送和交互，此时监控装置完成基本监视与报警功能，网络通信实现命令传递与信息交换，计算机系统则统一整个保安管理系统的运行。该系统的特点是：

1）能组合成大范围监控系统。

2）监控图像与报警信息具有在网上传输的能力，特别是影像的传输。网络的类型主要有以太网或快速以太网、光纤网络等。

3）可以实现综合性保安管理功能，从而有可能在图像压缩、多路复用等数字化进程基础上，实现将电视监控、探测报警和出入口控制等安防三要素真正有机结合在一起，形成综合数字网络，特别是将其建立在社会公共信息网络之上。

4）能够较好地与智能大厦管理控制系统相结合，成为智能化楼宇管理系统 IBMS 的有机组成部分或者与之融为一体。

5. 基于现场总线和控制软件包构成的分布式安全自动化系统（见图 9-12）

在楼宇安全自动化系统中，视频切换、选择被控摄像前端、各类报警信号的输入等多数是开关量信号，因此，可采用工业控制中的可编程序控制器硬件或者软件包来实现对开关量的控制。由于硬件 PLC 中的 I/O 模块与中央控制单元结构集中在一起，从而使得 PLC 中的 I/O 模块与受控设备之间的信号传输线依然很长。为此，引入现场总线控制系统，构成基于现场总线和 PLC 的分布式安全自动化系统，以实现信号传输的全数字化、系统结构的全分散式、通信网络的开放互连性和技术标准的全开放性。基于现场总线的楼宇安全自动化系统采用两层网结构，上层局域网采用 100Base－T 快速以太网，图像数据库、文件服务器、网络控制器、工作站等之间可以实现高速通信，并可通过标准拨号电话线或网关与异地通信，实现多媒体数据远传；下层网采用现场总线 PROFIBUS 标准。在此结构中，主站采用具有 WindowsNT 操作系统的 PC，主站内装有包含 PLC 控制软件在内的 WinCAT 实时控制软件包。主站上接上层以太网，可以扩展和延伸系统资源并且很容易接入智能楼宇管理系统，与其形成统一的控制与管理；下接下层现场总线，主站通过一块插在 PC 内的接口板与从站相连，实现对各个从站的功能模块进行通信和控制。

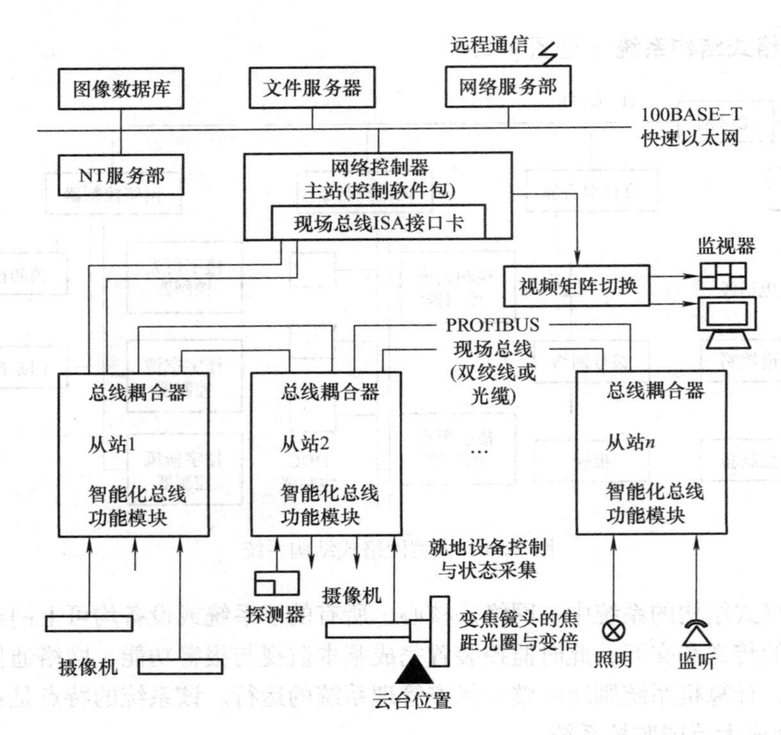

图 9-12　基于现场总线和控制软件包构成的分布式安全自动化系统

9.3　建筑安防系统的发展趋势

智能建筑是现代高科技技术的结晶，它赋予了建筑物更强的生命力，提高了其使用价值。随着信息化社会进程的发展，智能建筑中所包含的智能化和自动化的水平将进一步提高。智能建筑的发展将追求以下目标：

1）提供安全、舒适、快捷、高效的优质服务和良好的工作与生活环境。

2）建立技术先进、管理科学和综合集成的高度智能化管理体制。

3）节省能源消耗，减少资源浪费，降低日常运行成本。

在国际上，智能建筑已经向“智能建筑群”和“智能城市”发展，如韩国的“智能半岛”计划，新加坡的“智能花园”计划，日本的“海上智能城”和美国的“月球智能城市”计划等。

随着科学技术的发展，智能建筑安全防范系统的重点发展方向可综述如下：

1）建筑物的自动化：智能物业管理系统；事故监测控制系统；开放协议/面向对象技术；性能测量及查对控制系统；大范围的报警/监视系统；面貌识别系统。

2）办公业务的自动化：办公公文结构；基于网络的办公系统；智能化专家系统；自然语言理解；多媒体数据库技术。

3）通信系统自动化：语音识别与语音合成；智能通信服务；无线和私人通信系统。

总之，智能建筑安全防范系统将不断地利用成熟的新技术实现人、自然、环境的和谐统一。智能建筑安全防范系统具有广泛的使用前景，其发展是社会进步的必然。

复习思考题

1. 安全防范系统的基本功能是什么?
2. 安全防范系统由哪几部分组成?
3. 安全防范系统的发展趋势是什么?
4. 安全防范系统有哪三种构建方式?

第 10 章　公共安全系统

10.1　入侵报警系统

10.1.1　入侵报警系统设计原则及其概述

通常，包括智能大厦在内的现代化的大型建筑物，在其内部的主要设施和要害部门都要求设置入侵报警装置，这些场所包括：停车场、大堂、商场、银行、餐厅、酒吧、娱乐场所、设备间、仓库、写字楼层及其公共部分、大厦周围及主要场所的出入口等。入侵报警系统的设计应当从实际需要出发，尽可能地使系统的结构简单、可靠，设计时应遵循的基本原则如下：

1）系统应当符合我国有关的国家标准，即集散型结构通过总线方式将报警控制中心与现场控制器连接起来，而探测器则分别连接到现场控制器上，在难于布线的局部区域宜采用无线通信设备。

2）系统必须采用多层次、立体化的防卫方式，如周边设防、区域布防和目标保护，在目标保护中不能有监控盲区的出现。

3）报警器应安装在非法闯入者不易达到的位置，通往报警器的线路最好采用暗埋方式。

4）传感器或探测器尽量安装在人不注意的地方，且当受损时易于发现，并得到相应的处理。

5）系统必须可靠，具有自动防止故障的特性，这意味着即使工作电源发生故障，系统也必须处于随时能够工作的状态。

6）系统所使用的部件应尽量采用标准部件，便于系统的维护和检修。

7）系统应具备一定的扩充能力，以适应日后使用功能可能的变化。

入侵报警系统就是用探测器对建筑物内外重点区域、重要地点布防，在探测到非法入侵者时，信号传输到报警主机，声光报警，显示地址。有关值班人员接到报警后，根据情况采取措施，以控制事态的发展。防盗报警系统除了上述报警功能外，尚有联动功能。例如开启报警现场灯光（含红外灯）、联动音视频矩阵控制器、开启报警现场摄像机进行监视，使监视器显示图像、录像机录像等等，这一切都可对报警现场的声音、图像等进行复核，从而确定报警的性质（非法入侵、火灾、故障等），以采取有效措施。

防盗报警系统能对设防区域的非法入侵进行实时、可靠和正确无误的报警和复核。漏报警是绝对不允许的，误报警应降低到可以接受的限度。为预防抢劫（或人员受到威胁），系统应设置紧急报警装置和留有与 110 接警中心联网的接口。同时该系统还提供安全、方便的设防（包括全布防和半布防）和撤防等功能。

10.1.2　入侵报警系统的组成及特点

防入侵探测报警系统是利用物理方法和电子技术，来自动探测发生在布防监测区域内的侵入行为，产生报警信号，并向值班人员辅助提示发生报警的区域部位、显示可能采取的对策。能够自动探知在布防区域内发生的入侵行为，是防入侵探测报警系统成功的关键，在此各种各样的防入侵探测器发挥着至关重要的作用，它们犹如瞪大着的一双双眼睛，时刻注视着所发生的一切，一旦发生有入侵行为，它们之中至少要有一个能够触发产生报警信号，实时地传送给报警接收控制器。基本的防入侵探测报警系统由多个防入侵探测器加上一个报警接收控制器构成，监视一个或几个防区，若干个基本系统可组合成更加大型的系统。配上强有力的信息传送线路和区域性报警中心的报警接收处理主机，就可构成区域性的报警网络。

报警信号除各类入侵探测器外，还可以有脚踏式报警开关、手动紧急按钮等多种紧急报警源。从功能上来说，区域性的报警网络除防盗防入侵功能外，若对于各类求助报警信号、煤气泄漏报警信号、医疗急救报警信号、火灾消防信息等也能予以响应，则将组成报警内容更加广泛的综合性系统。防盗报警系统的基本结构如图10-1所示。

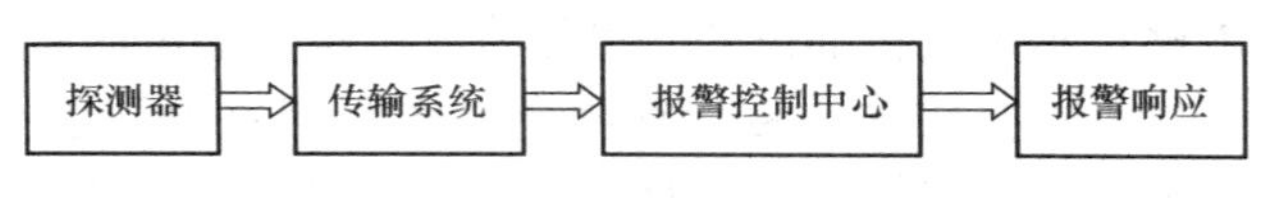

图10-1　防盗报警系统的基本结构

1. 报警控制中心

报警控制中心由信号处理器和报警装置等设备组成。处理传输系统传来的各类现场信息，若有情况，控制器就控制报警装置，发出声、光报警信号，引起值班人员的警觉，以采取相应的措施或直接向公安保卫部门发出报警信号。该设备通常设置在报警控制中心或保安人员工作的地方，保安人员可以通过该设备对保安区域内各位置的探测器的工作情况进行集中监视。该设备常与计算机相连，可随时监控各子系统的工作状态。

2. 传输系统

传输系统负责在探测器和报警控制中心之间传递信息（探测电信号）。传输信道常分为有线信道（如双绞线、电力线、电话线、电缆或光缆等）和无线信道（一般是调制后的微波）两类。

3. 探测器

探测器位于现场，它由传感器和前置信号处理电路两部分组成。根据不同的防范场所选用不同的信号传感器，如气压、温度、振动和幅度传感器等，来探测和预报各种危险情况。例如红外探测器中的红外传感器能探测出被测物体表面的热变化率，从而判断被测物体的运动情况而引起报警；振动电磁传感器能探测出物体的振动，把它固定在地面或保险柜上，就能探测出入侵者走动或撬挖保险柜的动作。前置信号处理电路将传感器输出的电信号处理后变成信道中传输的电信号，此信号常称为探测电信号。

防入侵探测报警系统有如下特点：

1）输入端多，探测现场采用紧急按钮、红外、微波、超声波、磁开关、光遮断、玻璃破碎声音与频率、振动等各种物理方法，来获得报警的信号。这里应特别注意：选择适用的报警传感器，灵敏度不够，将导致漏报，贻误报警时机；灵敏度过高将产生误报，虚惊一场，而且多次误报会使人们产生麻痹心理；还要合理布局探测传感器于各监视部位。

2）系统为触发式工作，仅当有入侵行为发生时，系统才会产生声光报警信号，警铃大作，因此系统的输入可视为开关工作方式。

3）系统较易受到干扰，由于环境因素加之入侵探测器的灵敏度较高时，有可能触发误报警，产生虚假的报警信号。根据统计，系统运行中的误报率可能会高于 80%，成为必须面对的严峻现实，因此通过各种措施，在保证不漏报的前提下千方百计降低误报是关键。

4）报警控制器位于系统的第二层，是带微处理器的控制器，当它接收到现场的报警信号时，一方面对现场报警点进行操作和控制，另一方面向监控中心传送有关的报警信息，在监控中心的显示屏上显示出来或通过监控中心的打印机把有关的报警信息记录下来。

5）监控报警主机位于第一层，在收到有报警信号后，将以防区分割的形式确定和显示报警源的位置，调出相应防区报警部位的电子地图，提示对该防区应采取的措施。系统对触发报警不应立即响应，而应该先有报警复核，稍作延迟响应再转发报警则更为稳妥，当然，这里存在着应立即报警和执行复核而造成时间延误之间的矛盾，这需要视具体情况而加以妥善设置。作为触发报警复核的最强有力手段，则是报警与监控摄像机及灯光的联动，当某一部位发生报警时，除能够指示出报警部位外，更能将发生报警部位的监控图像在监视器上显示，使值班人员一目了然，这是将防入侵探测报警系统与闭路电视监控系统二者合一的方法，是安全防范系统发展的必然趋势之一，此时报警区域图像的实时捕捉与记录，形成报警图像资料库文件，更是微机化报警处理系统的关键。必要时还需将复核后的报警信号通过计算机网络、电话线等方式向上级报警监视网络传输。监控报警主机的另外一个主要功能是控制现场报警点的布防和撤防，或每天按时间程序进行布防和撤防。

10.2 视频安防监控系统

视频安防监控系统是安全技术防范体系中的一个重要组成部分，是一种先进的、防范能力极强的综合系统，它可以通过遥控摄像机及其辅助设备（镜头、云台等）直接观看被监视场所的一切情况，能实时、形象、真实地反映被监视控制对象的画面，已成为人们在现代化管理中监控的一种极为有效的观察工具。视频安防监控系统既省时间省费用，又提高了工作效率，实现适时指挥和调度、处理和保存。因此视频安防监控系统已被广泛地应用各种场所：工业现场、商业场所、医疗单位、物业小区、道路交通、饭店、超市、文化场所及其他特殊办公地点等。同时它也可以结合多媒体技术、计算机网络技术的一种系统。视频安防监控系统是视频技术在安全防范领域的应用。它使管理人员在控制室便能看到大厦内外重要地点的情况，给保安系统提供了视觉效果，为消防、楼内各机电设备的运行及人员活动提供了实时监视和事后查询等功能。

10.2.1 视频安防监控系统组成

一般来说，基本的视频安防监控系统依功能结构可分为摄像、传输、控制和显示与记录四部分。图 10-2 所示为基本的视频安防监控系统。

1. 摄像部分

摄像部分是电视监控系统的前沿部分，是整个系统的“眼睛”。它布置在被监视场所的某一位置上，使其视场角能覆盖整个被监视的各个部位。有时，被监视场所面积较大，为了节省摄像机所用的数量、简化传输系统及控制与显示系统，在摄像机上加装电动的（可遥控的）可变焦距（变倍）镜头，使摄像机所能观察的距离更远、更清楚；有时还把摄像机安装在电动云台上，通过控制台的控制，可以使云台带动摄像机进行水平和垂直方向的转动，从而使摄像机能覆盖的角度、面积更大。总之，摄像机就像整个系统的眼睛一样，把它监视的内容变为图像信号，传送给控制中心的监视器上。由于摄像部分是系统的最前端，并且被监视场所的情况是由它变成图像信号传送到控制中心的监视器上，所以从整个系统来讲，摄像部分是系统的原始信号源。因此，摄像部分的好坏以及它产生的图像信号的质量将影响着整个系统的质量。从系统噪声计算理论的角度来讲，影响系统噪声的最大因素是系统中的第一级的输出（在这里即为摄像机的图像信号输出）信号信噪比的情况。所以，认真选择和处理摄像部分是至关重要的。如果摄像机输出的图像信号经过传输部分、控制部分之后到达监视器上，那么到达监视器上的图像信号信噪比将下降，这是由于传输及控制部分的线路、放大器、切换器等又引入了噪声的缘故。除了上述的有关讨论之外，对于摄像部分来说，在某些情况下，特别是在室外应用的情况下，为了防尘、防雨、抗高低温、抗腐蚀等，对摄像机及其镜头还应加装专门的防护罩，甚至对云台也要有相应的防护措施。

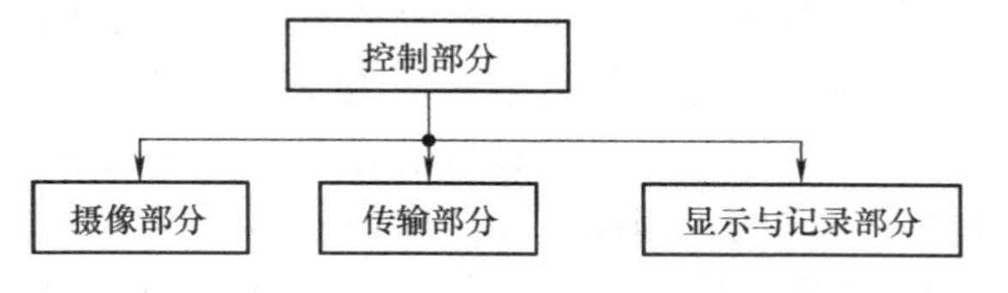

图 10-2 基本的视频安防监控系统

2. 传输部分

传输部分就是系统的图像信号通路。一般来说，传输部分单指的是传输图像信号。但是，由于某些系统中除图像外，还要传输声音信号，同时，由于需要有控制中心通过控制台对摄像机、镜头、云台、防护罩等进行控制，因而在传输系统中还包含有控制信号的传输，所以我们这里所讲的传输部分，通常是指所有要传输的信号形成的传输系统的总和。

如前所述，传输部分主要传输的内容是图像信号。因此重点研究图像信号的传输方式及传输中有关问题是非常重要的。对图像信号的传输，重点要求是在图像信号经过传输系统后，不产生明显的噪声、失真（色度信号与亮度信号均不产生明显的失真），保证原始图像信号（从摄像机输出的图像信号）的清晰度和灰度等级没有明显下降等。这就要求传输系统在衰减方面、引入噪声方面、幅频特性和相频特性方面有良好的性能。在传输方式上，目前电视监控系统多半采用视频基带传输方式。如果在摄像机距离控制中心较远的情况下，也有采用射频传输方式或光纤传输方式。对以上这些不同的传输方式，所使用的传输部件及传输线路都有较大的不同。目前国内闭路监控的视频传输一般采用同轴电缆作介质，但同轴电缆的传输距离有限，随着技术的不断发展，新型传输系统也日趋成熟，如光纤传输、射频传输和电话线传输等。

3. 控制部分

控制部分是整个系统的“心脏”和“大脑”，是实现整个系统功能的指挥中心。控制部分主要由总控制台（有些系统还设有副控制台）组成。总控制台中主要的功能有：视频信号放大与分配、图像信号的校正与补偿、图像信号的切换、图像信号（或包括声音信号）的记录、摄像机及其辅助部件（如镜头、云台、防护罩等）的控制（遥控）等。在上述的各部分中，对图像质量影响最大的是放大与分配、校正与补偿、图像信号的切换三部分。在某些摄像机距离控制中心很近或对整个系统指标要求不高的情况下，在总控制台中往往不设校正与补偿部分。但对某些距离较远，或由于传输方式的要求等原因，校正与补偿是非常重要的。因为图像信号经过传输之后，往往其幅频特性（由于不同频率成分到达总控制台时，衰减是不同的，因而造成图像信号不同频率成分的幅度不同，此称为幅频特性）、相频特性（不同频率的图像信号通过传输部分后产生的相移不同，此称为相频特性）无法绝对保证指标的要求，所以在控制台上要对传输过来的图像信号进行幅频和相频的校正与补偿。经过校正与补偿的图像信号，再经过分配和放大，进入视频切换部分，然后送到监视器上。总控制台的另一个重要方面是能对摄像机、镜头、云台、防护罩等进行遥控，以完成对被监视的场所全面、详细的监视或跟踪监视。总控制台上设有的录像机，可以随时把发生情况的被监视场所的图像记录下来，以便事后备查或作为重要依据。目前，有些控制台上设有一台或两台“长延时录像机”，这种录像机可用一盘60min带长的录像带记录长达几天时间的图像信号，这样就可以对某些非常重要的被监视场所的图像连续记录，而不必使用大量的录像带。还有的总控制台上设有“多画面分割器”，如四画面、九画面、16画面等等。也就是说，通过这个设备，可以在一台监视器上同时显示出4个、9个、16个摄像机送来的各个被监视场所的画面，并用一台常规录像机或长延时录像机进行记录。上述这些功能的设置，要根据系统的要求而定，不一定都采用。

目前生产的总控制台，在控制功能上，控制摄像机的台数上往往都做成积木式的。可以根据要求进行组合。另外，在总控制台上还设有时间及地址的字符发生器，通过这个装置可以把年、月、日、时、分、秒都显示出来，并把被监视场所的地址、名称显示出来。在录像机上可以记录，这样对以后的备查提供了方便。总控制台对摄像机及其辅助设备（如镜头、云台、防护罩等）的控制一般采用总线方式，把控制信号送给各摄像机附近的“终端解码箱”，在终端解码箱上将总控制台送来的编码控制信号解出，成为控制动作的命令信号，再去控制摄像机及其辅助设备的各种动作（如镜头的变倍、云台的转动等）。在某些摄像机距离控制中心很近的情况下，为节省开支，也可采用由控制台直接送出控制动作的命令信号——即“开、关”信号。

总之，根据系统构成的情况及要求，可以综合考虑，以完成对总控制台的设计要求或订购要求。系统通过控制部分可在中心机房通过有关设备对系统的摄像和传输分配部分的设备进行远距离遥控。主要设备有电动云台、云台控制器和多功能控制器等。

4. 显示与记录部分

显示部分一般由几台或多台监视器（或带视频输入的普通电视机）组成。它的功能是将传送过来的图像一一显示出来。在电视监视系统中，特别是在由多台摄像机组成的电视监控系统中，一般都不是一台监视器对应一台摄像机进行显示，而是几台摄像机的图像信号用一台监视器轮流切换显示。这样做一是可以节省设备，减少空间的占用；二是没有必要一一对应显示。因为被监视场所的情况不可能同时发生意外情况，所以平时只要隔一定的时间（比如几秒、十几秒或几十秒）显示一下即可。当某个被监视的场所发生情况时，可以通过切换器将这一路信号切换到某一台监视器上一直显示，并通过控制台对其遥控跟踪记录。所以，在一般的系统中通常都采用4:1、8:1、甚至16:1的摄像机对监视器的比例数设置监视器的数量。目前，常用的摄像机对监视器的比例数为4:1，即四台摄像机对应一台监视器轮流显示，当摄像机的台数很多时，再采用8∶1或16∶1的设置方案。另外，由于“画面分割器”的应用，在有些摄像机台数很多的系统中，用画面分割器把几台摄像机送来的图像信号同时显示在一台监视器上，也就是在一台较大屏幕的监视器上，把屏幕分成几个面积相等的小画面，每个画面显示一个摄像机送来的画面。这样可以大大节省监视器，并且操作人员观看起来也比较方便。但是，这种方案不宜在一台监视器上同时显示太多的分割画面，否则会使某些细节难以看清楚，影响监控的效果。个人认为，四分割或九分割较为合适。为了节省开支，对于非特殊要求的电视监控系统，监视器可采用有视频输入端子的普通电视机，而不必采用造价较高的专用监视器。监视器（或电视机）的屏幕尺寸宜采用14in（1in = 25.4mm）至18in之间的，如果采用了“画面分割器”，可选用较大屏幕的监视器。放置监视器的位置应适合操作者观看的距离、角度和高度。一般是在总控制台的后方，设置专用的监视架子，把监视器摆放在架子上。系统传输的图像信号可依靠相关设备进行切换、记录、重放、加工和复制等图像处理功能。摄像机拍摄的图像则由监视器重现出来。主要设备有视频切换器、画面分割器、录像机和监视器等。

10.2.2　几种典型的视频安防监控系统

1. 简单的定点监控系统

最简单的定点监控系统就是在监视现场安置定点摄像机（摄像机配接定焦镜头），通过同轴电缆将视频信号传输到监控室内的监视器。例如，在小型工厂的大门口安置一台摄像机，并通过同轴电缆将视频信号传送到厂办公室内的监视器（或电视机）上，管理人员就可以看到哪些人上班迟到或早退，离厂时是否携带了厂内的物品。若是再配置一台录像机，还可以把监视的画面记录下来，供日后检索查证。这种简单的定点监控系统适用于多种应用场合。当摄像机的数量较多时，可通过多路切换器、画面分割器或系统主机进行监视。以某著名外企总部为例，该总部曾多次丢失高档笔记本计算机，后来在其各楼层的所有12个出口都安装了定点摄像机，并配备了3台四画面分割器和24h实时录像机，有效地杜绝了上述失盗现象。

某招待所也是采用了这种简单的定点监控系统。这是在1~6层客房通道的两端各安装一台定点黑白摄像机，加上大门口、门厅、后门、停车场等4个监视点共计16台摄像机，再配置一台16画面分割器、一台29in（1in = 25.4mm）大屏幕彩电和一台24h录像机便构成了完整的监控系统。

当监视的点数增加时会使系统规模变大，但如果没有其他附加设备及要求，这类监控系统仍可归属于简单的定点系统，以某超市的闭路电视监控系统为例，由于该超市的营业面积较大（上下两层总计约16000m^2），货架较多，总共安装了48台定点黑白摄像机。这48台摄像机的信号被分成了3组，分别接到了对应的16画面分割器、17in黑白监视器和24h录像机（该超市的实际工程中另外增加了防盗报警系统和公共广播/背景音乐系统，此处从略）。图10-3显示出了该超市电视监控系统的构成。

2. 简单的全方位监控系统

全方位监控系统是将前述定点监控系统中的定焦镜头换成电动变焦镜头，并增加可上下左右运动的全方位云台（云台内部有两个电动机），使每个监视点的摄像机可以进行上下左右的扫视，其所配镜头的焦距也可在一定范围内变化（监视场景可拉远或推进）。很显然，云台及电动镜头的动作需要由控制器或与系统主机配合的解码器来控制。

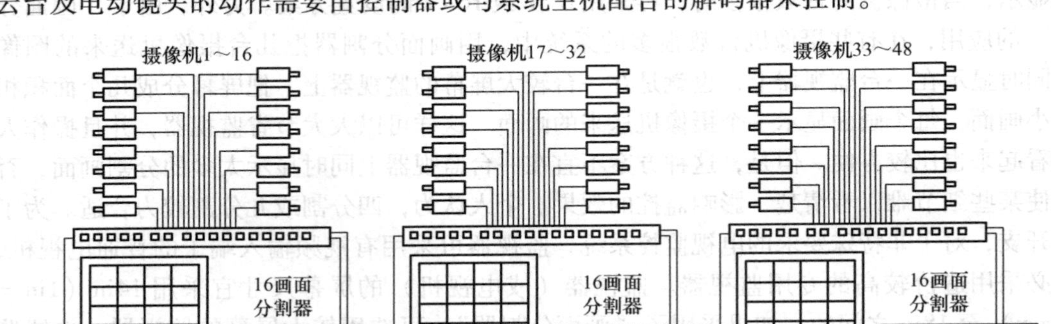

图 10-3　该超市电视监控系统

最简单的全方位监控系统与最简单的定点监控系统相比，在前端增加了一个全方位云台及电动变焦镜头，在控制室增加了一台控制器，如 SP3801，另外从前端到控制室还需多布设一条多芯（10 芯或 12 芯）控制电缆。以某小型制衣厂的监控系统为例，在其制衣车间安装了两台全方位摄像机，在厂长办公室内配置了一台普通电视机、一台切换器和两台控制器，当厂长需要了解车间情况时，只需通过切换器选定某一台摄像机的画面，并通过操作控制器使摄像机对整个监控现场进行扫视，也可以对某个局部进行定点监视。在实际应用中，并不一定使每一个监视点都按全方位来配置，通常仅是在整个监控系统中的某几个特殊的监视点才配备全方位设备。例如，在前述的某招待所的定点监控系统中，也可考虑将监视停车场情况的定点摄像机改为全方位摄像机（更换电动变焦镜头并增加全方位云台），再在控制室内增加一台控制器，这样就可以把对停车场的监视范围扩大了，既可以对整个停车场进行扫视，也可以对某个局部进行监视。特别是当推进镜头时，还可以看清车牌号码。图 10-4 所示为在定点监控系统中增加一个全方位监视点的系统结构。

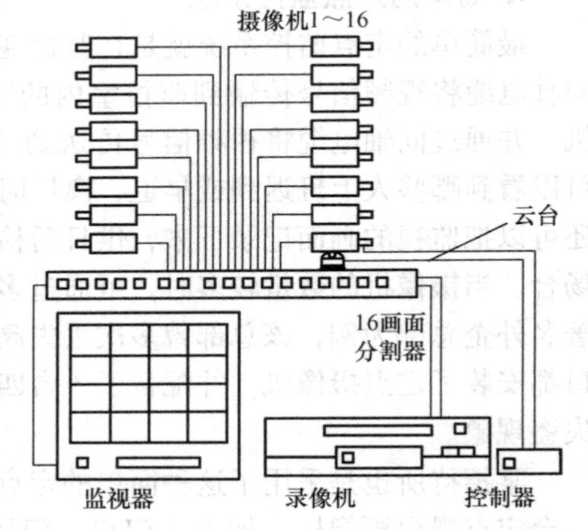

图 10-4　在定点监控系统中增加一个全方位监视点的系统结构

3. 具有小型主机的监控系统

多大的系统才需配用系统主机并没有严格的限制。一般来说，当监控系统中的全方位摄像机数量达到 3 ~4 台以上时，就可考虑使用小型系统主机。虽然用多台单路控制器或一台多路（如 4 路或 6 路）控制器也可以实现全方位摄像机的控制，但这样所需的控制线缆数量较多（每一路至少要一根 10 芯电缆），而且线缆的长度将过长（长线电阻造成的电压降可能会导致云台及电动镜头动作迟缓甚至不动作），整个系统也会显得零乱。

一般来说，使用系统主机会增加整个监控系统的造价，这是因为系统主机的造价要比普通切换器高，而与之配套的前端解码器的价格也比普通单路控制器高。但从布线考虑，各解码器与系统主机之间是采用总线方式连接的，因此系统中线缆的数量不多（只需要一根两芯通信电缆)。另外，集成式的系统主机大都有报警探测器接口，可以方便地将防盗报警系统与电视监控系统整合于一体。当有探测器报警时，该主机还可自动地将主监视器画面切换到发生警情的现场摄像机所拍摄的画面。图10-5所示为采用系统主机的小型电视监控系统的结构。

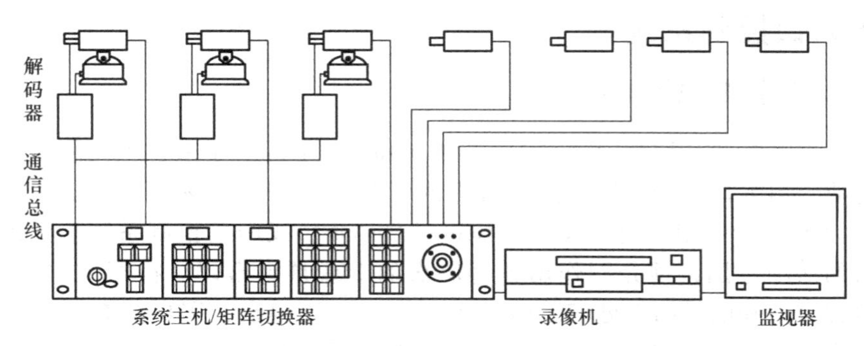

图10-5　采用系统主机的小型电视监控系统的结构

4. 具有声音监听的监控系统

电视监控系统中还常常需要对现场声音进行监听（例如：银行柜员控制监控系统），因此从系统结构上看，整个电视监控系统由图像和声音两个部分组成。由于增加了声音信号的采集及传输，从某种意义上说，系统的规模相当于比纯定点图像监控系统增加了一倍，而且在传输过程中还应保证图像与声音信号的同步。对于简单的一对一结构（摄像机—录像机—监视器），只要增加监听头及音频传输线，即可将视音频信号一同显示、监听并记录。对于切换监控的系统来说，则需要配置视音频同步切换器，它可以从多路输入的视音频信号中切换并输出已选中的视频及对应的音频信号。

5. 大中型电视监控系统

大中型电视监控系统的监视点数增多，除了包含有大量的全方位监视点外，还常常与防盗报警系统集成为一体。由于汇集在中心控制室的视音频信号多，往往需要多种视音频设备进行组合，很多系统还需要多个分控制中心（或分控点），因此系统相对庞大。从原理上说，大中型电视监控系统与前述的中小型电视监控系统是一样的。这里所谓的“大中型”可有两层含义：一是指系统的规模大，如前端摄像机的数量及中心控制端设备的数量都很多，中心控制室的场面也很庞大，往往还要有一面庞大的监视器墙，能同时显示出大小不等的十几个甚至几十个实时监控现场的画面，另外还在很多相关部门设有分控系统，有时还会与防盗报警系统或门禁刷卡系统联动；二是系统的复杂程度高，作业难度大，传输条件恶劣，使得十几个点的监控系统比普通超市或写字楼中的同十个甚至上百个点的监控系统的施工与调试还难。常规的电视监控系统一般只有一台主机，即使是大中型系统，也不外乎是增加摄像机的数量和增加分控系统的数量。但是对某些特殊应用的场合，这种单台主机加若干台分控器的实现方法是不能满足用户需要的。以某大型工厂的监控系统为例，用户要求在其每一个相对独立的厂区都安装一套闭路电视监控系统，各厂区内有独立的监控室，管理人员可以对本系统进行任意操作控制。而整个工厂还要建立一个大型监控系统，将各厂区的子系统组合在一起，并设立大型电视监控中心，在该中心可以任意调看一厂区中某一个摄像机的图像，并对该摄像机的云台及电动变焦镜头进行控制。这就提出了由各厂区的多台主机共同组成大型电视监控系统的要求。由于各主机的内部结构和工作原理是一样的，因此，相对于普通的矩阵主机来说，这种多主机系统的各个主机都增加了地址标识码，可以被上一级主机选调，各摄像机的图像则经过二级或三级切换被选调到主中心控制室的监视器上。

10.3 出入口控制系统

10.3.1 出入口控制系统概述

出入口管理系统，又称为门禁（Access Control），是近两年来在国内刚刚发展起来的一个新兴行业。出入口管理系统包括人员出入管理系统和停车场管理系统。人员出入管理系统被称为出入口控制系统（Access Control System）或门禁控制系统。其控制的原理是：按照人的活动范围，预先制作出各种层次的卡或预定密码。在相关的大门出入口、金库门、档案室门和电梯门等处安装磁卡识别器或密码键盘，用户持有效卡或输入密码方能通过和进入，由读卡机阅读卡片密码，经解码后送控制器判断。如身份符合，门锁被开启，否则自动报警。通过门禁系统，可有效控制人员的流动，并能对工作人员的出入情况作出及时的查询。目前门禁系统已成为现代化建筑智能化的标准配置之一。入口控制系统一般要与防盗（劫）报警系统、闭路电视监视系统和消防系统联动，才能有效地实现安全防范。

门禁控制系统的基本功能是事先对出入人员允许的出入时间段和出入区域等进行设置，之后则根据预先设置的权限对进出门人员进行有效的管理，通过门的开起与关闭来保证授权人员的自由出入，限制未授权人员的进入，对暴力强行进出门行为予以报警，同时，对出入门人员的代码和出入时间等信息进行实时的登录与存储。

为保证以上目的的实现，门禁系统应具有以下基本要求：

对出入口人员的凭证能够予以识别，仅当进入者的出入凭证正确才予放行，否则将拒绝其进入。出入凭证有磁卡、条码卡等各类卡片、由固定代码式或乱序式键盘输入的密码、人体生物特征（指纹、掌纹、视网膜、脸面、声音等）等。

建立相应的门禁系统法则，对出入口进行有效的管理。对保安密级要求特高的场所可设置出入单人多重控制（需要两次输入不同密码）、二人出入法则（即要有二人在场方能进入）等出入门管理法则，也可以对允许出入者设定时间限制。出入凭证的验证可以仅限于进入验证，也可以为出入双向验证。

设立限制人员出入的锁具，并依据出入口管理法则和出入口人员的凭证控制其启闭，以及登录所有的进出记录，存入存储器中，供联机检索和打印输出。

10.3.2 出入口控制系统的组成与分类

出入口控制系统一般由出入口目标识别子系统、出入口信息管理子系统和出入口控制执行机构三部分组成。

1）系统的前端设备为各种出入口目标的识别装置和门锁启闭装置。包括识别卡、读卡器、控制器、电磁锁、出门按钮、钥匙、指示灯和警号等。主要用来接收人员输入的信息，再转换成电信号送到控制器中。同时根据来自控制器的信号，完成开锁、闭锁、报警等工作。

2）控制器接收底层设备发来的相关信息，同自己存储的信息相比较以作出判断，然后再发出处理的信息。当然也接收控制主机发来的命令。单个控制器就可以组成一个简单的门禁系统来管理一个或多个门。多个控制器通过通信网络同计算机连接起来就组成了可集中监控的门禁系统。

3）管理计算机（上位机）装有门禁系统的管理软件，它管理着系统中所有的控制器，向它们发送命令，对它们进行设置，接收其发来的信息，完成系统中所有信息的分析与处理。

4）整个系统的传输方式一般采用专线或网络传输。

5）出入口目标识别子系统可分为对人的识别和对物的识别。以对人的识别为例，可分为生物特征识别系统和编码识别系统两类。生物特征识别（由目标自身特性决定）系统如指纹识别、掌纹识别、眼纹识别、面部特征识别、语音特征识别等。编码识别（由目标自己记忆或携带）系统如普通编码键盘、乱序编码键盘、条码卡识别、磁条卡识别、接触式 IC 卡识别和非接触式 IC 卡识别等。

门禁控制系统由三个层次的设备组成。第一层是与人直接打交道的设备，包括负责凭证验收的读卡机，作为受控对象的电子门锁，和起报警作用的出入口按钮、报警传感器、门传感器、报警喇叭等。第二层设备是智能控制器，它将第一层发来的信息同自己存储的信息相比较，做出判断后，再给第一层设备发出相关控制信息。第三层设备是监控计算机，管理整个防区的出入口，对防区内所有的智能控制器所产生的信息进行分析、处理和管理，并作为局域网的一部分与其他子系统联网。

卡片读出式门禁控制系统也称为刷卡机，应用最为普及，其特点是以各类卡片作为信息输入源，经读出装置判别后决定是否允许持卡人出入，依卡片工作方式的不同，可受理的卡片类别有磁卡、威根卡、集成电路智能卡等接触式卡和非接触式的感应卡两大类。最新的技术是采用单线协议的碰触式识别钮，也称为 TM 识别钮，可靠性最高。密码输入方式是将通过固定式键盘或乱序键盘输入的代码与系统中预先存储的代码相比较，两者一致则开门。而生物特征识别系统包括指纹、掌纹、眼视网膜图、声音识别、签名、DNA 等多种识别方式，具有唯一性特点。

门禁控制系统对于确保保安区域内安全、实现智能化管理是简便有效的措施，越来越受到用户的青睐，其应用领域日益宽广。受控门的种类也从传统的开关式门、推拉门扩展到适合公众出入的通道式门等。

门禁控制系统需要与各类门锁配合使用，锁具主要有下列三类：

电控锁：它是应用最广泛的锁具。电控锁的动作由继电器控制。电控锁有各种各样的类别，如适用于向内推式和向外推式 90°门的电磁锁，可用于双开玻璃门的电插锁，用于木制门的电动阳极锁，用于木门、铁门、铝门的阴极锁，适用于 180°门的剪力锁、电子式推把锁等，从应用角度而言，更有需以密码输入或指纹输入才能开启的电控锁。

电磁锁：它以 DC12V 或 DC24V 运行，加电时上锁，当电源瞬时关闭时，则门处于非锁状态。

电击锁：也以 DC12V 或 DC24V 运行，但其运行规则与电磁锁相反，即无电源时上锁，有电源时开锁。

10.3.3　出入口控制系统的主要功能

出入口控制系统的主要功能如下：

1）管理各类进出人员并制作相应的通行证，设置各种进出权限。凭有效的卡片、代码和特征，根据其进出权限允许进出或拒绝进出。属黑名单者将报警。

2）一般门内人员可用手动按钮开门。

3）特殊管理人员可使用钥匙开门。

4）在特殊情况下，由上位机指令门的开关。

5）门的状态及被控信息记录到上位机中，可方便地进行查询。

6）断电等意外情形下能自动开门。

7）对某时间段内人员的出入状况或某人的出入状况可实时统计、查询和打印。

8）可与考勤系统结合。通过设定班次和时间，系统可以对所有存储的记录进行考勤统计。如查询某人在某段时间内的上下班情况、正常上下班次数、迟到次数和早退次数等，从而进行有效的管理。

根据特殊需要，系统也可以外接密码键盘输入、报警信号输入以及继电器联动输入，可驱动声、光报警或启动摄像机等其他设备。

10.3.4　出入口控制系统的主要设备

1. 识别卡

按照工作原理和使用方式等方面的不同，可将识别卡分为不同的类群。如接触式和非接触式、IC 和 ID、有源和无源。它们最终的目的都是作为电子钥匙被使用，只是在使用的方便性，系统识别的保密性等方面有所不同。接触式是指必须将识别卡插入读卡器内或在槽中划一下，才能读到卡号，如 IC 卡、磁卡等。非接触式读卡器是指识别卡无须与读卡器接触，相隔一定的距离就可以读出识别卡内的数据。磁卡是一种磁记录介质卡片，它由高强度、耐高温的塑料或纸质涂覆塑料制成，能防潮、耐磨且有一定的柔韧性，携带方便、使用较为稳定可靠。通常磁卡的一面印刷有说明提示性信息，如插卡方向；另一面则有磁层或磁条，具有两三个磁道以记录有关信息数据。智能卡名称来源于英文名词“Smart Card”，又称集成电路卡，即 IC 卡（Integrated Circuit Card）。它将一个集成电路芯片镶嵌于塑料基片中，封装成卡的形式，其外形与覆盖磁条的磁卡相似。其优点为体积小、先进的集成电路芯片技术、保密性好、无法被仿造等。为了兼容，在 IC 卡上仍贴有磁条，因此，IC 卡也可同时作为磁卡使用。

IC 卡可分为接触型和非接触型（感应型）两种。

（1）接触型智能卡

接触型智能卡是由读/写设备的接触点与卡上的触点相接触而接通电路进行信息读/写的。接触式 IC 卡的正面中左侧的小方块中有 8 个触点，其下面为凸型字符，卡的表面还可印刷各种图案，甚至人像。卡的尺寸、触点的位置、用途及数据格式等均有相应的国际标准予以明确规定。与磁卡相比，接触式 IC 卡除了存储容量大以外，还可以一卡多用，同时可靠性比磁卡高，寿命比磁卡长，读/写机构比磁卡读/写机构简单可靠，造价便宜，维护方便，容易推广。正由于以上优点，使得接触式 IC 卡市场遍布世界各地，风靡一时。

（2）非接触型智能卡

非接触型智能卡由IC芯片、感应天线组成，并完全密封在一个标准PVC卡片中，无外露部分。它分为两种：一种为近距离耦合式，卡必须插入机器缝隙内；另一种为远程耦合式。非接触式IC卡的读/写，通常由非接触型IC卡与读卡器之间通过无线电波来完成。非接触型IC卡本身是无源体，当读卡器对卡进行读/写操作时，读卡器发出的信号由两部分叠加组成。一部分是电源信号，该信号由卡接收后，与其本身的电感和电容产生谐振，产生一个瞬间能量来供给芯片工作。另一部分则是结合数据信号，指挥芯片完成数据的修改、存储等，并返回给读卡器。由于非接触式IC卡所形成的读/写系统，无论是硬件结构还是操作过程都得到了很大的简化。同时它借助于先进的管理软件进行脱机操作，使得数据读/写过程更为简单。

非接触型IC卡的优越性和安全性。该卡的优越性和安全性体现在以下几个方面：

卡上无外露机械触点，不会导致污染、损伤、磨损、静电等，大大降低了读/写故障率。不必进行卡的插拔，大大提高了每次使用的速度以及操作的便利性。

可以同时操作多张非接触式IC卡，提高了应用的并行性，无形中提高了系统工作速度。

因为完全密封，卡上无机械触点，所以既便于卡的印刷，又不易受外界不良因素的影响，提高了卡的使用寿命，且更加美观。

安全性高，无论在卡与读卡器之间进行无线频率通信时，还是卡内数据读/写时，都经过了复杂的数据加密和严格授权。

卡中的用户区可按用户要求，设置成若干个小区，每个小区都可分别设置密码。正因为如此，非接触式IC卡非常适合于以前接触式IC卡无法或较难满足要求的一些应用场合，如公共电汽车自动售票系统等。这将IC卡的应用在广度和深度上大大推进了一步。

2. 读卡器

读卡器分为接触卡读卡器（磁条、IC）和感应卡（非接触）读卡器（依数据传输格式的不同，大致可分为韦根、智慧等）等几大类，它们之间又有带密码键盘和不带密码键盘的区别。读卡器设置在出入口处，通过它可将门禁卡的参数读入，并将所读取的参数经由控制器判断分析，准入则电锁打开，人员可自行通过；禁入则电锁不动作，并且立即报警作出相应的记录。

3. 写入器

写入器是对各类识别卡写入各种标志、代码和数据（如金额、防伪码）等。

4. 控制器

控制器是门禁系统的核心，它由一台微处理机和相应的外围电路组成。如将读卡器比作系统的眼睛，将电磁锁比作系统的手，那么控制器就是系统的大脑。由它来确定某一张卡是否为本系统已注册的有效卡，该卡是否符合所限定的授权，从而控制电锁是否打开。由控制器和第三层设备可组成简单的单门式门禁系统。它与联网式门禁系统相比，少了统计、查询和考勤等功能，比较适合无须记录历史数据的场所。

5. 电锁

门禁系统所用电锁一般有三种类型：电阴锁、电磁锁和电插锁。视门的具体情况选择。电阴锁和电磁锁一般可用于木门和铁门，电插锁则用于玻璃门。电阴锁一般为通电开门，电磁锁和电插锁为通电锁门。

6. 管理计算机

门禁系统的微机通过专用的管理软件对系统所有的设备和数据进行管理，具体功能如下：

设备注册：比如在增加控制器或是卡片时，需要重新登记，以使其有效；在减少控制器或是卡片遗失、人员变动时使其失效。

级别设定：在已注册的卡片，哪些可以通过哪些门，哪些不可以通过。某个控制器可以让哪些卡片通过，不允许哪些通过。对于计算机的操作要设定密码，以控制哪些人可以操作。

时间管理：可以设定某些控制器在什么时间可以或不可以允许持卡人通过；哪些卡在什么时间可以或不可以通过哪些门等。

数据库的管理：对系统所记录的数据进行转存、备份、存档和读取等处理。系统正常运行时，对各种出入事件、异常事件及其处理方式进行记录，保存在数据库中，以备日后查询。

报表生成：能够根据要求定时或随机地生成各种报表。比如，可以查找某个人在某时间内的出入情况，某个门在某段时间内都有谁进出等，可以生成报表，并打印出来。进而组合出"考勤管理""巡更管理"和"会议室管理"等。

网间通信：系统不是作为一个单一的系统存在，它要向其他系统传送信息。比如在非法闯入时，要向电视监视系统发出信息，使摄像机能监视该处情况，并进行录像。所以要有系统之间通信的支持。

管理系统除了完成所要求的功能外，还应有漂亮、直观的人机界面，使人员便于操作。

10.3.5 出入口控制系统的控制方式

出入口系统控制方式有以下三种：

第一种方式是在需要了解其通行状态的门上安装门磁开关（如办公室门、通道门、营业大厅门等）。当通行门开/关时，安装在门上的门磁开关会向系统控制中心发出该门开/关的状态信号。同时，系统控制中心将该门开/关的时间、状态、门地址记录在计算机硬盘中。另外也可以利用时间诱发程序命令，设定某一时间区间内（如上班时间），被监视的门无须向系统管理中心报告其开关状态，而在其他的时间区间（如下班时间），被监视的门开/关时需向系统管理中心报警，同时记录。

第二种方式是在需要监视和控制的门（如楼梯间通道门、防火门等）上，除了安装门磁开关以外，还要安装电动门锁。系统管理中心除了可以监视这些门的状态外，还可以直接控制这些门的开起和关闭。另外也可以利用时间诱发程序命令，设某通道门在一个时间区间（如上班时间）内处于开起状态，在其他时间（如下班时间以后），处于闭锁状态。或利用事件诱发程序命令，在发生火警时，联动防火门立即关闭。

第三种方式是在需要监视、控制和身份识别的门或有通道门的高保安区（如金库门、主要设备控制中心机房、计算机房和配电房等），除了安装门磁开关、电控锁之外，还要安装磁卡识别器或密码键盘等出入口控制装置，由中心控制室监控，采用计算机多任务处理，对各通道的位置、通行对象及通行时间等实时进行控制或设定程序控制，并将所有的活动用打印机或计算机记录，为管理人员提供系统所有运转的详细记录。其结构示意图如图 10-6 所示。

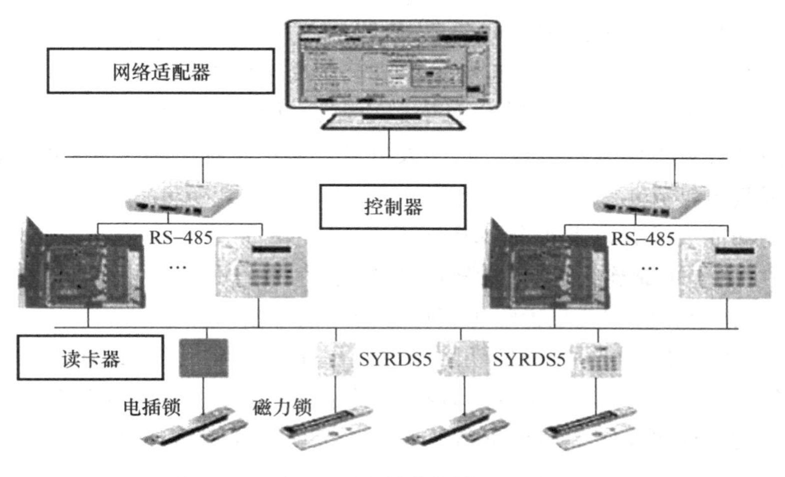

图10-6　结构示意图

10.3.6　出入口控制系统分类

目前市场上的出入口系统类别主要分为：

1）密码键盘（为最简单的门禁系统，只需输入密码即可开门）；
2）单门磁卡机（通过键盘设置允许某些磁卡开门，为刷卡接触式）；
3）条码机（通过红外感应识别调码）；
4）指纹机（通过识别人体固有指纹来控制人员的出入）；
5）生物识别系统（通过人体的固有活体生物特征来控制人员的出入）；
6）接触式IC卡读卡机（为外漏式接触芯片，必须使芯片与某些点碰触）；
7）独立单门感应式ID卡读卡机；
8）接触式IC卡读卡机；
9）独立单门感应式IC卡读卡机；
10）联网感应式ID系统；
11）联网感应式IC系统。

10.4　电子巡更系统

10.4.1　电子巡更系统简述

巡更是自古以来维持社会治安的一种有效手段，是技术防范与人工防范的结合。智能楼宇和智能小区出入口多、进出人员复杂，为了维护楼宇和智能小区的安全，要求小区保安值班人员能够按照预先随机设定的路线顺序地对小区内各巡更点进行巡视，同时也保护巡更员的安全。用于在下班之后特别是夜间小区的保卫与管理，实行定时定点巡查，是防患于未然的一种措施，其本质上和我国古代的敲更没有什么不同，只不过技术大为改进而已。巡更系统是一个由微机管理的应用微电子技术的系统。随着现代技术的高速发展，智能建筑的巡更管理已经从传统的人工方式向电子化、自动化方式转变。电子巡更系统作为人防和技术防范相结合的一个重要手段，目前被广泛采用。电子巡更系统有两种数据采集方式。

常用电子巡更系统构成原理框图如图 10-7 所示。图中巡更站的数量和位置由楼宇的具体情况而定，一般有几十个点以上，巡更站多安装于楼宇内的重要位置。巡更员按规定时间和路线到达（不能迟到，更不能绕道）每个巡更站，并输入该站密码，向微机管理中心报到，信号通过巡更控制器输入计算机，管理人员通过显示装置了解巡更实况。巡更站可以是密码台，也可以是电锁。

巡更系统的功能要求有以下 4 个要求：

1）巡更系统必须可靠连续运行，停电后应能维持 24h 工作。

2）备有扩展接口，应配置报警输出接口和输入信号接口。

3）有与其他子系统之间可靠通信联网能力，并且具备网络防止破坏功能。

4）应具备先进的管理功能，主管可以根据实际情况随时更改巡更路线及巡更次数，在巡更间隔时间可调用巡更系统的巡更资料，并进行统计、分析和打印等。

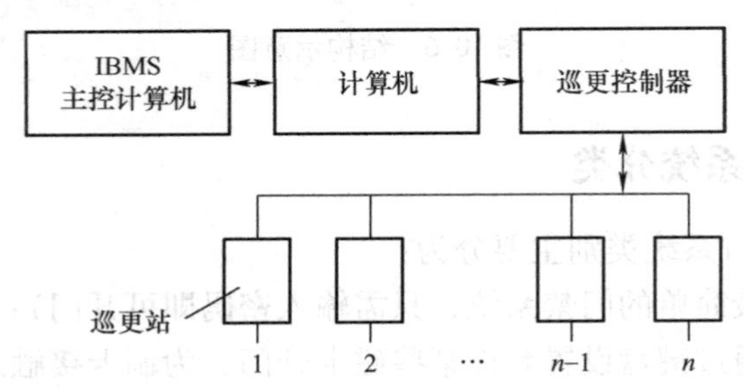

图 10-7 常用电子巡更系统构成原理框图

10. 4. 2 电子巡更系统分类

电子巡更系统通常分为离线式电子巡更系统和在线式电子巡更系统两大类。

1. 离线式电子巡更系统

离线式电子巡更系统是一种被普遍采用的电子巡更方式。这种电子巡更系统由带信息传输接口的手持式巡更器（数据采集器）、金属存储芯片和信息纽扣（预定巡更点）组成，按照宾馆、厂矿企业和住宅小区等场所的巡更管理要求而开发的。本系统的使用可提高巡更的管理效率及有效性，能更加合理充分地分配保安力量。通过转换器，可将巡更信息输入计算机，管理人员在计算机上能快速查阅巡更记录，大大降低了保安人员的工作量，并真正实现了保安人员的自我约束，自我管理。将巡更系统与楼宇对讲、周边防盗、电视监控系统结合使用，可互为补充，全面提高安防系统的综合性能并使整个安防系统更合理、有效、经济。离线式电子巡更系统组成如图 10-8 所示。

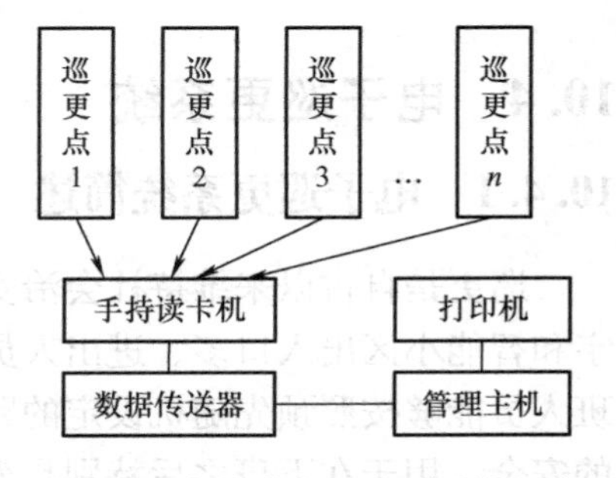

图 10-8 离线式电子巡更系统组成

保安值班人员开始巡更时，必须确认好设定的巡视路线，在规定时间区段内顺序到达每一巡更点，以巡更钥匙去触碰巡更点。如果途中发生意外情况时，及时与保安监控值班室联系，监控值班室的计算机系统通过打印机将各巡更站的巡更情况打印出来，详细列出巡更日期和经过每一巡更点的地点、时间以及缺巡资料，以便核对保安值班人员是否按照规定对每一个要求的巡更点进行巡视，以确保小区的安全。离线式电子巡更系统较先进，它以视窗软件运行，巡更资料储存在计算机内，可以对已完成的巡更记录随时进行读取和查询，包括班次、巡更点、巡更时间、巡更人等参数，并作保安值班人员的考勤记录，是一种全新的收集与管理数据的方法。组成离线式电子巡更系统，除需一台PC计算机及Windows操作系统外，还包括巡更探头（也称为信息采集器）、接触记忆卡和巡更探头数据发送器（也称为下载器）三种装置。巡更探头由金属浇铸而成，内有9V锂电池供电的RAM存储器，容量128KB以上，内置日期和时间，有防水外壳，能存储5000条信息。而接触记忆卡是由不锈钢封装的存储器芯片，每个接触记忆卡在制作时均被注册了一个唯一性的序列号10，用强力胶将接触存储器固定在巡更点上。这样在巡更员将其巡更探头放在巡更点的接触记忆卡上时，会发出蜂鸣声做声音提示，互相连通的电路就会将接触记忆卡中的数据存入巡更探头的存储单元中，完成一次存读。此后，每个巡更员的巡更探头只需插入巡更探头数据发送器，就可通过串行口与计算机连通，而读出其中的巡更记录。巡更探头数据发送器上有电源、发送和接收状态指示灯。

离线式电子巡更系统灵活、方便，也不需要布线，故可应用于宾馆和智能大厦，也可作为巡更人员的考勤记录，还可延伸用于动巡逻、监察消防安全、电力煤气用水读数等场合。周界报警作为智能楼宇和智能小区报警的一个子系统，与其他各类报警子系统共用一套计算机报警响应系统。周界防范系统可扩充至数十个防区，可混合使用总线、无线连接方式。所有防区可以编程为十余种防区类型之一。主机板上固定了几个常用防区，所有探头使用编码方式以两线制总线并联连接。所有的报警接收主机、控制键盘和警报处理计算机均放置在小区会所的中央监控室。在计算机屏幕上可以标注各报警与巡更点，实时监控各个报警点和巡更点的状态，并以电子地图判断巡更人员的位置。对报警点可以任意分区，定时自动对各个报警子系统进行布撤防。可以设置“计算机管理”功能，从而真正实现了小区内松外紧的防范体系。该系统由数据采集器、数据变送器、信息纽扣及管理软件组成。数据采集器采用压模金属，十分坚固、耐用，能保证内部电子设备免受冲击或意外损伤；采集器具有内存储器，可以一次性存储大量巡更记录，内置时钟能准确记录每次作业的时间。数据变送器与计算机进行串口通信，信息纽扣内设随机产生终身不可更改的唯一编码，并具有防水、防腐蚀功能，因此它能适用于室外恶劣环境。

为此，系统特别开发的管理软件具有巡更人员、巡更点登录、随时读取数据、记录数据（包括存盘打印查询）和修改设置等功能。一个或几个巡更人员共用一个信息采集器，每个巡更点安装一个信息纽扣，巡更人员只须携带轻便的信息采集器到各个指定的巡更点，采集巡更信息。操作完毕，管理人员只需在主控室将信息采集器中记录的信息通过数据变送器传送到管理软件中，即可查阅、打印各巡更人员的工作情况。

由于信息纽扣体积小，重量轻，安装方便，并且采用不锈钢封装，因此，可以适用于较恶劣的室外环境。因为此套系统为无线式，所以巡更点与管理计算机之间无距离限制，应用场所相当灵活。

2. 在线式电子巡更系统

在线式一般多以共用防侵入报警系统设备方式实现，可由防侵入报警系统中的警报接收与控制主机编程确定巡更路线，每条路线上有数量不等的巡更点，巡更点可以是门锁或读卡机，视作一个防区。巡更人员在走到巡更点处，通过按钮、刷卡、开锁等手段，将以无声报警表示该防区巡更信号，从而将巡更人员到达每个巡更点时间、巡更点动作等信息记录到系统中，从而在中央控制室，通过查阅巡更记录就可以对巡更质量进行考核，这样对于是否进行了巡更、是否偷懒绕过或减少巡更点、增大巡更间隔时间等行为均有考核的凭证，也可以此记录来判别发案大概时间。倘若巡更管理系统与闭路电视系统综合在一起，更能检查是否巡更到位以确保安全。监控中心也可以通过对讲系统或内部通信方式与巡更人员沟通和查询。在线式电子巡更系统的组成如图 10-9 所示。

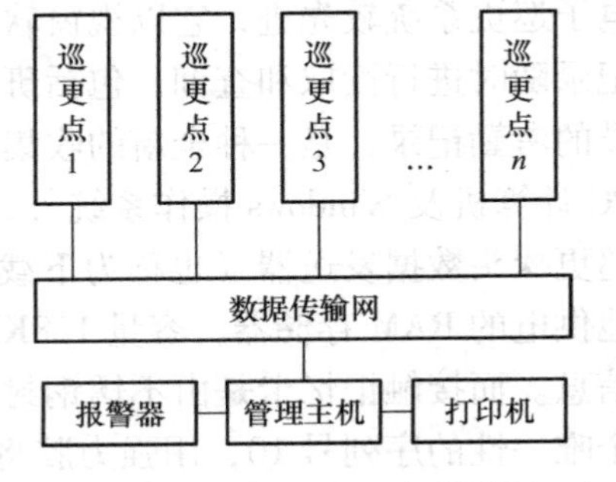

图 10-9　在线式电子巡更系统的组成

各巡更点安装控制器，通过有线或无线方式与中央控制主机联网，有相应的读入设备，保安人员用接触式或非接触式卡把自己的信息输入控制器送到控制主机。相对于离线式，在线式巡更要考虑布线或其他相关设备，因此，投资较大，一般在需要较大范围的巡更场合较少使用。不过在线式有一个优点是离线式所无法取代的，那就是它的实时性好，比如当巡更人员没有在指定的时间到达某个巡更点时，中央管理人员或计算机能立刻警觉并作出相应反应，适合对实时性要求较高的场合。另外，离线式也常嵌入到门禁、楼宇对讲等系统中，利用已有的布线体系，节省投资。

10.5 停车场管理系统

10.5.1 停车场管理系统功能

近几年来，我国停车场自动管理技术已逐渐走向成熟，停车场管理系统向大型化、复杂化和高科技化方向发展，已经成为智能建筑的重要组成部分，并作为楼宇自控系统的一个子系统与计算机网络相连，使远距离的管理人员可以监视和控制停车场。智能停车场管理系统是采用先进技术和高度自动化的机电设备，并结合用户在停车场收费管理方面的需求，以及交通管理方面的经验而开发的智能系统。该系统提供了一种高效率的管理方式，为用户提供更方便、更有效的服务。智能停车场管理系统采用图形人机界面操作方式，具有操作简单、使用方便、功能先进等优点，车场使用者可以在最短的时间进入或离开停车场，以提高车库管理质量，取得较高的经济效益和良好的社会效益。

智能停车场管理系统设立有自动收费站，无须操作员即可完成其收费管理工作。智能停车场系统按其所在环境不同可分为内部智能停车场管理系统和公用智能停车场管理系统两大类。内部停车场综合管理系统主要面向该停车场的固定车主与长期租车位的单位、公司及个人，一般多用于单位自用停车场、公寓及住宅小区配套停车场、办公楼的地下停车场、长期车位租借停车场与花园别墅小区停车场等。此种停车场的特点是使用者固定，禁止外部车使用。图 10-10 所示为智能停车场管理系统。

公用智能停车场管理系统一般设在大型的公共场所。使用者通常是一次性使用者，不但对散客临时停车，而且对内部用户的固定长期车辆进行服务。该停车场的特点是：对固定的长期车辆与临时车辆共用出入口，分别管理。

智能停车场管理系统一般由入口管理站、出口管理站和计算机监控中心等几部分构成。停车场的入口管理站分别设置地感应线圈、闸门机、感应式阅读器、对讲机、指示显示入口

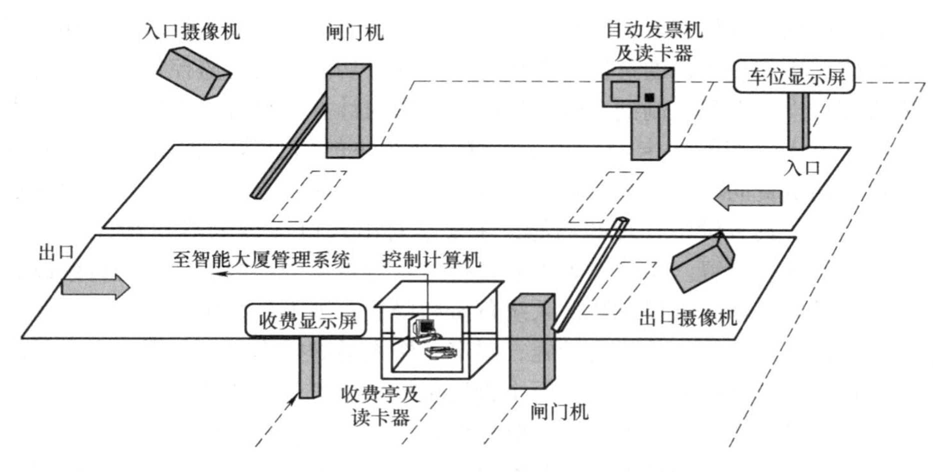

图10-10　智能停车场管理系统

机、电子显示屏、自动取卡机和摄像机。停车场的出口管理站分别设置地感应线圈、出口机、对讲机、电子显示屏、闸门机等。计算机监控中心包括计算机主机、显示器、对讲机和票据打印机等。

计算机管理中心可以对整个停车场的情况进行监控和管理，包括出入口管理和内部管理，并将采集的数据和系统工作状态信息存入计算机，以便进行统计、查询和打印报表等工作。其特点是采用计算机图像比较，用先进的非接触感应式智能卡技术，自动识别进入停车场用户的身份，并通过计算机图像处理来识别出入车辆的合法性。车辆出入停车场，完全处于计算机监控系统之下，使停车场的出入、收费、防盗和车位管理完全智能化，并具有方便快捷、安全可靠的优点。

当车辆驶近入口，可以看到停车场指示信息，标志牌显示入口方向与车库内车位的情况。当通过地感线圈时，监控室可以监测到有车辆将要驶入，若车库停车已满，则库满灯亮，拒绝车辆再进入；若车未满，允许车辆进入。车辆开到入口机处，使用感应卡确认，如果该卡符合进入权限，会自动开启车库门，及时让车辆通过，然后判断并自动关闭车库门，防止下面车辆通过。可由摄像机摄下进场车辆图像、车牌数据与停车凭证数据（凭证类型、编号、进库日期、时间），一并存入管理系统的计算机，以备该车出场时进行车辆图像与卡片信息的比较，确认该车是否合法出场。

出口管理站主要的任务是对驶出的车辆进行自动收费。当车辆驶近出口电动栏杆处时，出示感应票卡、停车凭证，经读卡机识别，此时出行车辆的编号、出库时间、出口车牌摄像识别器提供的车牌数据和阅读机数据一起被送入管理系统，进行核对与计费，出口管理站检验确认票卡有效并核实正确后，出口电动栏杆升起放行。出口站可以确认票卡是否有效。如果确认所持票卡无效，则出口管理站收回或还给驾驶员，拒绝驾驶员将车辆驶出停车场，信息屏将显示相应的信息。

智能停车场全部采用计算机自动管理，监视车库情况。需要时，管理人员通过主控计算机对整个停车场的情况进行监控管理。可实时监察每辆车的出入情况，并自动记录车辆的出入时间、车位号、停车费等信息，同时可以完成发放内部卡、统一设置系统设备的参数（如控制器、收款机等）、统计查询历史数据等工作，并且打印出各种报表。还可以对不同的内部车辆分组授权，登记有效使用期。管理软件由实时监控、设备管理、打印报表和系统设置等模块组成。操作员可以通过鼠标操作完成大部分功能。实时监控包括监控设备工作情况、工作模式等。当读卡器控制到车辆出现时，立即向计算机报告工作模式。在计算机的屏幕上实时显示各出入口车辆的卡号、状态、时间和车主的信息等。如果有临时车辆出入车库，那么计算机还负责向电子显示屏输出显示信息，向远端收款台的票据打印机传送收费信息。停车场管理系统具有设备管理的功能，主要是对出入口（读卡器）和控制器等硬件设备的参数和权限等进行设置。系统设置主要是指对软件自身的参数和状态进行修改、设置和维护。包括口令设置，修改软件参数，系统备份和修复，进入系统保护状态等。系统设置的安全功能是指对系统设置相应的保安措施，限定工作人员的操作级别，管理人员需输入其操作密码方可在自己的管理权限上操作。历史查询包括系统车流量统计、系统故障查询和收费状况查询等。停车场的停车数量由计算机监控中心进行统计管理，可根据票卡的种类不同来统计停车场的车流量，生成会员报表、车库使用报表，以进行统计和结算。可以根据需要对查询系统进行修改。

10.5.2　停车场管理系统主要设备

1. 监控主机

监控主机又称中央管理计算机，从小区的局域网来说，它只是网络中的一个工作站，该工作站的作用主要是综合管理整个停车场，并以直观的方式向操作员提供系统的各种信息。

停车场监控系统的中央监控计算机位于监控室内，是停车场管理系统的控制中枢，使用PC和安装收费管理软件等，负责整个系统的协调与管理、软硬件参数设计、信息交流与分析、命令发布等。系统一般联网管理，集管理、保安、统计及商业报表于一体。

管理中心主要由功能完善的PC、显示器、打印机等外围设备组成。管理中心可以对停车场进行区域划分，为长期租用车位人和车位使用权人发放票卡、确定车位、变更信息以及收缴费用、确定收费方法和计费单位、并且设置密码阻止非授权者侵入管理程序。管理中心也可以作为一台服务器通过总线与下属设备连接，实时交换运行数据，对停车场营运的数据作自动统计、档案保存、对停车收费账目进行管理并打印收费报表；管理中心的CRT具有很强的图形显示功能，能把停车场平面图、泊车位的实时占用，出入口开闭状态以及通道封锁等情况在屏幕上显示出来，便于停车场的管理与调度；停车场管理系统的车牌识别与泊位调度的功能，也可以在管理中心的计算机上实现。

2. 入口控制箱

入口控制箱放置在车辆入场方向的左方，一般内含读卡器、显示屏、自动控制器、车辆检测器、自动发卡机和对讲分机等部分，完成读卡及身份识别、临时发卡、控制、记录信息、声光提示、语音对讲等功能。

入口控制机PM－11由读卡器、显示屏（PM－31，PM－32）、自动发卡机（PM－L1）、自动控制器、机箱和电源组成。

3. 出口控制箱

出口控制箱放置在车辆出场方向的左方，一般内含读卡器、显示屏、自动控制器、车辆检测器、自动收卡机、对讲分机等部分。完成读卡及身份识别、收取临时卡、控制、记录信息、声光提示、收费和语音对讲等功能。

4. 读卡器

读卡器是智能卡与系统沟通的桥梁，在使用时司机只需将卡伸出车窗外在读卡器前轻晃一下，即可完成信息的交流。读写工作完成后，其他设备做出入或出的相应准备工作。

读卡机（IC卡机、磁卡机、出票读卡机、验卡票机）应安装在平整、坚固的水泥墩上，保持水平，不能倾斜。一般安装在室内。安装在室外时，应考虑防水措施及防控装置。与闸门机安装的中心间距一般为2.4～2.8m。

采用的感应式IC/ID卡具有防水、防磁、防静电、无磨损、信息储存量大、高保密度等特点。感应式读卡方式，感应距离为10cm（或以上）。

5. 挡车闸

挡车闸一般由金属机箱、电动机、变速器、动态平衡器、控制器、栏杆和防砸检测器等部分组成，放置于停车场出入口处，阻挡车辆通行和控制车辆进出的机电一体化设备。

坚固构造的杠杆门，其闸杆具有双重自锁功效，能抵御人为抬杆。一个电动栏杆机可以控制一根栏杆，也可以控制双侧两根栏杆。栏杆可以由合金或橡胶制成，一般长度为2.5m。常见的挡车器为起落式栏杆结构。在停车场入口高度有限时，可以将栏杆制造成折线状或伸缩型，以减小升起时的高度。

闸门机应安装在平整、坚固的水泥基墩上，保持水平，不能倾斜。一般安装在室内。安装在室外时，应考虑防水措施。与读卡机安装的中心间距一般为2.4～2.8m。

6. 地埋车辆感应器

地埋车辆感应器检测器是收费系统感知车辆进出停车场的设备。计算机检测器采用了数模转化技术，同时检测器具有可靠性和灵敏度高的特点，保证计算机能够得到可靠信息，从而保证了系统能安全准确地运行。

该装置安装于出入口处，通常埋于车道下方。感应线圈埋设深度据地表面不小于0.2m，长度不小于1.6m，宽度不小于0.9m。感应线圈至机箱处的线缆应采用金属管保护，并牢固固定。埋设位置在车道居中，并与读卡机、闸门机安装的中心间距保持在0.9m左右。

7. 临时车票发放和检验装置

该装置对临时停放的车辆自动发放临时停车车票。车票可使用简单、便宜的热敏票据打印机打印条码信息，记录车辆进入的时间、日期等信息，再在出口处或其他适当地方收费。

8. 用户卡

感应式IC/ID卡，采用感应的读卡技术，具有外部读取和内部处理及逻辑运算等功能，它作为信息载体，被广泛地应用于停车场智能管理系统中，是连接车主车辆信息与系统的桥梁，为停车场智能管理系统的安全保密、收费合理、功能完善、高度自治、提高效率做出了有力的保证。

9. 监视摄像机

监视摄像机放置于出入口控制机和出入口栏杆机之间，用于摄取车辆出入场的图像，供图像对比和存储用，要求彩色、高清晰度、高速。

进、出摄像机多安装在监控室屋顶，分别对驶入和驶出的车辆进行监视。目前大多数停车场出入口监视摄像机用于辅助安全管理，因而许多停车场没有安装摄像机。如果采用了图像识别技术，可以利用监视摄像机提取车牌信息。

10. 电子显示屏

电子显示屏应向驶入的车辆提供停车场信息。信息应包括的内容有：入口方向提示、固定用户、临时用户提示、空余车位提示及温馨提示等。车位状况信号指示器应安装在车道出入口的明显位置，其底部离地面高度保持2.0～2.4m。一般安装在室内。安装在室外时，应考虑防水措施。

滚动式LED中文电子显示屏提示，使用户和管理者一目了然。

11. 车位引导显示器

车位引导显示器应安装在车道中央上方，便于识别引导信号；其离地面高度保持2.0～2.4m；显示器的规格一般不小于长1.0m，宽0.3m。

12. 车辆自动识别装置

该装置用于对出入车辆进行识别，并发送给中央监控计算机进行登记和备案。识别装置包括识别器和被用于识别的识别标记。停车场监控系统的识别器安装于出入口的固定位置。分入口识别器和出口识别器。识别标记一般制成卡的形式，因而通常称“识别卡”。识别卡、分磁卡、条码卡、IC卡和RF射频识别卡等。随着图像识别技术的成熟，也可以直接通过车牌识别的方法对车辆进行登记。

13. 其他设备

发卡器放于收费管理中心，用于各类卡的授权与资料登记。

探测器用于探测车位有无车辆，构成停车引导系统。

防砸车装置可保证无论是进场车辆或发生倒车的车辆，只要在闸杆下停留，闸杆就不会落下。

复习思考题

1. 闭路电视监控系统由哪几部分组成？
2. 摄像机的技术指标有哪些？
3. 如何选择摄像机镜头？
4. 云台和防护罩各有什么功能？
5. 一体化摄像机的特点是什么？
6. 视频切换控制主机的特点是什么？
7. 闭路电视监控系统的传输信号有哪几种？
8. 控制信号有哪几种传输方式？
9. 防盗报警系统有哪几部分组成？
10. 对常见探测器适用场所做简单介绍。
11. 主动红外报警探测器有哪几种布防方式？
12. 简述微波探测器的工作原理。
13. 报警控制器的功能有哪些？
14. 简述报警控制中心的功能。
15. 报警信号的有线传输方式有哪几种？
16. 常见的周界报警探测器有哪些？
17. 出入口控制系统由哪几部分组成？
18. 控制人员出入门的接触式卡片主要有哪几种？
19. 用于人员出入门控制系统的人体生物特征主要有哪些？

20. 出入口控制系统中出入门管理的法则有哪些？
21. 简述访客对讲系统的组成。
22. 访客对讲系统的线制结构有哪几种？
23. 访客对讲系统中的可视对讲主机有什么功能？
24. 访客对讲系统中的解码器的作用是什么？
25. 电子巡更系统有哪两种工作方式？
26. 离线式电子巡更系统和在线式电子巡更在组成和功能上有哪些区别？
27. 简单阐述不同类别的停车场其管理系统的功能有哪些区别。
28. 停车场系统的主要设备有哪些？
29. 停车场管理系统采用的防盗措施主要有哪些？

第 11 章　楼宇安全防范自动化系统设计

现代化建筑需要多层次、多方位、立体化的安全防范系统。从防止、阻止罪犯入侵的过程上讲，安全防范系统要提供三个层次的保护，首先是外部入侵防护，其次是区域范围防护，最后是特定特殊目标的防护。建筑楼宇安全防范系统可以由以下几个部分组成：

1）门禁控制系统；

2）防盗报警系统；

3）停车库引导管理系统；

4）防盗对讲访客系统；

5）电子巡更系统；

6）闭路电视监控系统。

下面我们分别详细介绍其中几个常用系统在具体工程中的设计。

11.1　门禁控制系统

11.1.1　门禁控制系统的主要设备选择

在工程设计时门禁控制系统的各设备应根据建筑物的安防级别要求来选择。通常我们把门禁系统安全防范分为三个级别即一级安防、二级安防、三级安防。

1. 一级安防的设备选择

前端设备宜选择数字键盘、读卡器或两者结合；控制器宜选择基本微机独立式控制器；门控制器宜选择有简单线圈式开门器和线圈式门锁等。

2. 二级安防的设备选择

前端设备宜选择加密读卡器、多功能读卡器等；控制器宜选择互连式微机独立式控制器；门控制器宜选择具有简单线圈式开门器、线圈式门锁和电磁式开门器等。

3. 三级安防的设备选择

前端设备宜选择高级多媒体读卡器、声音识别、眼睛识别、指纹识别等设备；控制器宜选择具有综合性能的微机。

11.1.2　门禁系统出入口个人识别技术

门禁系统中在出入口处通常采用的出入凭证或个人识别方法主要有卡片、代码、人体生物特征识别等三类，不管采用哪种方法在使用过程中都各有它的优缺点。

1. 卡片

卡片包括磁卡、条码卡、射频识别卡、威根卡、智能卡、光卡、OCR 光符识别卡等。通常采用的有：

（1）磁卡

对磁卡上的磁条存储的个人数据进行读取与识别。优点是廉价、有效；缺点是伪造更改容易、会忘带卡或丢失。为防止丢失和伪造，可与密码法并用。

（2）IC 卡

主要原理是对存储在 IC 卡中的个人数据进行读取与识别。优点是伪造难、存储量大、用途广泛；缺点是会忘带卡或丢失。

（3）非接触式 IC 卡

主要原理是对存储在 IC 卡中的个人数据进行非接触式的读取与识别。优点是伪造难、操作方便、耐用；缺点是会忘带卡或丢失。

2. 代码

指定密码进行识别，如数字密码锁。主要原理是输入预先登记的密码进行确认。优点是方便、价格低；缺点是不能识别个人身份、会泄密或遗忘，要定期更改密码。

3. 人体生物特征识别

这是安全性最高的一种个人识别方法，有指纹、掌纹、声音等生物特征识别。

（1）指纹

主要原理是输入指纹与预先存储的指纹进行比较与识别。优点是无携带问题、安全性极高、装置易小型化；缺点是对无指纹者不能识别。

（2）掌纹

主要原理是输入掌纹与预先存储的掌纹进行比较与识别。优点是易于操作、安全性很高；缺点是精确性比指纹法略低。

（3）视网膜

主要原理是用摄像输入视网膜与预先存储的视网膜进行比较与识别。优点是无携带问题、安全性极高；缺点是对弱视或睡眠不足而视网膜充血以及视网膜病变者无法对比，注意摄像光源强度不致对眼睛有伤害。

11.1.3　门禁系统控制中心软件管理功能

门禁系统控制中心软件具有对系统所有设备进行数据管理和控制的功能，它是门禁系统的核心，主要完成以下功能：

1. 设备注册

注册系统中所有控制器和卡片的基本信息，在系统使用过程中对新增加的或减少的控制器和卡片进行重新登记注册使其有效或无效。

2. 级别设定

对已注册的卡片设置哪些卡片允许通过哪些入口，哪些入口不能通过。哪个控制器可以允许通过哪些卡片，不允许哪些卡片通过。并在主机操作时设置密码，以控制哪些人可以操作。

3. 时间管理

可以根据需要设定某些控制器在何种时间段可以或不可以允许持卡人进入哪些入口。

4. 数据库的管理

对系统前端传输来的信息数据进行记录读取、转存、备份、存档等处理。

5. 事件记录

系统正常运行时，对各种出入事件、异常事件及其处理方式进行记录，保存在数据库中，以备日后查询。

6. 卡片跟踪

系统可以跟踪任何一张卡片，并在读卡机上读到该卡片时发出报警信号。

7. 报表生成

根据要求定时或随机的生成报表。例如，可以根据查找某人在某段时间内所有的出入记录，某个出入口在某段时间内所有进出人的记录等，并生成报表打印出来。

8. 联网通信

系统可以和监控系统、消防系统、防盗系统等进行联网，向与其联网的系统传输信息。例如，在有人非法闯入时，可以向监控系统发出信息，使摄像机能够监控该处的情况并进行录像；当系统接收到消防系统的报警信号时，系统可根据需要自动开起电动锁，保证人员疏散；当接收到报警信号时，可起动监控系统等。

11.1.4 门禁系统设计示例

1. 系统设计原则

在实际工程设计中，要满足以下原则。

1）实用性：要符合实际需要，考虑长远发展的需要，做到投资和运营经济合理。避免浪费和华而不实。

2）完整性：设计时要充分考虑使用功能和业主的要求，要做到设备齐全、功能完善、管理方便。

3）实时性：系统要保持实时监测和传输信息，保持正常工作状态。

4）可扩展性：系统要满足用户需求的不断变化和更新，要考虑未来的扩展要求和与新产品的兼容性。

5）安全性：系统内所有设备选择要满足有关国家标准，运行要安全可靠，保证系统信息在传输和使用过程中不易被截获或被窃取。

6）易维护性：系统在运行时，设备维护和检修要简单易行，维护方便，操作简单。

2. 设计要点

门禁系统在实际工程设计时，要满足国家规定的现行规范和标准，设备选择要选择最新产品，不能选择淘汰产品，尽量做到投资少，功能强。这主要体现在以下几个方面：

1）设计时在满足国家标准和用户需求的条件下，还要做到初投资尽量少，减少资金投入。

2）系统投入使用后，在正常运行后的管理和维护费用少。

3）系统在未来进行扩展升级、搬迁、改造时能在原有设备的基础上，投入少量资金便可完成且能做到施工简单便于操作。图 11-1 所示为密码门禁系统结构框图。图 11-2 所示为非接触式 IC 卡门禁系统结构框图。图 11-3 所示为某住宅小区指纹识别门禁系统结构框图。

3. 各类门禁系统设计举例

（1）密码门禁系统

（2）非接触式 IC 卡门禁系统

(3) 指纹识别门禁系统

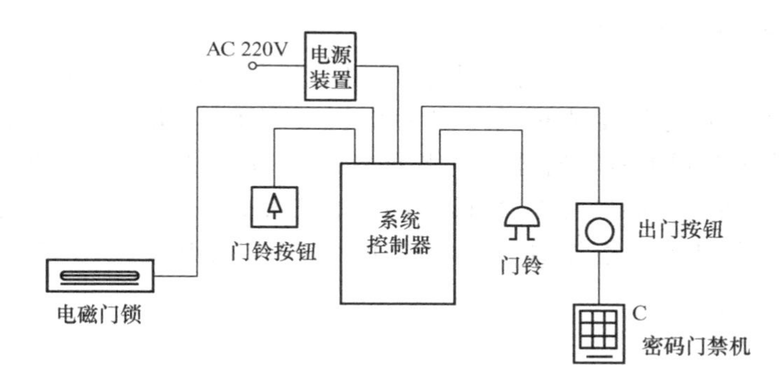

图 11-1　密码门禁系统结构框图

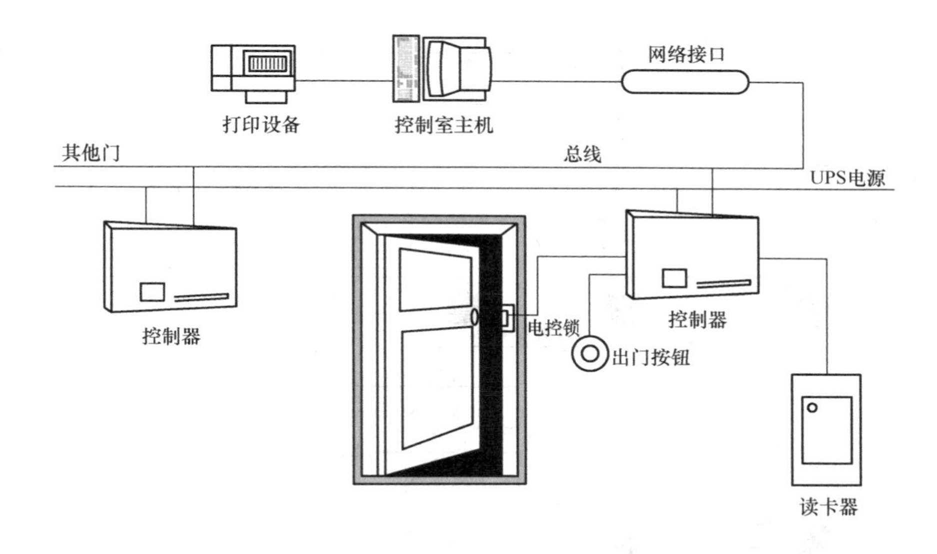

图 11-2　非接触式 IC 卡门禁系统结构框图

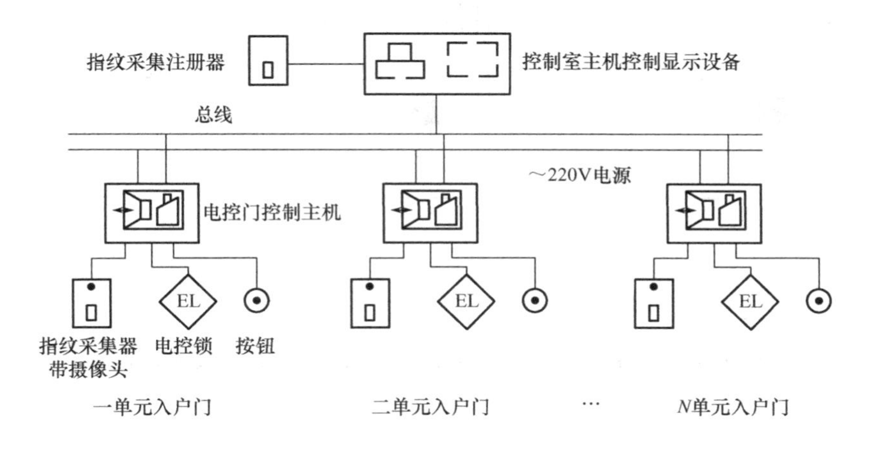

图 11-3　某住宅小区指纹识别门禁系统结构框图

（4）门禁系统工程设计实例

设计某地税局办公楼一层信息中心和主机房门禁系统。根据有关规范标准和用户使用功能要求，该系统采用非接触 IC 卡、监控电视（CCTV）摄像机、红外报警探测器相结合，进行人员出入身份鉴别和管理。其平面图如图 11-4 所示。计算机管理出入口的程序流程图如图 11-5 所示。如果有人没有通过 IC 卡进入则红外报警探测器会给控制室报警信号，主机会对出入口进行控制管理。实现 IC 卡和监控电视（CCTV）摄像机的控制功能。

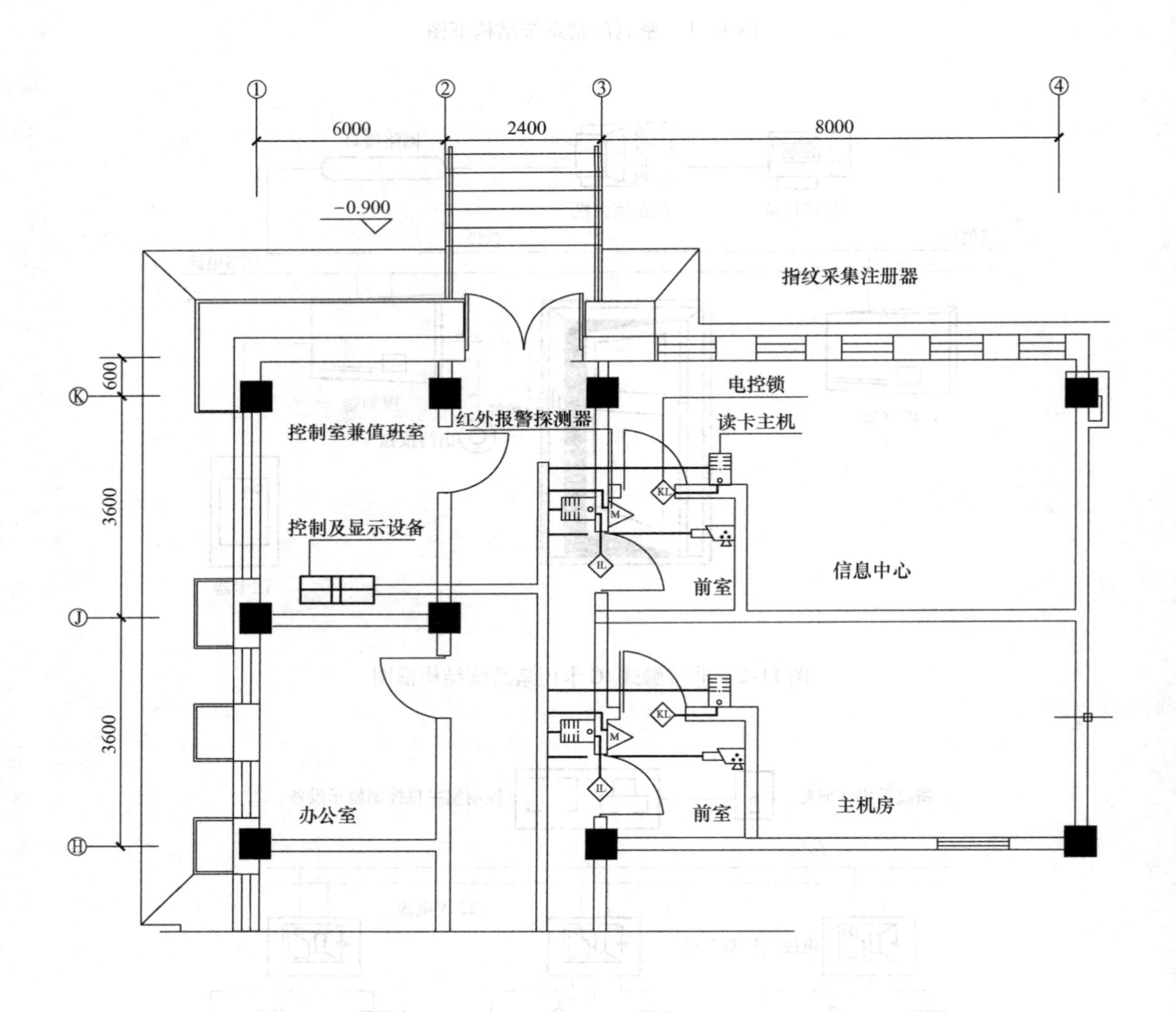

图 11-4　某地税局办公楼一层信息中心和主机房门禁系统平面图

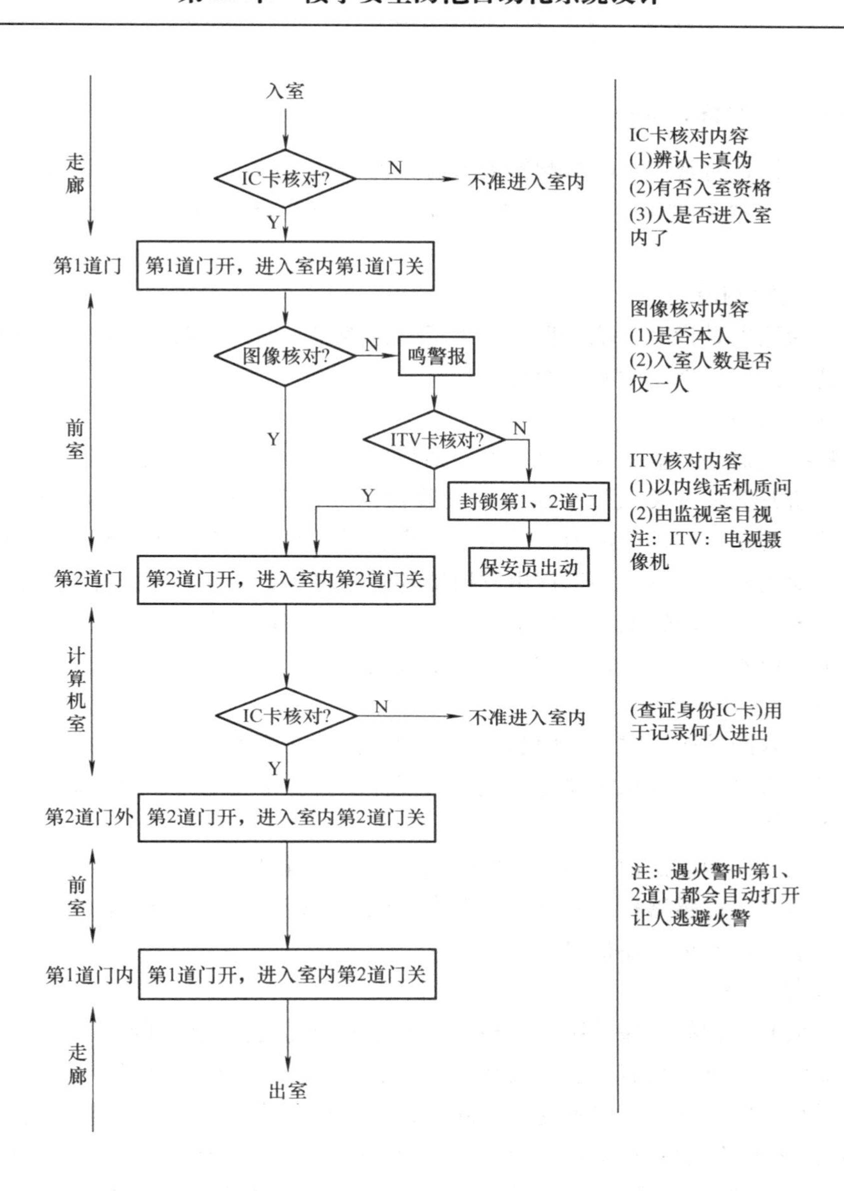

图 11-5　计算机管理信息中心和主机房出入口进出的程序流程图

11.2　防盗报警系统

在安全防范系统设计中防盗报警系统是非常重要的一部分，设计时可以采用现代化高科技的电子技术、传感器技术、精密仪器技术和计算机技术为基础的防盗报警设备，构成一个快速反应系统，从而达到防盗目的。防盗报警系统属于公共安全防范管理系统范畴，设计时在一些无人值守的部位，根据不同部位的使用功能和防护等级要求以及现场条件采用各种报警探测器，来实现防盗功能。例如国家级展览馆的展览厅、重要设备机房和库房、主要出入口通道等进行周界或定方位防护。

11.2.1 防盗系统探测器

防盗系统在设计时常使用的探测器大致有 4 种类型，如：点型入侵探测器、直线型入侵探测器、面型入侵探测器和空间入侵探测器。下面详细介绍各种探测器使用功能及技术参数。

1. 点型入侵探测器

点型报警探测器是指警戒范围仅是一个点的报警器。如门、窗、保险柜等这些警戒的范围只是某一特定部位。常见的有下面几种：

（1）开关入侵探测器

开关入侵探测器是防盗系统中最基本、最简单、最经济有效的探测器。常用的开关包括微动开关、磁簧开关。开关入侵探测器一般装在门或窗上，线路的连接可分常开和常闭两种。磁控开关主要用于封锁门或窗，其可靠性高、误报率低。工程上我们常用的门磁和窗磁就是开关入侵探测器，它的主要部件由发射器和磁铁组成，安装时应分开安装，发射器安装在固定的门或窗框上，磁铁安装在活动的门或窗上。住宅系统中窗磁一般设于一至三层的窗上，四层以上可以不设。门磁每户的入户门都应设置。

（2）振动入侵探测器

当入侵者进入防护区域时，会引起地面、门窗振动，或入侵者撞击门、窗和保险柜，引起振动，而发出报警信号的探测器称为振动入侵探测器。常见的有压电式振动入侵探测器和电动式振动入侵探测器。

玻璃破碎振动探测器是常见的一种压电式振动入侵探测器。把压电传感器贴在玻璃上，当玻璃受到振动时，传感器相应的两级上会产生感应电荷，形成一微弱的电位差，将此信号放大处理后，推动声光报警器报警。

（3）场变化式探测器

对于非常重要的物品如保险箱、金柜等，可以采用场变化式探测器，它的工作原理是因为保险柜、金柜等贵重物品需要独立安装，平时加有电压，形成静电场，与地构成具有电容的电容器。当有人接近保险柜周围的场空间时，电介质就会发生变化，电容也会随之变化，从而引起 *LC* 振荡回路振荡频率发生变化，分析处理器采集到变化的数据，从而触发继电器报警。图 11-6 所示为用于保护保险柜场变化报警探测器工作原理示意图。

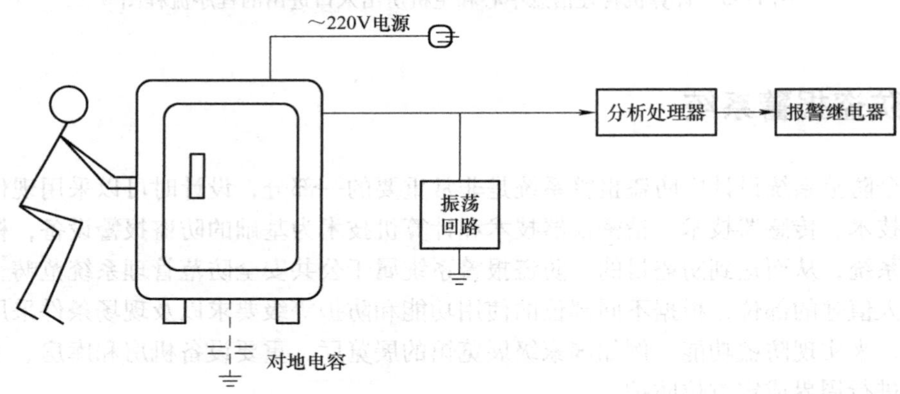

图 11-6　用于保护保险柜场变化报警探测器工作原理示意图

2. 直线型入侵探测器

直线型报警探测器是指保护范围是一条线束的探测器，常见的有主动式红外线报警探测器和被动式红外线报警探测器。

（1）主动式红外线报警探测器

它是由接收装置和发射装置两部分组成，设计时常用大空间公建类建筑。图 11-7 所示为主动式红外线报警探测器组成结构示意图。

图 11-7　主动式红外线报警探测器组成结构示意图

当入侵者跨跃门窗或其他防护区域时，遮挡了不可见的红外光束，立即引起报警，为了避免误报，用于探测的红外线必须事先调制好特定的频率再发送出去，接收装置必须配有鉴别频率与相位的电路来判断红外光束的真伪并能防止日光等光源的干扰。

安装时应注意：被保护区域内不能有阻挡物，封锁的路线一定是直线。其安装方式有以下几种。

1）单光路：由一只发射器和一只接收器组成，如图 11-8 所示。

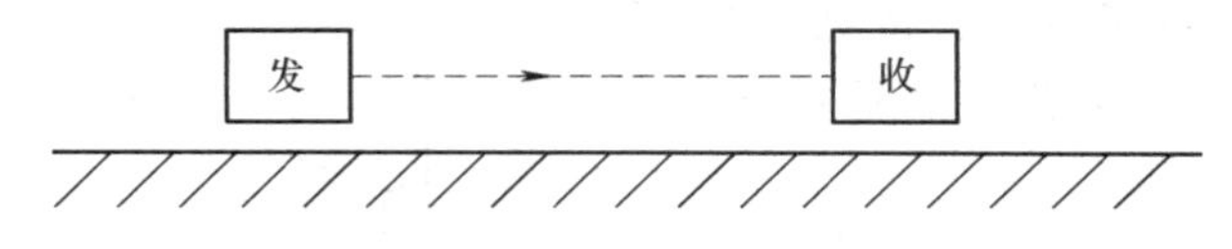

图 11-8　单光路布置示意图

2）双光路：由两对发射器和接收器组成，如图 11-9 所示。

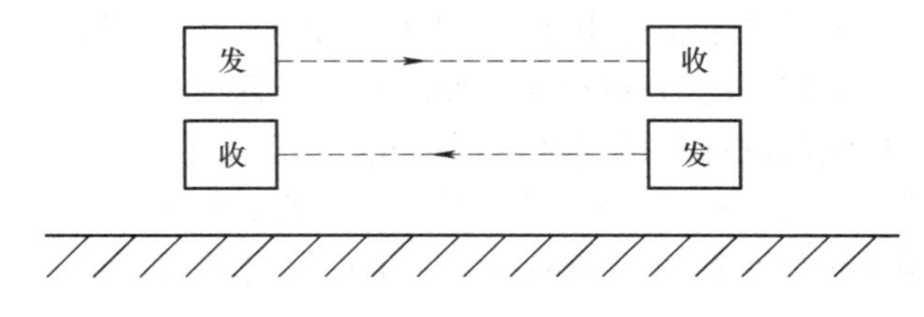

图 11-9　双光路布置示意图

3）多光路：由两个以上多对发射器和接收器组成，如图 11-10 所示。

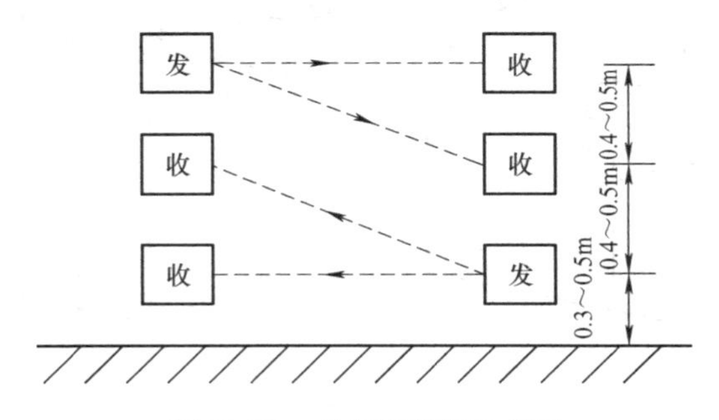

图 11-10　多光路布置示意图

4）反射单光路：由一只发射器、一只接收器和反射镜构成的警戒区，如图 11-11 所示。

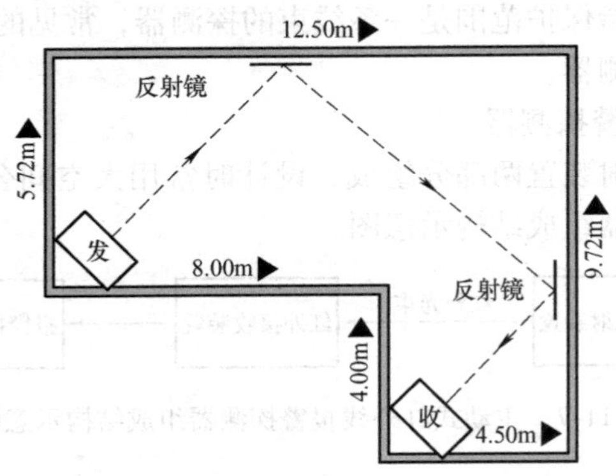

图 11-11　反射单光路布置示意图

（2）被动式红外报警探测器

这种探测器是利用人体温度来进行探测的，通常也称人体探测器。任何物体因表面温度不同都会发出强弱不等的红外线，正常情况下，人体所辐射的红外线波长在 10μm 左右。被动式红外报警探测器在结构上可分为红外探测和报警控制两部分。

被动式红外探测器安装时，根据现场探测模式，可直接安装在墙上、天花板上或墙角等处，其布置原则应满足以下要求：

1）探测器对横向切割即垂直于探测区域方向的人体运动最为敏感，所以设计时应尽量利用这个特性达到最佳效果。如图 11-12 所示中 A 点人体活动时切割探测区域，布置效果更好；B 点正对大门，其布置效果差。图 11-12 所示为被动式红外探测器布置（一）。

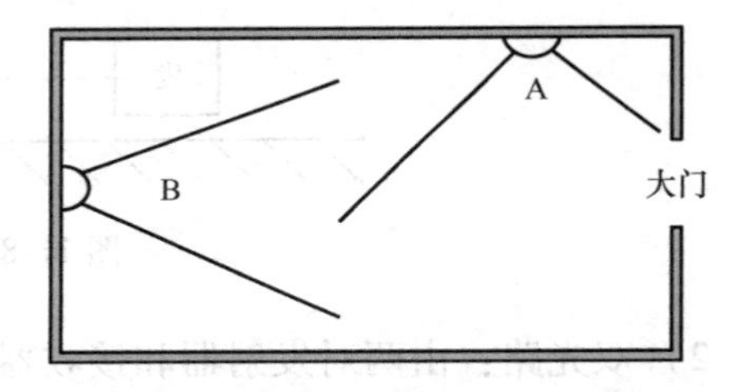

图 11-12　被动式红外探测器布置（一）

2）设计时要注意探测器的探测范围和水平视角。探测器可以安装在顶棚、墙角、墙面等处。但要注意探测器保护的窗口与警戒的相对角度是否满足覆盖所保护的门窗的范围，防止"死角"。安装在墙角可监视窗户，安装在墙面上可同时监视门窗。图 11-13 所示为被动式红外探测器布置（二）。

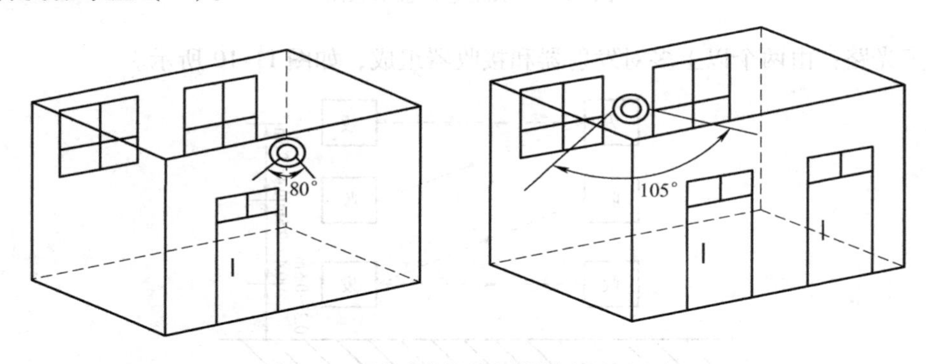

图 11-13　被动式红外探测器布置（二）

当探测器安装在天棚上时，可满足全方位360°视角保护，如图11-14所示。

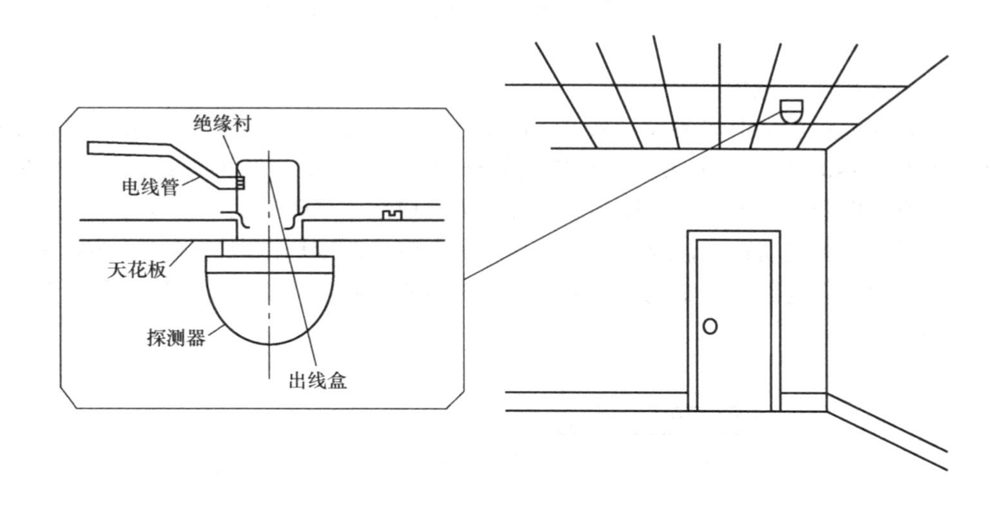

图11-14　被动式红外探测器布置（三）

3）探测器安装时不允许对准加热器、空调出风口等设备。保护区域内不宜有空调或热源，当无法避免热源时，应与热源保持至少1.5m以上的距离。

4）探测器不能正对强光或受阳光直射的门窗。

5）保护区域内不能有高大的遮挡物和电风扇叶片的干扰，也不能安装在强电电源附近避免受磁场干扰。

6）选如安装在墙面或墙角时，安装高度宜在2～4m，设计时通常为2～2.5m。

3. 面型入侵探测器

面型入侵探测器也称周界报警探测器，它的保护范围为一个面，当警戒面上出现入侵危险信号时，立刻发出报警信号。这类报警探测器一般有两种安装方式：一是固定安装在现有的围墙或栅栏上，当有人翻越或破坏时即可报警；二是埋设在被保护区域周围地段的地层下，当入侵者接近或越过周界时发出报警信号，使值班警卫人员及时采取防范入侵的措施。

（1）泄漏电缆传感器

泄漏电缆传感器与电缆结构相似，中心是铜芯导线，外包绝缘介质，绝缘介质外用两条金属（如铜）屏蔽层以螺旋方式交叉缠绕并留有方形或圆形泄漏孔洞，以便漏出绝缘介质层。

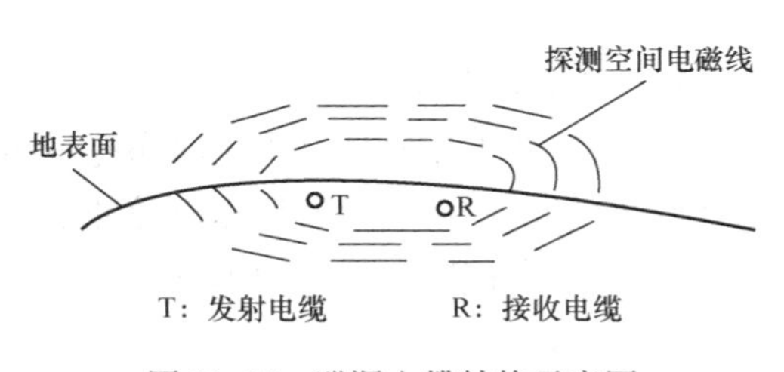

图11-15　泄漏电缆结构示意图

安装时把两根平行泄漏电缆分别接到高频发射器和接收器上，组成泄漏电缆周界报警器，如图11-15所示。

工作原理是利用两根平行电缆周围形成的磁场，发射器产生的电磁脉冲通过发射电缆传输高频探测信号，而这高频探测信号通过泄漏孔向外空间辐射时，在两根电缆之间形成一稳定交变电磁场。同时一部分电磁场能量通过与发射电缆平行的接收电缆的泄漏孔传输送入接收器，经放大处理后，存入接收机存储器。一旦有人或动物非法入侵探测区域，对电磁场产生干扰，那么接收到的电磁场信号与原存储信号相比较，发生变化，即刻发出报警信号。

（2）平行线周界传感器

平行线周界传感器是由多条（一般 2~10 条）平行导线构成的。在多条平行导线中把与振荡频率为 1~40kHz 的信号发生器相连接的导线称为场线，工作时场线向周围空间辐射电磁能量。把与报警信号处理器连接的导线称之为感应线，场辐射的电磁场在感应线中产生感应电流。当入侵者或动物靠近或穿越平行导线时，就会改变周围电磁场的分布状态，使电磁场感应线中的感应电流发生变化，报警信号处理器检测到电流变化量即刻报警。其结构示意图如图 11-16 所示。

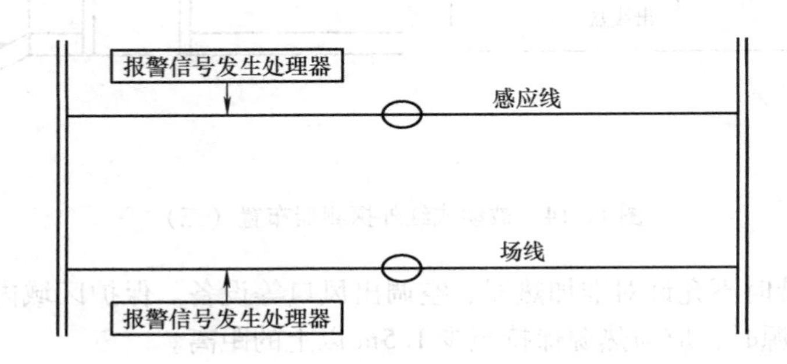

图 11-16 平行线周界传感器结构示意图

（3）光纤传感器

光纤传感器是利用光纤传输损耗低，传输距离长等特点，把光纤固定在被保护区四周的围栏或围墙上，当有人非法入侵，入侵者压迫到光纤时，光纤受到物理压迫其光传输模式会发生变化，传输模式的改变会使报警器发出报警信号。

4. 空间入侵报警探测器

空间入侵报警探测器是指保护范围为一个固定空间的报警探测器。当这个被保护空间内任意点的警戒状态被破坏时，即发出报警信号。常见的有声控报警器、微波报警探测器和超声波报警探测器等。

（1）声控报警器

声控报警器工作原理是当压电陶瓷声传感器（也称声控头），被入侵者在防范区域内走动或作案时发出的声响激发后输出脉冲电信号，并将此脉冲电信号转换为报警电信号经传输线发送到报警主控器，其结构示意图如图 11-17 所示。

（2）微波报警探测器

微波报警探测器是利用微波能量的辐射和探测技术构成的报警探测器。根据工作原理的不同又分为微波移动报警探测器和微波阻挡报警探测器两种。

1）微波移动报警探测器：微波移动报警探测器又称多普勒式微波报警探测器，它是利用频率为 300~300000MHz（通常为 10000MHz）的电磁波，对防范区域内运动的目标产生多普勒效应构成的微波报警装置。

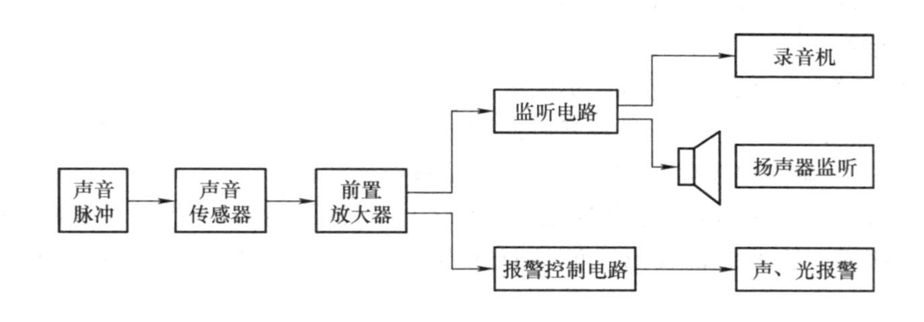

图11-17 声控报警器结构示意图

2）微波阻挡报警探测器：它主要是由微波发射机、微波接收机和信号处理器等部件组成，使用时将发射天线和接收天线相对放置在保护区域场地的两端，当场地内没有运动的物体遮挡时，发射天线所发射的微波束会直接发送到接收天线，微波能量被接收天线接收，发出正常工作信号；当有运动物体阻挡微波束时，接收天线接收到的微波束能量就会大大减弱或消失，此时立刻会发出报警信号。

（3）超声波报警探测器

它的工作原理与微波移动报警探测器相似，只是使用的不是微波而是超声波。它由超声波发射机、超声波接收机和信号处理器等部件组成。超声波报警探测器也是利用多普勒效应。超声发射器发射25～40kHz的超声波充满保护区域内空间，超声接收机接收从墙壁、地板及室内其他物体反射回来的超声波能量，与发射波的频率相比较。当保护区域内无移动物体时，反射波与发射波的频率相同，不报警；当入侵者在保护区域区内移动时，超声反射波会产生±100Hz的多普勒频移，接收机检测出这两种波的频差后，立刻发出报警信号。

11.2.2 防盗报警系统工程设计

1. 系统组成形式和设计要求

防盗报警系统根据保护建筑物的功能要求一般可分两种：一级报警系统和多级报警系统。

（1）一级报警系统

主要由小型电视监控及报警系统和区域控制电视监控及报警系统等组成。设计时要满足以下要求：

1）系统中应设置一台报警控制器，但不应超过两台；

2）报警控制器安装在墙上时，其底边距地面的高度不应小于1.5m，靠近其门轴的侧面距离不应小于0.5m，正面操作距离不应小于1.2m。

3）防盗报警控制器应设在有人值班的房间或场合，可和消防控制室、监控室或弱电机房等有人值班的房间合用。

（2）多级报警系统

它由集中电视监控系统和集中报警系统组成。

设计时，系统中应设置一台集中防盗报警控制器和多台区域防盗报警控制器，还应考虑与消防系统、监控系统等联网应变的可能性。

2. 设备选择

1）防盗报警工程系统必须结合实际工程被保护对象的防护功能要求和响应能力的情况，来选择合适的设备，一般由现场各种防盗报警探测器、传输设备、监控中心设备和响应设备等组成，并宜附加电视监控和声音监听等复核设备装置。

2）入侵报警用的探测器的选择应结合现场工作的需要、特点及探测器的特性选用。

3）入侵报警工程系统的器材、设备应选用经国家有关产品质量监督部门检验合格的产品。

4）在可能发生直接危害生命的防护地区，必须设置紧急入侵报警装置。

5）自动入侵报警控制器的使用宜配置声、像复核。

3. 设计实例

1）图 11-18 所示为一级防盗报警系统结构示意图，由电视监控和防盗报警组成。其中报警探测器根据保护区域功能可以选择红外线报警探测器、声控报警器、门磁、窗磁、微波报警探测器等。

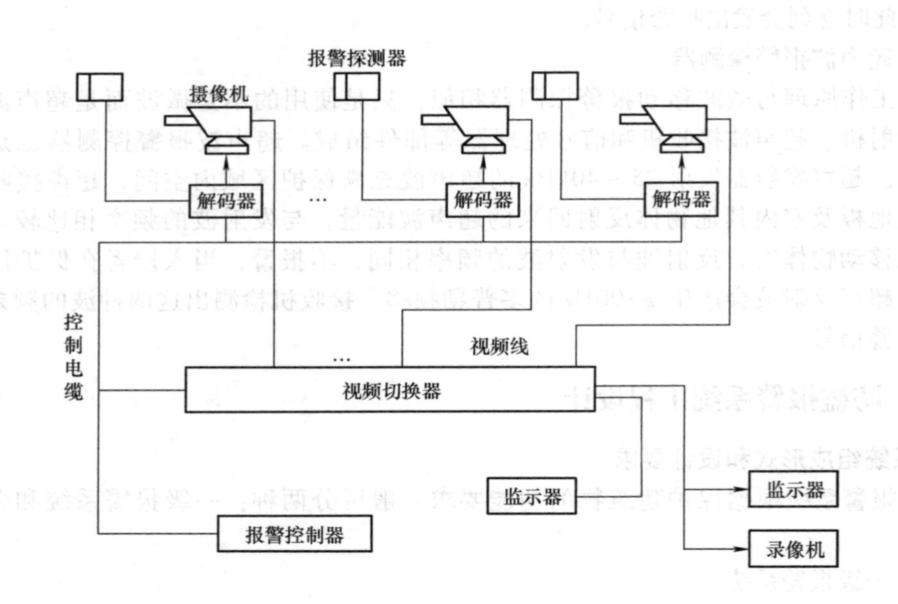

图 11-18 一级防盗报警系统结构示意图

2）某大厦防盗报警系统。某大厦是一幢 10 高速公路指挥中心办公楼，根据大楼特点和安全要求，在首层各出入口各配置 1 个双鉴探头（红外线被动报警探头 + 声控报警探头）及 1 台带有云台式摄像机，对所有出入口的内侧进行保护，在三层信息中心两个门处设置两个双鉴探头（红外线主动报警探头 + 微波报警探头）和两台带有云台式摄像机，对信息中心进行保护。二楼至十楼的每层走廊进出通道，可配置两个双鉴探头（红外线被动报警探头 + 声控报警探头）和两个圆球摄像机，共配置 18 个双鉴探头和摄像机；同时每层各配置 4 个紧急起动按钮，共配置 40 个紧急按钮，紧急按钮安装位置视现场具体情况而定。整个防盗报警系统如图 11-19 所示。

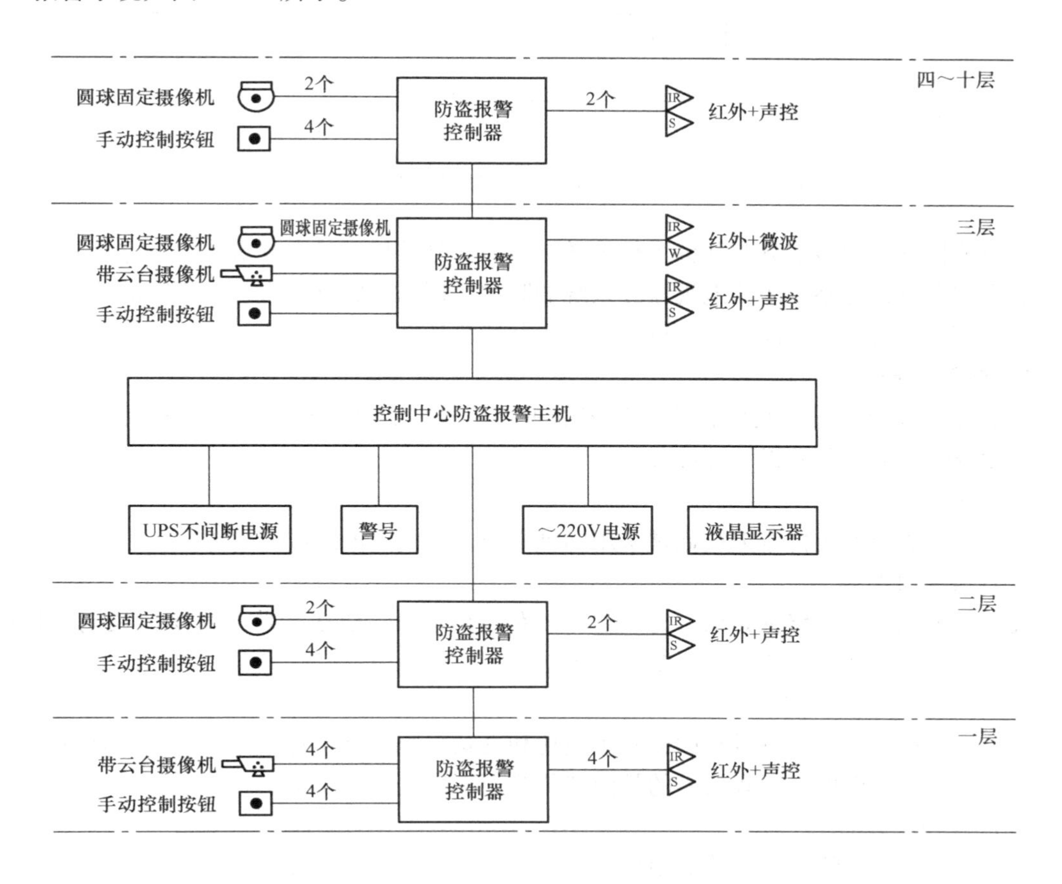

图 11-19　某大厦多级防盗报警系统图

11.3　闭路电视（CCTV）监控系统

闭路电视监控系统主要是辅助安防系统中保护区域内对重要设备和位置进行现场实况实时监控。在人们无法或不宜直接观察的场所进行实时、形象、真实地放映被监控对象的画面。因为电视监控系统和广播电视系统一样，都是采用同轴电缆作为视频信号的传输介质，并不向外界空间发射频率，所以称闭路电视（CCTV）监控系统。

11.3.1　闭路电视（CCTV）监控的基本组成

根据实际工程其使用环境、使用部位和系统实现的功能而具有不同的组成方式，无论系统规模大小和功能多少，闭路电视监控系统通常由摄像、传输分配、控制、图像处理与显示 4 部分组成。图 11-20 所示为闭路电视监控系统的基本组成结构示意图。

1. 摄像部分

摄像部分的作用是前端设备摄像机把监控到目标的光、声等信号变成电信号，然后送入

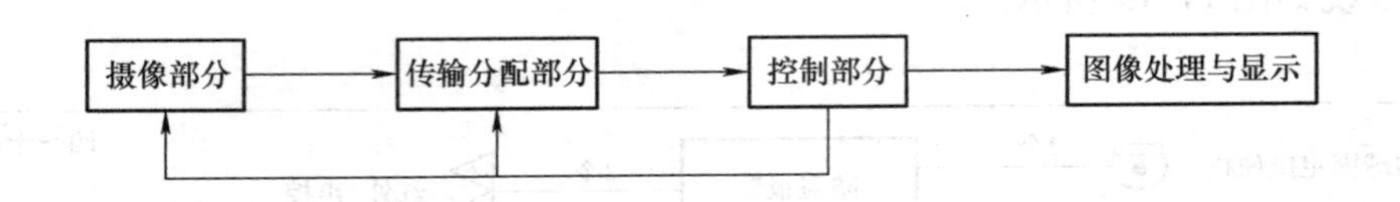

图 11-20　闭路电视监控系统的基本组成结构示意图

闭路电视监控系统的传输分配部分进行传送。摄像部分的核心是电视摄像机，它是光电信号转换的主体设备，是整个闭路电视监控系统的眼睛。摄像机的种类很多，不同的系统可以根据不同的使用目的选择不同的摄像机以及镜头、滤色片等。

2. 传输分配部分

传输分配部分的作用是将摄像机传来的视频信号馈送到监控中心机房和其他各监视场所。传输分配部分主要有以下几部分：

（1）馈线传输

闭路电视监控系统传输馈线通常采用同轴电缆、平衡式电缆或光缆等。

（2）视频分配器

视频分配器可将一路视频信号分配输出多路输出信号，供多台监视系统监视同一目标，或者用于将一路图像信号向多个系统接力传送。

（3）视频电缆补偿器

视频信号在长距离传输过程中会发生损耗和衰减，视频电缆补偿器可以对衰减的视频信号进行补偿放大，以保证视频信号的长距离传输而不影响图像质量。

（4）视频放大器

它用于系统的干线上，当传输距离较远时，对视频信号进行放大，以补偿传输过程中的信号衰减。

3. 控制部分

控制部分的作用是在中心机房通过有关设备对系统的摄像和传输分配部分的设备进行远距离遥控。控制部分的主要设备有：

（1）集中控制器

一般装在中心机房、调度室或某些监视场所。采用集中控制器在配合一些辅助设备，可以对摄像机工作状态如：电源的接通、关闭、水平旋转、垂直俯仰和远距离的广角变焦等进行遥控。

（2）电动云台

安装摄像机上，云台在控制电压的作用下，作水平和垂直转动，使摄像机能在大范围内对准并摄取所需要的观察目标。

（3）云台控制器

它与云台配合使用，其作用是在集中控制器输出的控制电压作用下，输出交流电压至云台，来驱动云台内电动机转动，从而完成摄像机根据需要进行转动等。

（4）微机控制器

微机控制器是一种较先进的多功能控制器，采用微处理机技术，其稳定性和可靠性好。

4. 图像处理与显示部分

图像处理是指对系统传输的图像信号进行切换、记录、重放、加工和复制等功能。显示部分则是使用监视器进行图像重现，有时还采用投影电视来显示其图像信号。

11.3.2　闭路电视监控系统的组成形式

闭路电视监控系统的组成形式一般有如下几种：

1. 单头单尾方式

头指摄像机，尾指监视器，这是最简单的组成方式。由一台摄像机和一台监视器组成的方式用在某一场所连续监视一个固定目标。图11-21所示为单头单尾组成方式（一）。也可以增加一些功能，例如可以调控摄像镜头焦距的长短、光圈的大小及远近聚焦等，还可以遥控电动云台的左右上下运动和接通摄像机电源等。图11-22所示为单头单尾组成方式（二）。

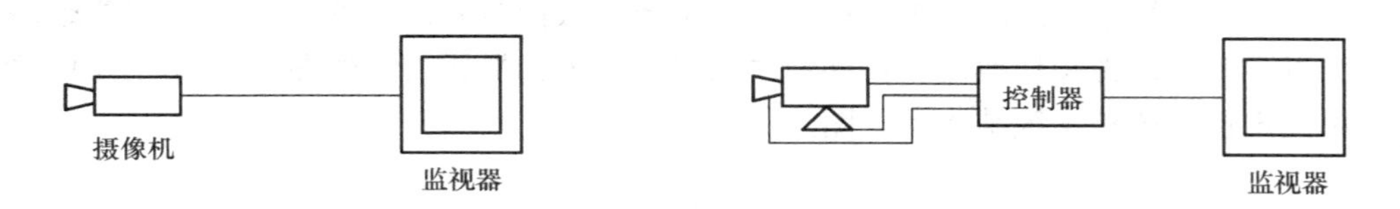

图11-21　单头单尾组成方式（一）　　图11-22　单头单尾组成方式（二）

2. 单头多尾方式

单头多尾方式主要是由单台摄像机和多个监视器组成。由一台摄像机向多个监视点传输视频信号，由各个监控点上的监视器同时观看图像。这种方式用在多处监视同一个固定目标的场合。

如图11-23为单头多尾组成方式。

3. 多头单尾方式

多头单尾方式用一处监视器集中监视多个目标的场所。它除了控制功能外，它还具有切换信号的功能。图11-24所示为多头单尾组成方式。

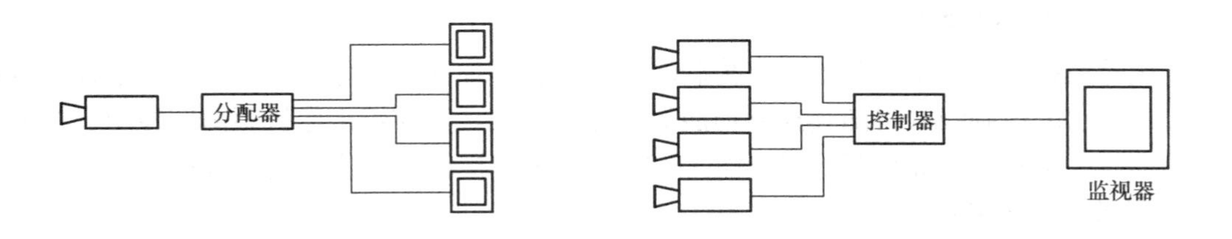

图11-23　单头多尾组成方式　　图11-24　多头单尾组成方式

4. 多头多尾方式

多头多尾方式用在多处集中监视多个目标的场所。图11-25所示为多头多尾组成方式。

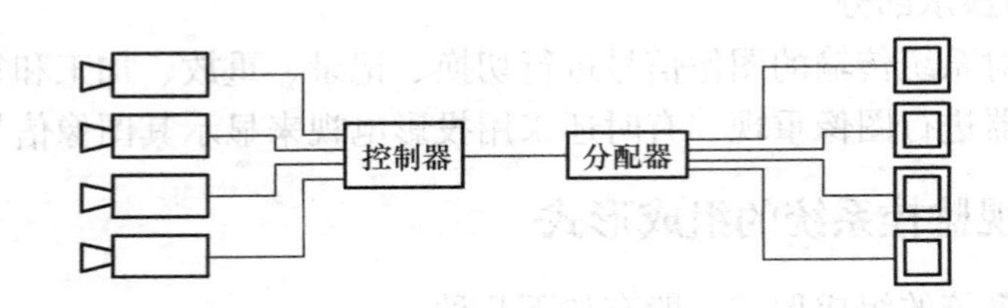

图 11-25 多头多尾组成方式

11.3.3 闭路电视监控系统的类型

根据系统的控制方式可分为 4 种类型：

1. 固定控制系统

这是一种最简单的闭路电视监控系统，由数台摄像机和监视器组成，在不需要遥控的情况下，以手动操作视频切换器和自动顺序切换器，来选择所需要的图像画面。图 11-26 所示为简单固定控制监控系统结构示意图。

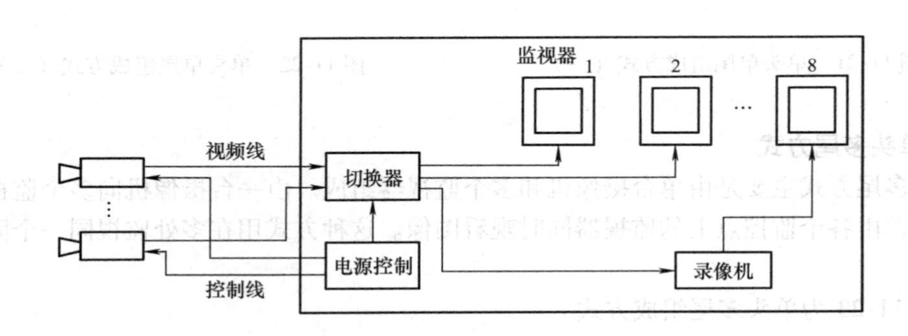

图 11-26 简单固定控制监控系统结构示意图

2. 直接遥控控制系统

直接遥控控制系统是在简单固定控制的基础上，增加简易摄像机遥控器，其遥控为直接控制方式。它的控制线数将随其控制功能的增加而增加，当前端摄像机距离监控中心控制室距离较远时，不宜采用此控制方式。图 11-27 所示为直接遥控监控系统结构示意图。

3. 间接遥控控制系统

此系统具有一般监视系统的基本功能，只是遥控部分采用间接控制方式，这种控制方式降低了对控制线的要求，增加了传输距离。但对大型控制系统不宜采用，因为遥控设备越多、控制线要求也越多，距离较远时，控制也较困难。图 11-28 所示为间接遥控监控系统结构示意图。

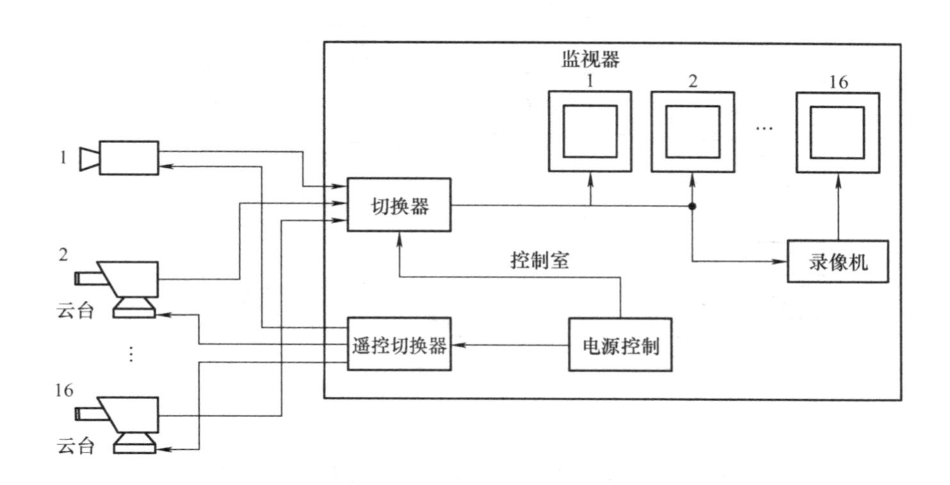

图 11-27　直接遥控监控系统结构示意图
注：1 表示无云台摄像机，2 ~ 16 表示带有云台的摄像机

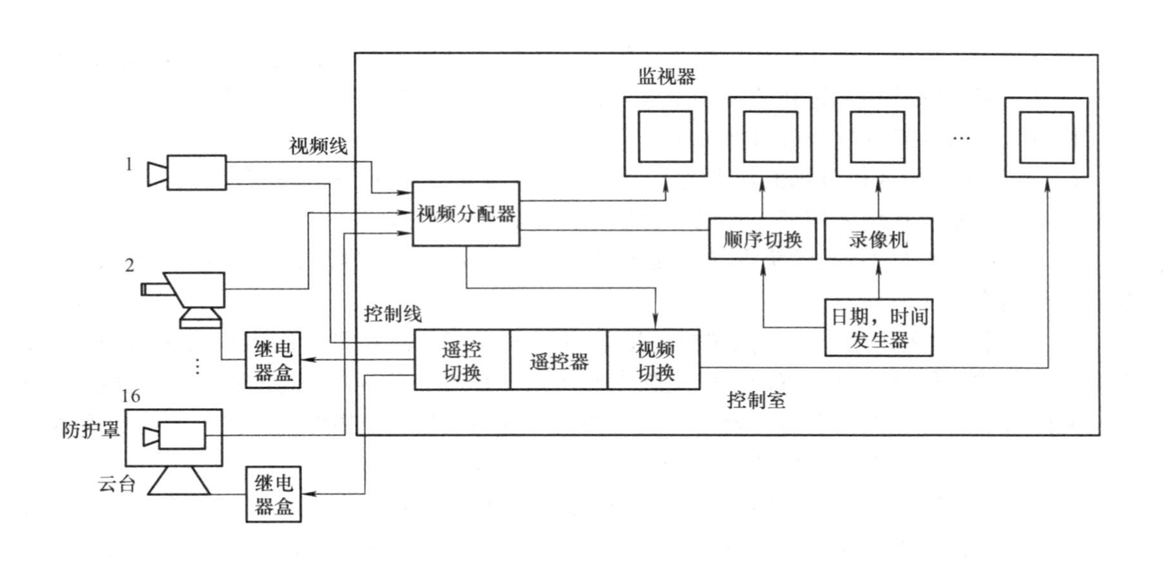

图 11-28　间接遥控监控系统结构示意图

4. 微机控制矩阵切换控制系统

这种控制系统在实际工程设计中，是常采用的控制方式，应用广泛。主要是采用串行码传输控制信号，系统控制线只需两根。该控制方式主要用于大、中型闭路电视监控系统。如图 11-29 所示为微机控制矩阵切换监控系统结构示意图。

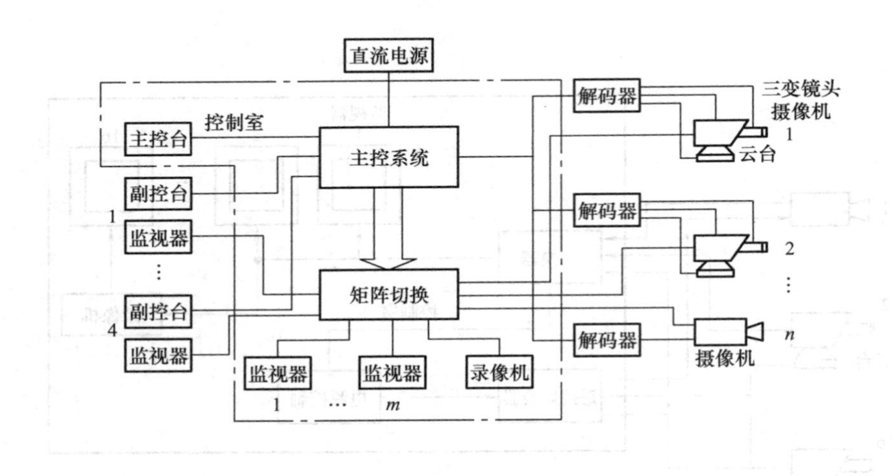

图 11-29　微机控制矩阵切换监控系统结构示意图
注：1 代表带有云台的摄像机，n 代表摄像机

11.3.4　闭路电视监控系统工程设计举例

现有一小型银行，有一个入口、一个接待柜台、一个金库 4 个现金柜台窗口，要求设计一个小型银行监控系统。

设计要求：能够实现对接待柜台来客情况、入口人员出入情况、现金柜台窗口和金库进行监视和记录。除监控室进行监视和记录外，在经理室也监视所需要的监视画面。

根据设计条件及要求设计方案如下：

1）采用 7 个摄像机分别监视上述 7 个重要场所即大门入口、接待柜台、现金柜台窗口、金库等场所。整个系统采用交叉控制和并联七点单路组成方式。

2）金库可以采用针孔镜头摄像，便于隐蔽安装，防止盗贼发现，采用定焦距广角自动光圈镜头摄像机。

3）大门入口采用电动云台摄像机，摄像机罩采用室内防护型。出入口大多直对室外，在室外阳光的照射下，进入室内会产生强烈的逆光，必须考虑室内灯光的补偿，或选择可变自动光圈镜头，可选择具有逆光补偿等经过特效处理的设备，使摄像机所摄画面更加清晰。

4）4 个现金柜台窗口和接待柜台均选择一台一般固定摄像机。

5）7 台摄像机输出的视频信号先进入七切二的继电器控制式切换器。控制电压由监控室和经理室的控制器分路输出，两个室内都以各自选择所需监视的画面图像。从各摄像机到监控室之间的传输部分，设置一台视频时间信号发生器，使摄像机输出的图像信号叠加上时间信号，供录像机记录使用。

6）监控室设备宜采用一台彩色收监两用机进行监视，采用一台 VHS 录像机进行记录。经理室的监视器与监控室监视器相同。两台监视器屏幕大小自定。

7）信号传输采用 SYV－75－5 同轴电缆，以视频传输方式进行。由于传输距离很近，故传输中无须设置信号放大器或其他补偿设备。图 11-30 所示为小型银行闭路电视监控平面布置图，图 11-31 所示为小型银行闭路电视监控系统结构示意图。

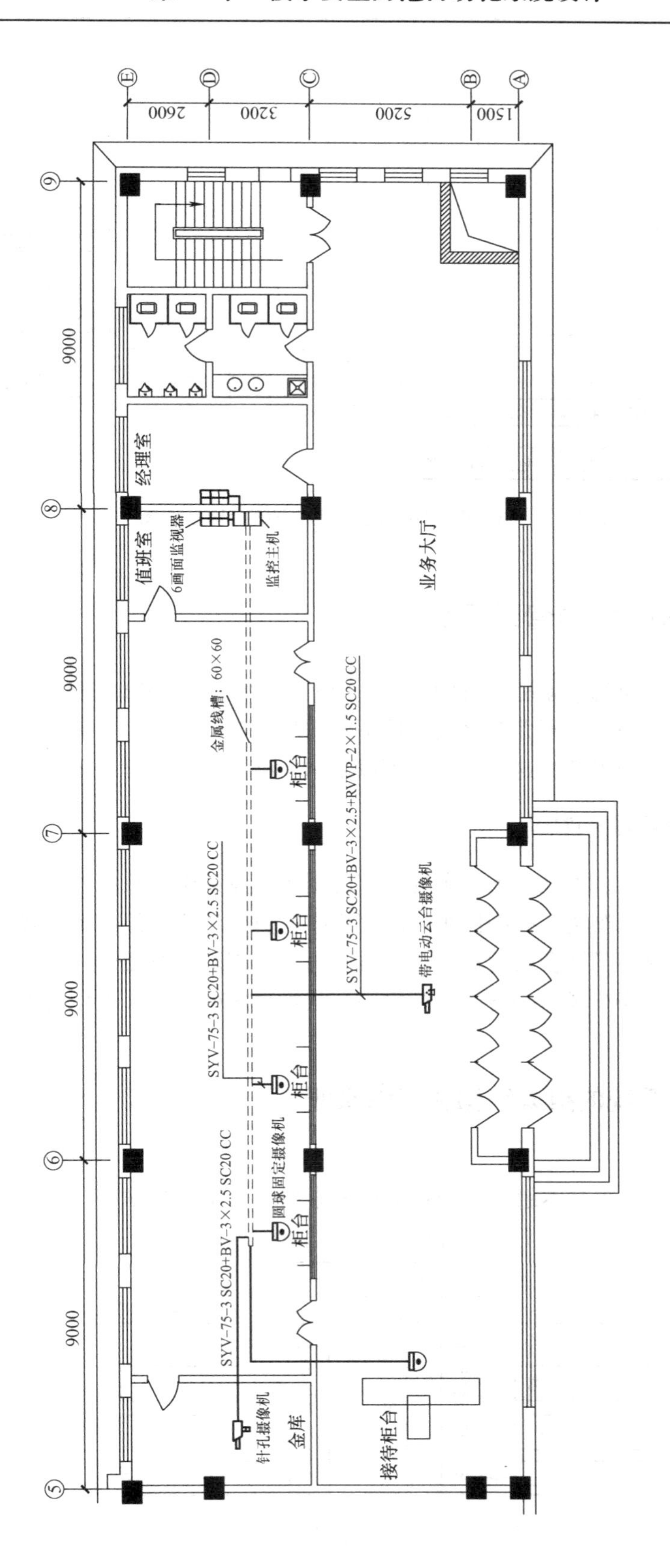

图11-30　小型银行闭路电视监控平面布置图

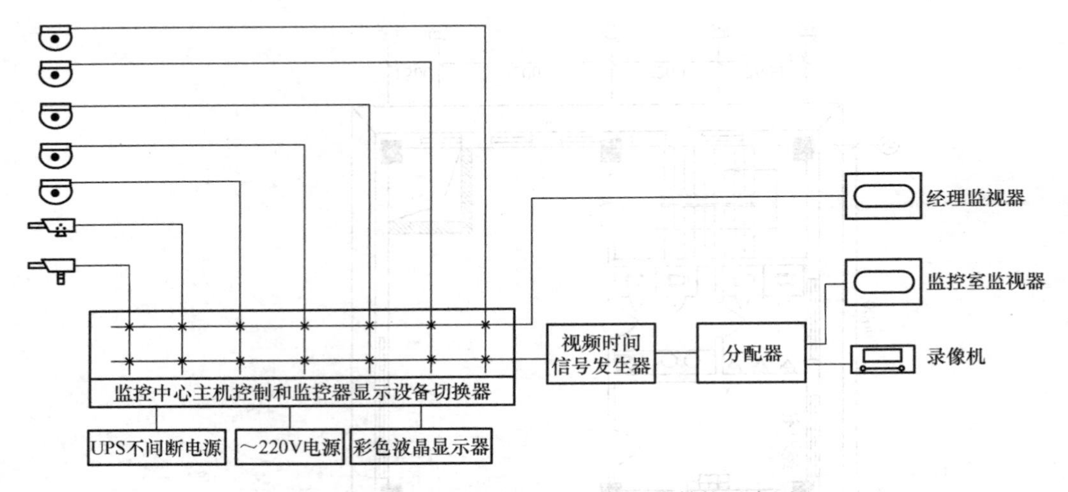

图 11-31 小型银行闭路电视监控系统结构示意图

11.4 停车库车位引导管理系统

目前私家车几乎普及每个家庭，特别是大、中型发达城市许多家庭拥有两部汽车。那么随着私家车的增多，在公共场所尤其是大型地下停车场找不到停车位，停车难的问题已经普遍存在甚至日益增加。为了解决这一矛盾，可以采用一种新型的停车场车位引导系统。

11.4.1 车位引导系统的特点

本系统主要适用于大、中型地下停车场，广泛用于商业建筑、政府办公楼、火车站交通枢纽中心及医院等公共停车场。提高停车场的使用率，更好地管理停车场，降低大中型停车场的经营成本，大大提高了社会效益和经济效益。为顾客消除停车烦恼，轻松停车，节省时间，提高效率，是高级停车场所必备的系统之一，从细微之处尽显人性化管理，这是实力的综合体现。

11.4.2 车位引导系统的组成结构和工作原理

1. 系统组成结构

车位引导系统包括 4 个基本组成部分：信息采集系统、实时数据库、信息发布系统和车位引导系统信息处理中心，如图 11-32 所示。

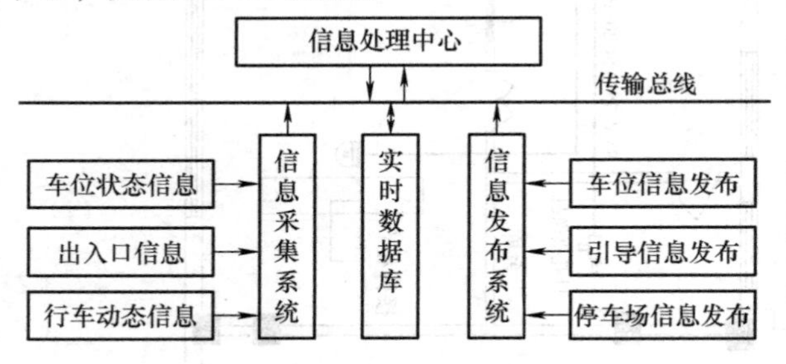

图 11-32 车位引导系统的组成结构框图

2. 系统工作原理

首先通过停车场的数据采集系统对停车场的车位相关信息进行采集，并按照一定规则通过数据传输网络将信息送至车位引导控制系统，由中央控制系统对信息进行分析处理后放到数据库服务器，同时分送给信息发布系统，提供信息服务。对于数据库服务器中的车位信息，系统提供数据查询接口。车位检测原理是在停车位的中心正上方安装超声波探测器，由上往下发射超声波，对从地面或车辆上反射回来的超声波，通过微处理器进行分析，从而做出停车位有车或无车的判断。

3. 车位引导系统主要好处

（1）提高停车效率

未使用车位引导系统的停车场，驾驶者经常在停车场内产生无效低速行驶，并降低停车场内的车道流通。

使用艾科车位引导系统的停车场，驾驶者可通过醒目的引导信息屏、车位指示灯，准确、放心、高效率的找到空车位。图 11-33 所示为使用车位引导系统前后车位状态对比示意图。

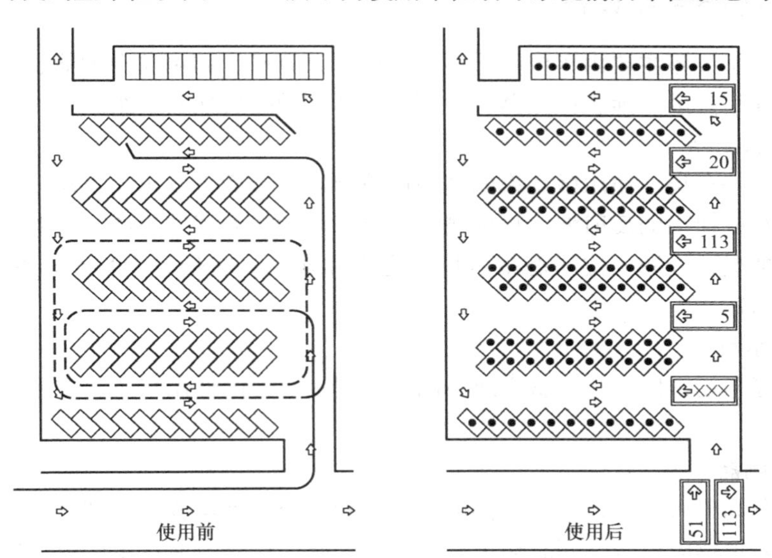

图 11-33　使用车位引导系统前后车位状态对比示意图

（2）增加停车位，投资回报高

停车场在没有设计车位引导系统前，一般在偏僻的地方不设计停车位，使用引导系统会增加车位数量，改善车辆的流向方面，减少车道空间而增加车位：一般可增加 3% ~5% 的车位增加量。图 11-34 所示为无车位引导系统的行车动向示意图，图 11-35 所示为使用引导

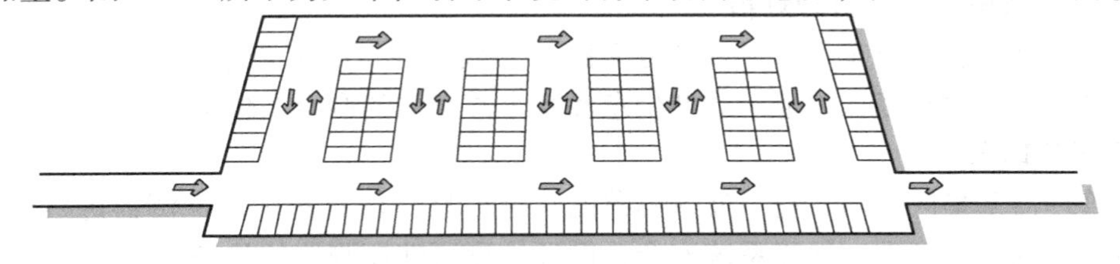

图 11-34　无车位引导系统的行车动向示意图

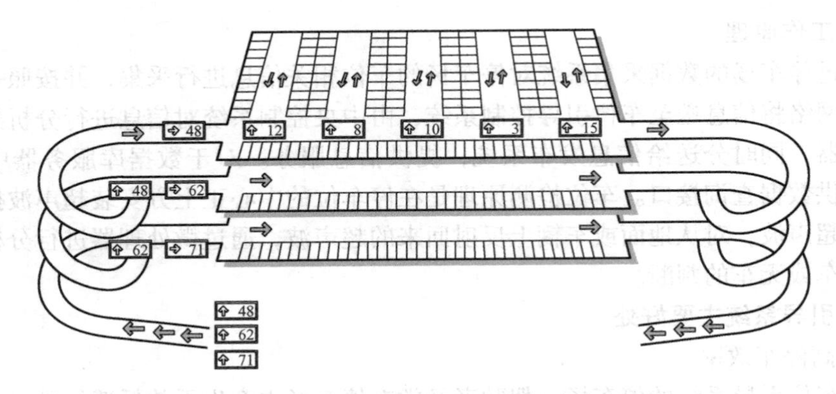

图 11-35 使用引导系统后停车场的车位示意图

系统后停车场的车位示意图。

11.4.3 车位引导系统设备

车位引导系统设备主要由车位引导系统软件、计算机、超声波探测器、车位指示灯、区域管理器、引导信息屏、地感检测器、地感管理器和数据转换器等组成。

1. 超声波探测器

常用于室内停车场，使用微功率的高频声波脉冲由上而下发出超声波，检测车位的使用状态，分析汽车或地面的反射波，精确测量出反射面到探测器的距离，由此准确地检测出每个车位的停车情况，控制车位状态指示灯的亮灭和颜色，将信息上传至区域管理器（探测范围0.3 ~4.5m）。

2. 车位指示灯

用于室内停车场，以亮、灭状态或不同颜色提示车位的使用状态，方便车主轻松看到空车位。

3. 地感探测器

安装在停车场出入口，地感探测器由地感线圈和处理器组成。处理器用来检测车辆经过地感线圈时，采集感应信号，同时输出一个相应的脉冲信号。通过不同的脉冲信号输出来判断车辆行驶的方向和检测车流量。

4. 地感管理器

采集地感探测器的信息，用于管理地感检测器返回的信号，可以同时管理6路地感检测器。当有车辆经过地感线圈时，地感检测器向管理器发出脉冲信号，通过对应的通道统计脉冲数，来统计车辆经过的数量上传至区域管理器。

5. 引导信息屏、室外引导灯箱

引导信息屏安装在停车场入口或各分叉路口，显示各自的剩余车位数，引导停车方向。室外引导灯箱置于停车场入口显示欢迎信息和整个停车场的剩余车位信息。

6. 区域管理器

区域管理器采集区域内各超声波探测器的状态信息专门对超声波探测器进行分组管理，实现网络通信的优化管理，保障系统安全，循环检测所辖探测器的状态，并将有关信息上传至引导服务器。有3个通信端口，其中两个端口对超声波探测器进行分组通信管理，每个端口最多可带载 32 个超声波探测器，第三个端口接引导信息屏（设计时要考虑一定的余量，考虑到后期修改图样有变更情况，一般要留有 20% 的余量）。

7. 引导服务器数据转换器

采集各区域管理器的数据，计算剩余车位数，向各引导信息屏发布引导信息。引导服务器数据转换器是整个停车场系统的中枢设备，负责引导系统的数据传输及控制。引导软件指令的下达，系统终端数据的上传，都必须通过数据转换器来完成。

8. 引导系统软件主要功能

主要功能是在软件主界面上实时监控以地图方式实时观察停车场各车位的使用状态；

统计分析以不同颜色表示各车位、停车区域的使用频率；可以在停车库引导信息屏上加入广告等。

11.4.4　工程案例分析

项目：某商务大厦总建筑面积位 186560m²，由裙楼和 3 个塔楼组成，地下三层均为停车场，地下一层 51 个，地下二层 401 个车位，地下三层共 413 个车位。做出车位引导系统设计方案及系统框图。

1. 车位引导系统设计方案

1）在每个车位的中心正上方安装 1 个超声波探测器，实时检测车位的情况。每个车位的正前方安装 1 个车位指示灯，显示车位的占用状况，当车位无车时，车位指示灯显示绿色，当车位停有车辆时，车位指示灯显示红色。

2）区域管理器：有 3 个通信端口，其中两个端口对超声波探测器进行分组通信管理，每个端口最多可带载 32 个超声波探测器，第三个端口接引导信息屏（设计时要考虑一定的余量，考虑到后期修改图样变更情况，一般要留有 20% 的余量）。管理器提供 DC24V 的电源给超声波探测器。

3）在各入口、出口安装地感检测器，对出入的车辆进行检测，通过地感管理器将信号传输到数据中心。

4）引导信息屏：在停车场各入口与行车路口设置引导信息屏，入口信息屏显示本停车场各层的剩余车位数，在分叉路口设置引导信息屏，显示各个方向区域内的剩余车位数。引导信息屏的设计是根据停车场车流方向动线图为依据来设计的。

5）引导服务器：在管理中心设置一台引导服务器，与计算机连接，通过车位引导系统软件，实现各引导功能及管理统计功能。

6）室外灯箱：在距车库入口 3m 处设置一个灯箱，显示欢迎信息和整个停车场的剩余车位信息。

2. 本项目车位引导系统设备清单（见表 11-1）

表 11-1　本项目车位引导系统设备清单

设备名称	型号	单位	地下一层数量	地下二层数量	地下三层数量	总数
超声波探测器	PUD－10R	个	51	401	413	916
车位指示灯	DIL－10－（RG）	个	51	401	413	916

（续）

<table>
<tr><th>设备名称</th><th>型号</th><th>单位</th><th>地下一层数量</th><th>地下二层数量</th><th>地下三层数量</th><th>总数</th></tr>
<tr><td>区域管理器</td><td>CUC－11CR</td><td>台</td><td>1</td><td>6</td><td>6</td><td>13</td></tr>
<tr><td>地感检测器</td><td>PLS－11</td><td>台</td><td>2</td><td>2</td><td>2</td><td>6</td></tr>
<tr><td>地感管理器</td><td>CLC－04RK</td><td>台</td><td>1</td><td>1</td><td>1</td><td>3</td></tr>
<tr><td>引导信息屏</td><td>DIS－11R108RGO－32P4.75</td><td>条</td><td>根据平面图确定</td><td>根据平面图确定</td><td>根据平面图确定</td><td></td></tr>
<tr><td>室外引导灯箱</td><td></td><td>个</td><td colspan="3">入口处</td><td>1</td></tr>
<tr><td>引导服务器</td><td>SCD－06SR</td><td>台</td><td colspan="3" rowspan="3">管理中心</td><td>1</td></tr>
<tr><td>引导系统软件</td><td>AKE－PGS－V2.0</td><td>套</td><td>1</td></tr>
<tr><td>计算机</td><td>联想</td><td>套</td><td>1</td></tr>
</table>

11.5 防盗对讲访客系统

11.5.1 单对讲访客型系统设计要求

1. 对讲主机

对讲主机由传声器和语言放大器、振铃电路等组成，要求对讲语言清晰，信噪比高，失真度低。

2. 控制系统

信号传输一般采用总线、控制方式采用数字编解码，只要访客按下住户的门牌代码，对应的住户拿下室内对讲话机就可以与访客通话，以决定是否需要打开防盗安全门。

3. 电源系统

电源供给语音放大、电气控制等设备，所以必须满足下列条件：

1）由于小区供电系统电压不稳定，白天用电处于低谷时电压最高可达250V左右，晚上用电负高峰期时，电压最小可能为170～180V，因此电源设计时要满足电压要求，根据实际情况增设稳压器。

2）要考虑交直流两用，自带UPS电源，当市电停电时，直流电源可供电。

4. 防盗安全门

防盗对讲访客系统单元门应选择电控防盗安全门。它是在一般防盗的基础上加上电控锁、门磁开关等设备组成，防盗门可以选择栅栏式或复合式，关键是安全性和可靠性。

11.5.2 单对讲型访客系统设计示例

1. 系统的功能特点

1）整个系统具有两个通话频道，可以允许两路双向同时进行。可接两个标准型门口机。

2）住户可以摘机呼叫管理员与其双向对讲，也可通过管理员转接到系统内任一住户进行双向对讲。

3）访客可以直接按住户房号呼叫住户或通过按管理员键呼叫，住户摘机后可以按开锁键打开单元防盗对讲门电锁，户外单元门口主机可以设密码锁，系统设有按错密码三次转接管理员主机的功能，防止误撞。图 11-36 所示为单对讲型访客系统。

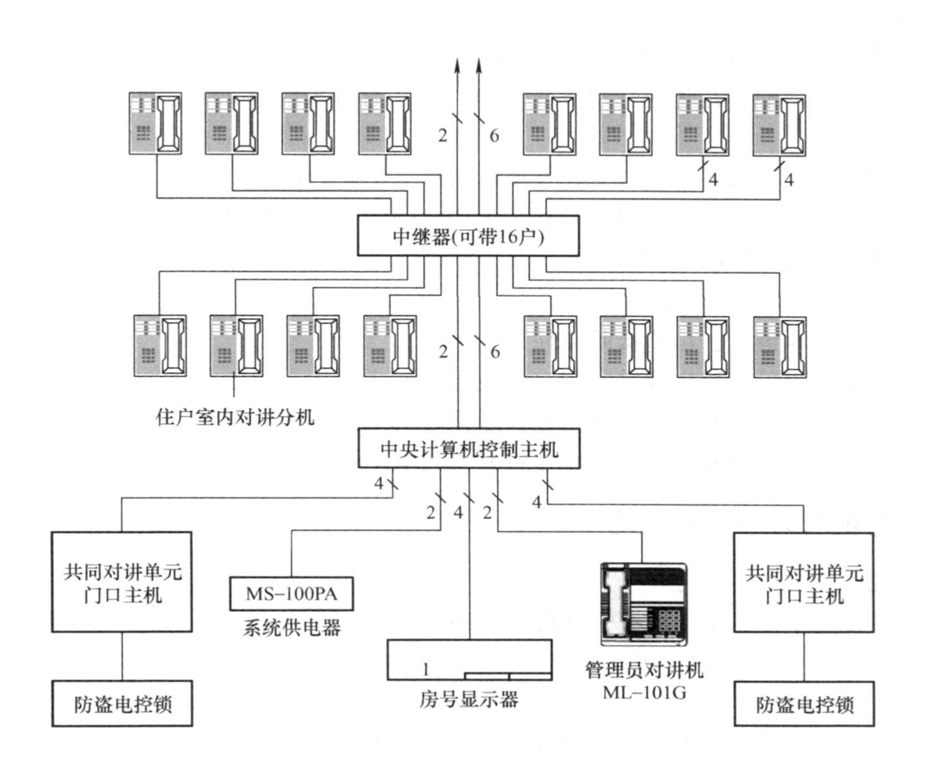

图 11-36　单对讲型访客系统

2. 系统设备组成及功能

系统设备由室内对讲分机、户外单元防盗门口主机、管理员对讲机、中央计算机控制主机、中继器、房号显示器和系统供电器等组成。各设备的功能如下：

（1）住户室内对讲机的功能

1）呼叫：可直接摘机呼叫管理员并与其通话；

2）对讲：可与户外单元防盗门口主机对讲；

3）定位：设有两种不同门铃呼叫声，可区分访客位置；

4）保密：具有私密性的密话功能，通话时其他住户无法窃听；

5）开门：具有开门键可开启单元防盗门电控锁；

6）安全：具有“紧急求救”按键，求救信号可直达管理员主机。

（2）中央计算机控制主机的功能

中央计算机控制主机是整个系统的主控中心采用智能管理，系统的稳定运行都由它来协调及控制。

（3）中继器的功能

具有音频信号放大及音频分配之功能。

（4）共同对讲单元门口主机的功能

1）住户房号显示屏：可显示住户层号、房号；

2）数字式呼叫键盘：可呼叫住户及管理员；

3）密话功能：具有私密性密话功能，通话时其他住户无法窃听；

4）自动切话功能：在呼叫管理员或住户时，在对方未应答 25s 后自动切话，以充分提高通话效率；

5）对讲功能：可与系统内各住户及单元门口主机通话；

6）密码开锁功能：具有密码开起共用大门电锁的功能，并且密码按错三次将自动转接至管理员主机以防误撞或人为破坏。

（5）管理员对讲机的功能

1）数字式呼叫键盘：可直接呼叫住户；

2）对讲功能：可与住户及单元门口主机通话；

3）密话功能：具有私密性密话功能，通话时其他住户无法窃听；

4）开门功能：具有开门键可以直接打开大门电子锁。

11.5.3　可视对讲型访客系统

可视对讲访客系统特点：

1）本系统为单楼一个单元有管理机的 4 种类型。

2）kV 为层配线箱，内含视频分配设备、信号线和电源线，应注意该箱所能配接的用户数量。

3）注意电源供给器所能供给户数量，超过厂家要求要加装电源供给器。

4）门口子机的配备有两种：

① 门铃 + 对讲；

② 门铃 + 对讲 + 可视。

另除了可视对讲主机和分机带有视频功能外，其他设备及其功能与对讲访客系统相同。这里不再论述。

11.5.4　防盗可视对讲系统工程设计

项目：某一高层住宅地上 18 层，一个单元，层高为 2.9m。建筑高度为 53.5m。要求设计防盗可视对讲系统。根据所给条件设计一层防盗可视对讲平面图以及一层防盗可视对讲系统图及图例表。

本工程设计是由防盗报警、可视对讲、煤气报警等系统组成的安防系统。其中：

1）防盗系统设备采用了门磁（每层每个入户门均设）、红外报警探测器（仅一至三层每户窗户处，四层以上可不设）和手动报警按钮。

2）可视对讲系统采用了单元防盗门，室外单元可视对讲主机和户内可视对讲分机等。

3）煤气报警系统，在厨房设煤气报警探测器。图 11-37 为住宅一层防盗可视对讲平面图。图 11-38 所示为住宅一层防盗可视对讲系统图及图例表。

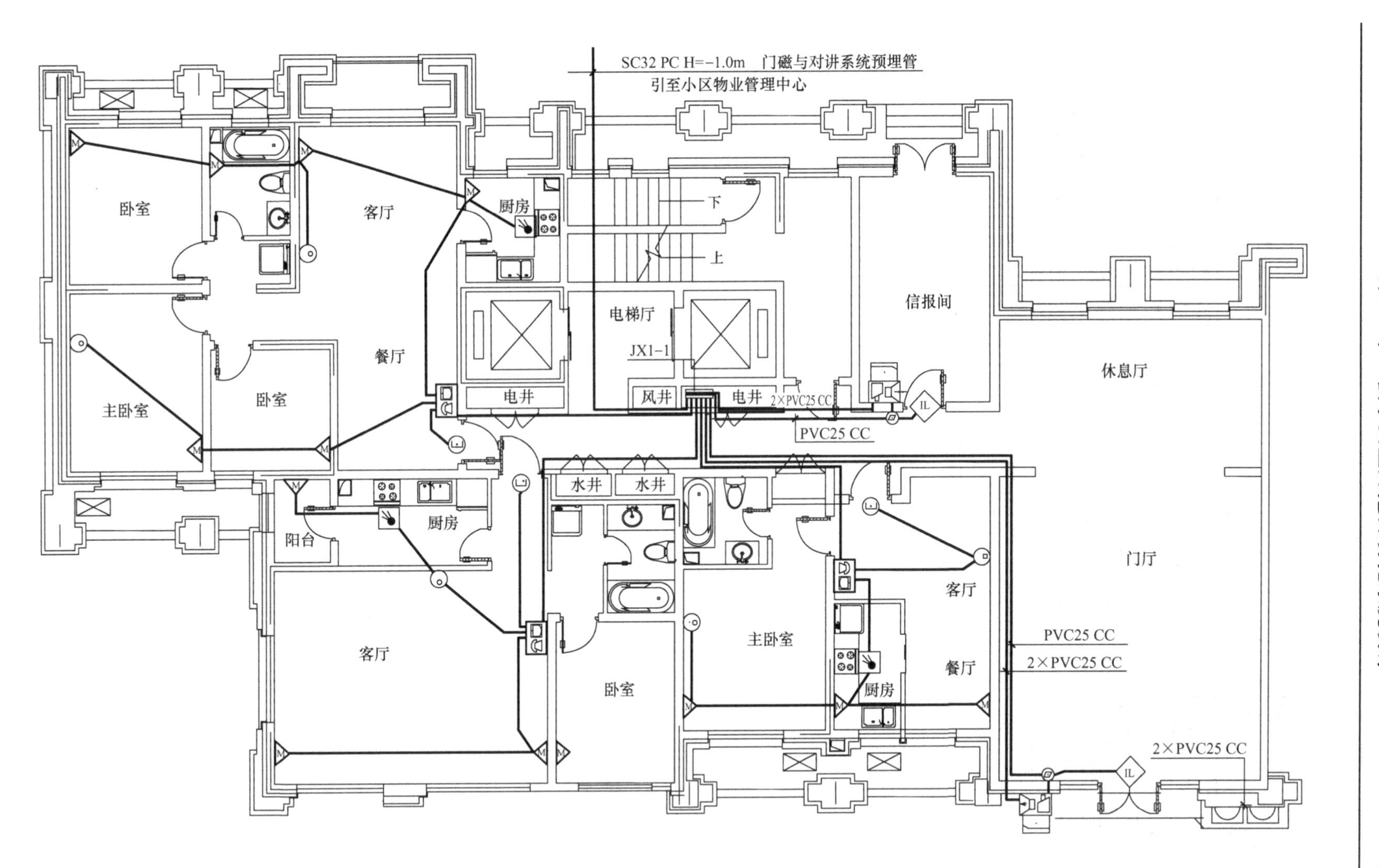

图11-37　住宅一层防盗可视对讲平面图

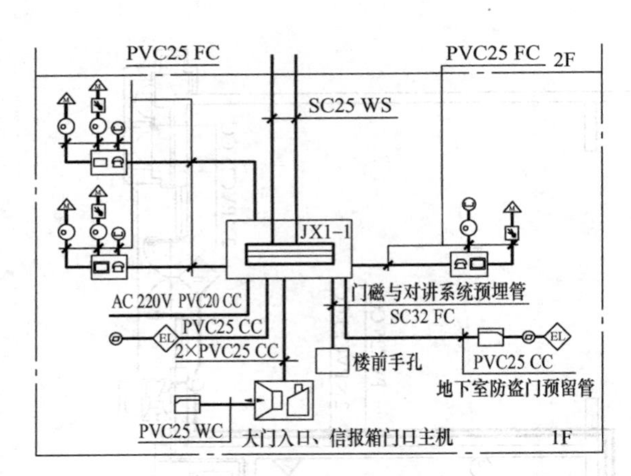

图例表

序号	符号	名称	型号及规格	安装高度或位置	备注
31		室内可视分机	预留86盒	安装高度底距地1.5m	
32		单元门口主机	开孔尺寸由设备商提供	安装高度底距地1.5m	
33		可燃气体报警器	预留86盒	吸顶	
34		红外线报警器	预留86盒	棚下0.5m	
35		紧急报警按钮	预留86盒	安装高度底距地1.2m	卧室内
36		紧急报警按钮	预留86盒	安装高度底距地1.5m	起居室内
37		门磁开关	预留86盒	门上0.2m	
38		门磁按钮	预留86盒	安装高度底距地1.5m	
39		读卡器	开孔尺寸由设备商提供		

图 11-38　住宅一层防盗可视对讲系统图及图例表

参 考 文 献

[1] 孙景芝. 建筑电气消防工程 [M]. 北京：电子工业出版社，2010.
[2] 孙景芝. 电气消防 [M]. 北京：中国建筑工业出版社，2016.
[3] 公安部天津消防科学研究所. GB 50084—2001 自动喷水灭火系统设计规范（2005 年版）[S]. 北京：中国计划出版社，2005.
[4] 公安部天津消防科学研究所. GB 50370—2005 气体灭火系统设计规范 [S]. 北京：中国标准出版社，2006.
[5] 中国建筑东北设计研究院. JGJ 16—2008 民用建筑电气设计规范 [S]. 北京：中国建筑工业出版社，2008.
[6] 公安部沈阳消防科学研究所. GB 50116—2013 火灾自动报警系统设计规范 [S]. 北京：中国计划出版社，2014.
[7] 公安部天津消防科学研究所. GB 50016—2006 建筑设计防火规范 [S]. 北京：中国计划出版社，2006.
[8] 公安部沈阳消防科学研究所. GB 50440—2007 城市消防远程监控系统技术规范 [S]. 北京：中国计划出版社，2008.
[9] 公安部沈阳消防科学研究所. GB 14287. 1—2005 电气火灾监控系统 第 1 部分：电气火灾监控设备 [S]. 北京：中国标准出版社，2005.
[10] 赵英然. 智能建筑火灾自动报警系统设计与实施 [M]. 北京：知识产权出版社，2005.
[11] 公安部四川消防研究所. GA306. 1—2007 阻燃及耐火电缆塑料绝缘阻燃及耐火电缆分级和要求 第 1 部分：阻燃电缆 [S]. 北京：中国标准出版社，2007.
[12] 公安部四川消防研究所. GA 306. 2—2007 阻燃及耐火电缆塑料绝缘阻燃及耐火电缆分级和要求 第 2 部分：耐火电缆 [S]. 北京：中国标准出版社，2007.
[13] 栾军，丁宏军. 家庭中安装火灾探测报警装置的可行性探讨 [J]. 建筑电气，2009（12）：43 - 45.
[14] 高锴. 电气火灾监控系统和电气火灾预防 [J]. 建筑电气，2013，32（1）：54 - 56.
[15] 公安部沈阳消防科学研究所. GB29364—2012 防火门监控器 [S]. 北京：中国标准出版社，2012.